高等学校材料类专业基础课系列教材

(第二版)

# 材料表界面

CAILIAO BIAOJIEMIAN

胡福增 陈国荣 杜永娟 / 编著



華東理工大學出版社
EAST CHINA UNIVERSITY OF SCIENCE AND TECHNOLOGY PRESS

**图书在版编目(CIP)数据**

材料表界面/胡福增,陈国荣,杜永娟编著.—2版.
上海:华东理工大学出版社,2007.2(2025.1重印)
(高等学校材料类专业基础课系列教材)
ISBN 978-7-5628-2024-6

Ⅰ.材… Ⅱ.①胡…②陈…③杜… Ⅲ.①工程材料-表面-高等学校-教材②工程材料-界面-高等学校-教材 Ⅳ.TB303

中国版本图书馆CIP数据核字(2007)第002674号

高等学校材料类专业基础课系列教材

**材料表界面(第二版)**

……………………………………………………………………

**编　　著** / 胡福增　陈国荣　杜永娟
**责任编辑** / 马夫娇
**封面设计** / 王晓迪
**责任校对** / 张　波
**出版发行** / 华东理工大学出版社
地　址:上海市梅陇路130号(200237)
电　话:(021)64250306(营销部)
传　真:(021)64252707
网　址:www.ecustpress.cn
**印　　刷** / 江苏凤凰数码印务有限公司
**开　　本** / 787 mm×1092 mm　1/16
**印　　张** / 15
**字　　数** / 360千字
**版　　次** / 2001年6月第1版
2007年2月第2版
**印　　次** / 2025年1月第19次
**书　　号** / ISBN 978-7-5628-2024-6/TQ·113
**定　　价** / 28.00元

# 第2版前言

近年来，科学技术有了很大发展，材料表界面研究也有许多新的进展，为了能在教材中体现这些内容，本书特做修订。

修订后本书的结构基本与原版相同：第1章为绪论，介绍表界面的概念及表界面研究的重要性；第2章、第3章、第4章为表界面的基础知识，分别介绍液体、固体及固-液的表界面理论以及表面化学的四大定理；第5章介绍表面活性剂；第6章到第10章是本书的重点，分别讲述高分子材料、无机材料、金属材料和复合材料的表界面。我们对以上各章都进行了精心的修订，有些章节完全重新编写，特别是第10章，将原“碳纤维复合材料的界面”和“有机纤维复合材料的界面”合并重写成“先进复合材料的界面”；原第11章“表面分析”因学时限制，这次修订予以删去。表界面科学博大精深，本书限于篇幅，不可能涉及表界面的方方面面，使用者可按需要取舍补充。

本书第1章、第8章由陈国荣同志修订，第5章由胡福增和王书忠同志修订，第9章由杜永娟同志修订，第10章由胡福增和郑安呐同志修订，其余各章由胡福增同志修订，并由胡福增同志统稿。尽管参加本书修订的同志在其所编写领域都有丰富的经验和科研成果，并为本书的修订付出了辛勤的劳动，但难免还存在许多不足之处。希望使用本教材的教师和材料科学、表面科学的专家提出宝贵的意见。

# 第1版前言

材料产业已经成为国民经济中的支柱产业之一。任何材料都有与外界接触的表面或与其他材料区分的界面，材料表界面的结构和性能直接影响材料的整体性能。随着材料科学的迅速发展，材料表界面的研究也越来越受到国内外科学家的重视。有关材料表界面的文献资料浩若烟海，国内外每两年各召开一届材料表界面年会，并编辑成专著出版。有关金属材料、无机非金属材料、高分子材料、复合材料的期刊、会议论文集、专著等都刊有材料表界面的专题。

但是，材料表界面的教育落后于材料表界面科学的发展，也缺乏系统的材料表界面教材。虽然物理化学教科书中有关于表面化学的章节，表面物理化学也早已形成系统的教材和课程，但这只是基础的表界面教程，与材料科学的联系不够紧密。目前虽有几本材料表界面的专著，但往往是以一些相关学术会议为基础编辑而成的，缺乏系统性。这些专著对于从事材料表界面研究的工作人员很有参考价值，但用作初涉该领域学生的教材显然是不合适的。过细的专业划分使得金属材料、无机材料、高分子材料、复合材料学科的教育工作者往往只各自讲授一些本专业的材料表界面知识。在减少专业数、扩大专业面的教改趋势下，出现了办大材料专业的要求，因此迫切需要编写适合大材料专业要求的材料表界面教材。

我校开设有关材料表界面的课程已有十多年的历史，在复合材料专业本科课程“复合材料基体与界面”中，有关于表界面基础及增强纤维表面处理和复合材料界面理论的章节；高分子物理本科课程中，有高分子材料表界面的章节；无机材料物理化学本科课程中，有关于无机材料表界面的内容。有关材料的各专业均按自己需要选讲有关材料表界面的内容，但尚未形成一门系统的课程。为适应大材料专业的需要，我们编著了这本《材料表界面》教材，力求深入浅出地介绍表界面的基础知识和概念，着重材料表界面的应用基础及其应用实例，加强系统性和实用性，拓宽其覆盖面。

本书的结构安排如下：第1章绪论，介绍表界面的概念及表界面研究的重要性。第2章至第4章是表界面的基础知识，分别介绍液体、固体及固-液的表界面，讨论表面化学的四大定理。第5章介绍表面活性剂。第6章至第9章是本书的重点，分别讲述高分子材料、无机材料、金属材料和复合材料的表界面。最后一章则介绍表界面测试的进展。本书第1、8、11章由陈国荣同志编写，第9章由杜永娟同志编写，其余各章由胡福增同志执笔，全书由胡福增同志统稿。表界面科学博大精深，本书限于篇幅，不可能涉及表界面的方方面面，例如，表面的静电现象、金属基和陶瓷基复合材料的界面等重要内容本书未曾或很少涉及。本书的使用者可按需要取舍补充。

限于编者的水平，本书肯定存在许多不足之处，希望使用本教材的教师和其他材料科学界的专家、读者提出宝贵意见，以便今后改正。

# 目　录

# 第1章　绪　　论

材料的表、界面对材料整体性能具有决定性的影响。这是因为材料内部原子受到周围原子的相互作用是相同的，而处在材料表面的原子所受到的力场却是不平衡的，因此材料的表面与其内部本体，无论在结构上还是在化学组成上都有明显的差别。对于由不同组分构成的材料，组分与组分之间可形成界面，某一组分也可能富集在材料的表、界面上。即使是单组分的材料，由于内部存在的缺陷（如位错等），或者由于晶态的不同形成晶界，也可能在内部产生界面。从物理学角度讲，对材料表、界面现象的研究具有十分重要的意义。因为除非处于真空状态，否则材料总是通过其表面与不同介质（固、液、气）相接触的，因而各种材料的性能和制造过程（如腐蚀、老化、硬化、破坏、印刷、涂膜、粘接、复合等）都要受到表面特性的强烈影响。对于材料表、界面特性的深入研究必定有利于材料性能的改善及材料应用范围的扩大。因此研究材料的表、界面现象具有重要的意义。

## 1.1　基本概念

### 1.1.1　表、界面定义

在实际应用中，表、界面现象的研究对象通常为具有多相性的不均匀体系，即体系中一般存在两个或两个以上不同性能的相。表、界面则是指由一个相到另一个相的过渡区域。对于物质的三种状态，表、界面通常可以分为以下五类：固-气、液-气、固-液、液-液、固-固。气体和气体之间总是均相体系，因此不存在表、界面。习惯上把凝聚相和气相之间（固-气、液-气）的分界面称为表面，把凝聚相之间（固-液、液-液、固-固）的分界面称为界面。有时，表面与界面难以区分，但在固体内晶粒的界面可与表面明确区分，这些都显示了表面与界面的区别。

如前所述，表、界面是指相与相之间的过渡区域，因此表、界面区的结构、能量、组成等都呈现连续的梯度变化。由此可知，表、界面不是几何学上的平面，而是一个结构复杂、厚度约为几个分子线度的准三维区域。有时也将界面区当作一个相或层来处理，称作界面相或界面层。

**1. 物理表面**

在物理学中，一般将表面定义为三维的规整点阵到体外空间之间的过渡区域，这个过渡区域的厚度随材料的种类不同而异，可以是一个原子层或多个原子层。在此过渡区域内，周期点阵遭到严重扰动,甚至完全变异。由此定义可以看出,物理界面是不同于两相的第三相。

(1) 理想表面

理想表面是指除了假设确定的一套边界条件外,系统不发生任何变化的表面。以固体为例,理想表面就是指表面的原子位置和电子密度都和体内一样。实际上,由于受 $z$ 方向上原子排列周期性变化的作用,表面附近的电子波函数会发生畸变,动能高的电子能够穿透表面势垒而形成表面过剩电子,并和表面下未补偿的正电荷构成表面偶极层(亦称双电层)。这种偶极层同样也会因表面区原子位置发生的弛豫而形成。例如,在 NaCl 晶体中,半径较大的 $Cl^-$ 形成面心立方堆积,而半径较小的 $Na^+$ 分布在八面体的空隙中。由于 $Cl^-$ 之间的排斥作用,表面的 $Cl^-$ 被推向体外,而 $Na^+$ 则被拉向体内,形成表面偶极层。在许多金属氧化物中,也都存在双电层,这对吸附、润湿、腐蚀和烧结都有影响。因此在实际状况中,理想表面是不可能存在的。

(2) 清洁表面

清洁表面指不存在任何污染的化学纯表面,即不存在吸附、催化反应或杂质扩散等一系列物理、化学效应的表面。清洁表面是相对于受环境气氛污染的表面而言的,其表面的吸附质浓度被定义为单分子覆盖层的百分之几或更低。只有用特殊的方法,如高温热处理、离子轰击加退火、真空解理、真空沉积、场致蒸发等才能得到清洁表面。同时它还必须保持在 $1.33\times10^{-10}$ Pa 的超高真空下。

在清洁的表面上,可以发生多种与体内不同的结构和成分变化,如弛豫、重构、台阶化、偏析和吸附,如图 1-1 所示。所谓弛豫就是表面附近的点阵常数发生明显的变化。所谓重构就是表面原子重新排列,形成不同于体内的晶面。台阶化是指出现一种比较有规律的非完全平面结构的现象。吸附和偏析则是指化学组分在表面区的变化,前者指气相中的原子或分子在气-固或液-固界面上的聚集,后者指溶液或溶质在相界、晶界或缺陷上的聚集。

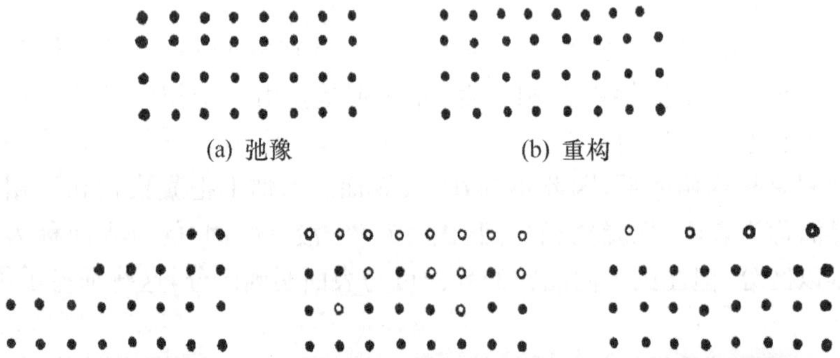
(a) 弛豫　(b) 重构　(c) 台阶化　(d) 偏析　(e) 吸附

**图 1-1　固体材料表面上的结构变化和成分变化**

(3) 吸附表面

吸附有外来原子的表面称之为吸附表面。吸附原子可以形成无序的或有序的覆盖层。覆盖层可以具有和基体相同的结构,也可以形成重构表面层。当吸附原子和基体原子之间相互作用很强时,则能形成表面合金或表面化合物。覆盖层结构中也存在缺陷,且随温度发生变化。

**2. 材料表面**

物理表面通常限于表面以下两三个原子层及其上的吸附层。而材料科学研究的表面包括各种表面作用和过程所涉及的区域，其空间尺度和状态决定于作用影响范围的大小和材料与环境条件的特性。最常见的材料表、界面类型可以按照其形成途径划分为以下几种。

(1) 机械作用界面

受机械作用而形成的界面称为机械作用界面。常见的机械作用包括切削、研磨、抛光、喷砂、变形、磨损等。

(2) 化学作用界面

由于表面反应、粘接、氧化、腐蚀等化学作用而形成的界面称为化学作用表面。

(3) 固态结合界面

由两个固体相直接接触，通过真空、加热、加压、界面扩散和反应等途径所形成的界面称为固态结合界面。

(4) 液相或气相沉积界面

物质以原子尺寸形态从液相或气相析出而在固体表面形成的膜层或块体称为液相或气相沉积界面。

(5) 凝固共生界面

两个固相同时从液相中凝固析出，并且共同生长所形成的界面称为凝固共生界面。

(6) 粉末冶金界面

通过热压、热锻、热等静压、烧结、热喷涂等粉末工艺，将粉末材料转变为块体所形成的界面称为粉末冶金界面。

(7) 粘接界面

由无机或有机粘接剂使两个固体相结合而形成的界面称为粘接界面。

(8) 熔焊界面

在固体表面造成熔体相，然后两者在凝固过程中形成冶金结合的界面称为熔焊界面。

材料的界面还可以根据材料的类型进行划分，如金属-金属界面、金属-陶瓷界面、树脂-陶瓷界面等。显然，不同界面上的化学键性质是不相同的。

### 1.1.2 表面能与表面张力

材料表面的原子与体内的原子分别处在不同的环境中。前者的原子呈现高能、高应力的状态。这种状态决定了材料表面具有表面能和表面张力。

**1. 表面自由能**

根据热力学关系，表面能包括表面自由能和表面束缚能，如下式所示：

$$E_S = F_S - TS_S \tag{1-1}$$

式中，$E_S$ 为表面总能量，代表表面分子相互作用的总内能；$F_S$ 为表面自由能；$S_S$ 为表面熵；温度 $T$ 与 $S_S$ 的乘积为表面束缚能。在一定温度 $T$ 下，表面束缚能由表面熵 $S_S$ 决定。

实验结果已证明,由表面熵决定的表面束缚能 $TS_S$ 远远小于表面自由能 $F_S$,因此在讨论实际问题时,可以忽略表面束缚能对表面能的贡献。由此可以说,表面能取决于表面自由能。如果把固体表面视为是一种连续介质表面膜,则可以利用液体表面膜的表面自由能概念,从宏观上来讨论固体表面的一系列表面与界面现象。

**2. 表面张力**

由实验可知,在液体表面膜中,存在着使液体表面积缩小的张力。这种张力称为表面张力,由下式表示:

$$\mathrm{d}W = \sigma \mathrm{d}l \tag{1-2}$$

式中,$\sigma$ 为表面张力,定义为表面上单位长度的应力,又称表面张力系数,其量纲为 mN/m。

要使液体的表面积增大,则需要给予一定的作用力,即需克服表面张力而做功。增加表面积所做的功以表面自由能来度量,如下式所示:

$$-\mathrm{d}W = \gamma \mathrm{d}A \tag{1-3}$$

式中,$\gamma$ 为比表面自由能,简称表面能,定义为增加单位面积所做的功,其量纲为 $\mathrm{mJ/m^2}$。

对于液体来说,表面张力与表面能在数值上相等同($\mathrm{mN/m} = \mathrm{mJ/m^2}$)。而对于固体表面问题,虽然两者通常不相等,但是由于固体有足够的塑性,表面原子可以有不同程度的迁移,尤其是在较高温度(如熔点附近),表面原子首先接近于熔融状态,此时表面某些性质类似于液态。例如,金属丝端部在熔点附近呈圆滑状,玻璃器皿边口圆滑等。所以常借用液体表面理论近似地讨论固体表面现象,以避免复杂的数学计算。

### 1.1.3 表面吸附

**1. 吸附与偏析**

吸附作用是固体表面最重要的特征之一。吸附现象普遍存在于固体、液体的表面与界面。表面吸附指的是固-气界面的吸附现象,其基本规律具有普遍意义。

从本质上讲,吸附是组分在热力学体系的各相中偏离热力学平衡组成的非均匀分布现象。通常将被吸附的分子称为吸附质,固体则称为吸附剂。在吸附过程中,一些能量较高的吸附分子可能克服吸附势的束缚而脱离固体表面,这种现象称为“解吸”或“脱吸”。当吸附与解吸达到动态平衡时,固体表面保存着一定数量的相对稳定的吸附分子,这种吸附称为平衡吸附。对于吸附的研究,都是从平衡吸附着手的,吸附的基本理论也大多建立在平衡吸附基础上。

吸附现象又分为吸附和偏析两种,前者是指气相中的原子或分子聚集到气-固或液-固界面上,而又不生成稳定的凝固相,后者则指溶液或固溶体溶质在相界、晶界或缺陷上的聚集。在此必须指出的是,偏析和析出是两种不同的概念,偏析只是提高界面浓度而不生成新相,析出则生成新的第三相。由以上定义可知,吸附一般发生在表面(也包括固-液界面),而偏析发生在界面。然而正如吉布斯所指出的那样，吸附与偏析在本质上是类似的，因此通常将它们放在一起讨论。

吸附和偏析是重要的表面与界面过程，许多重要的界面变化过程都是以吸附和偏析为第一步，如界面反应和催化、界面成核和生长、粘接、磨损等，它们可以改变材料表面和界面的成分和结构，从而强烈地影响材料的性能。

**2. 吸附类型**

根据吸附作用可将吸附定义为物理吸附和化学吸附两类。用以描述和区分这两类吸附的重要物理量是吸附质的吸附作用力（或吸附能），即指气体原子或分子吸附在固体表面时所释放的能量。如果吸附作用由范德瓦尔斯力引起，则该吸附称为物理吸附。如果吸附作用由表面化学键引起，则该吸附称为化学吸附。

(1) 物理吸附

物理吸附的特点是吸附能低，约为 4.2 kJ/mol，一般在较低温度下才有可能发生，无激活能，对于不同物质无选择性。在物理吸附中，几乎不发生吸附原子和基体表面原子之间的电荷转移，起主要作用的是基体和吸附质之间的范德瓦尔斯力，即由于基体表面原子与吸附原子之间的极化作用而产生的结合力，包括色散力、诱导力和偶极力等。由于范德瓦尔斯力属于弱结合力，因此物理吸附不易形成稳定的吸附覆盖层，即容易解吸，也易受温度等因素的影响而发生变化，对基体表面结构及性质影响不大。

(2) 化学吸附

化学吸附则具有较高的吸附能，且有激活能，对不同物质有选择性。化学吸附的作用力是化学键力，即伴随着电子转移的静电库仑力。根据电子转移的方式可将化学吸附分为解离吸附（或称离子吸附）和缔合吸附（或称化学键吸附）两种类型。前者是指吸附质与基体之间完全的电子转移，即吸附质先经过解离，形成不同的离子，然后以离子形式吸附在基体表面，后者则指吸附质与基体之间不完全的电子转移，两者之间只提供局部的共用电子，即吸附质分子不先经过解离，而以分子形式直接与基体表面分子或原子形成局部的有如配位键之类的吸附键。这两类化学吸附既可以单独存在，又常常两者兼有。由于化学键力较强，因此化学吸附可以形成比较稳定的吸附层结构，对表面结构和性质影响较大。

(3) 物理吸附与化学吸附的关系

若按吸附能区分，一般认为物理吸附与化学吸附的界限约在 0.5 eV 处。实际上，由物理吸附到化学吸附是一个渐进的转变过程，两者之间并不存在一个明确的分界。有时物理吸附和化学吸附不但难以截然分开，而且常常相伴而生，在一定条件下甚至还可以互相转化。了解从物理吸附到化学吸附的演变，对理解整个吸附过程是有益的。

### 1.1.4 表面扩散传质

与表面吸附相类似，表面扩散传质也是一种基本的表面过程，它包括了沿表面和界面的扩散，穿越界面的扩散和界面移动等多种与界面原子运动有关的物质运输。与体内扩散相比，表面扩散有许多显著的特点，且有数量级上的差异。

**1. 扩散机理**

扩散系数是表征扩散过程的重要参数。从原子结构的观点看,扩散传质是原子随机运动的结果,因此扩散系数 $D$ 可由原子参数来表达。

$$D = \alpha l^2/\tau \tag{1-4}$$

式中,$\alpha$ 为常数,对于体扩散,$\alpha = 1/6$;对于面扩散,$\alpha = 1/4$;对于线扩散,$\alpha = 1/2$;$l$ 为原子跃迁平均自由程(或称原子平均跳跃距离);$\tau$ 为原子的跃迁平均弛豫时间(原子平均跳跃频率的倒数)。

在固体中,扩散系数 $D$ 受到温度的强烈影响,通常遵循下述经验公式:

$$D = D_0 \exp(-E_D/kT) \tag{1-5}$$

式中,$D_0$ 为与振动频率有关的常数(又称频率因子),与温度无关;$E_D$ 为扩散激活能;$kT$ 为热能。式(1-5)实际上是式(1-4)所描述的原子过程的宏观体现。

由于固体中的扩散是通过原子的随机运动进行的,因此扩散的前提是有可供原子运动的空间。以原子空位作为原子运动空间的扩散称为空位扩散,而利用原子间隙来进行的扩散称为间隙扩散。这两种机理已为实验结果所证实。换言之,扩散过程的微观机制就是缺陷(无论是空位、间隙原子还是位错等)的运动。此外,原子的随机运动也有可能通过相邻两原子互换位置或若干个相邻原子依次循环置换来实现。但后两种机制的激活能较大。

**2. 表面扩散**

从表面原子扩散的微观机制来讨论表面扩散过程,可将其分为自扩散和互扩散(或称异质扩散)两类。前者指基体原子在表面的扩散,后者则指外来原子沿表面的扩散。

原子在理想表面上的自扩散是指从热能起伏中获得足够能量的原子离开初始位置而成为相邻势阱中的吸附原子的过程。吸附原子离开其原有位置的频率 $\nu$ 取决于它所要克服的势垒高度 $W$,并符合下述关系式:

$$\nu = n\nu_0 \exp(-W/kT) \tag{1-6}$$

式中,$n$ 为原子碰撞次数;$\nu_0$ 为固体表面原子的振动频率。式(1-5)即是由式(1-6)出发经数学处理得到的。在真实表面上,常常存在多种类型的缺陷。如前所述,缺陷是扩散的动力因素。但不同类型的缺陷对应不同类型的原子运动,即具有不同的势垒高度 $W$,因而其扩散激活能 $E_D$ 也不相同。在表面扩散实验中得到的扩散激活能则是多种原子运动的平均值,即表面原子脱离正常格点的跃迁,以及邻近缺陷的复合与产生两个过程的综合效果。

表面原子的自扩散机制与晶体体内相同,但扩散情况却不相同。原子在表面有更大的自由度,所以活动能力最高,其次为界面原子,体内原子的活动能力最低。因此扩散激活能 $E_{D表} < E_{D界} < E_{D体}$,扩散系数 $D_{表} > D_{界} > D_{体}$。

外来原子在表面的扩散,即表面互扩散(或异质扩散),其机制与自扩散相似,但这些原子受势场的束缚较弱,其迁移速率远大于自扩散,多属于自由度较大的远程扩散(即原子跃

迁平均自由程 $l$ 远大于晶格常数 $a$，$l \gg a$）。外来原子在晶体表面存在的方式，可以是填隙式，也可以是置换式，或者化合、吸附等。填隙式杂质的扩散，其迁移速率仅与表面势垒有关，不受缺陷机制的影响。置换式外来原子的扩散方式则基本上与自扩散相同，但扩散系数一般大于自扩散，这是因为外来原子进入表面所引起的点阵弛豫作用，增加了表面缺陷的产生及迁移的概率，多为空位扩散机制。

**3. 界面扩散**

界面厚度虽小，一般不过几个原子层，但由于界面中原子的跳跃频率比体内约高百万倍，因此其扩散要比体内快得多。从根本上说，这一特点和界面扩散的原子过程有关。

对界面扩散的研究主要集中在晶界扩散上。由于在晶粒间界中存在大量的缺陷以及晶粒间界的点阵畸变和晶界的松散结构，使得晶界成为原子迁移的起始和终结区，即成为扩散源。实验证明，原子沿晶界的扩散速率比晶粒内部高几个数量级，但由于晶界中的位错使扩散改变方向，从而使其扩散深度并不比晶粒内部大。

在晶粒间界中的扩散同样有自扩散和异质扩散两种过程。晶界自扩散方程建立在费希尔(Fisher)提出的板片模型上。该模型假设晶界为均匀厚度的板片，在其全部范围内，扩散系数保持不变，并假定扩散物质在晶界内与晶粒内的浓度达到平衡时相等。晶界的异质扩散规律基本上相似于自扩散。由于处于高能区的晶界区是异质原子的富集区，能使界面能降低的溶质原子聚集在界面，加之晶界区的松散结构，使得沿晶界的异质扩散远大于晶粒异质扩散，可达几个数量级之差。这已为很多实验观察结果所证明。不过，由于晶体内部、表面、界面的原子势不同，异质原子在晶界区的扩散激活能相差也较大，使扩散系数各不相同。异质原子在晶界中的扩散还常伴随一些化学反应（如氧化、还原反应，硫化反应及其他化合反应等），并由此在晶界中出现新相，这种扩散属于反应性扩散。反应性扩散是许多固相反应的主要途径。此外，晶界的异质扩散同晶粒的尺寸有关，晶粒大的晶面扩散浓度小于晶粒小的晶面，即小晶粒的晶界扩散比较容易。

晶界迁移是一种重要的界面扩散传质现象，它可由不同的驱动力引起，即当晶界受到的推动力足以引起其运动时，晶界便发生迁移现象。晶界迁移的特点与处于一定能量状态的晶界原子结构特点密切相关，其过程的本质是晶界能量的下降。例如，固相重结晶、晶粒生长、二次再结晶、扩散均相化及不连续析出发生时，晶界均要迁移。晶界迁移速率 $V$ 与晶界所受到的推动力 $P$ 之间的关系为：

$$V = MP^n \tag{1-7}$$

式中，$M$ 为晶界迁移速率；推动力 $P$ 的单位为 $N/m^2$，在数值上等于用 $J/m^3$ 表示的单位体积自由能的变化。

实验研究表明，晶界的晶粒取向差、杂质和温度对晶界迁移均有很大影响。某些取向差具有最大的迁移率，但根据晶体结构的不同，对应于最大迁移率的转角并不相同。杂质对晶界迁移的影响称为溶质效应。其基本观点是将晶界上的杂质原子作为一种阻碍晶界运动的阻力看待，认为这是杂质使晶界迁移率减小的原因。温度对晶界迁移率的影响，其一般关系为，随着温度的升高，晶界迁移率相应增大。在高温时，含杂质材料与纯材料中的晶界迁移率趋于一致，说明此时它们的迁移激活能是相似的。

## 1.2 表、界面科学研究的发展过程

表面科学是当代蓬勃发展的一门边缘科学,而材料表、界面的研究是其重要的组成部分。材料的表、界面现象很早就引起科学家的重视。早在19世纪中叶或更早的时候,科学家就注意到材料的界面区具有不同于本体相的特殊性质,而这些性质的变化对材料的许多行为有重要的影响。在1875年至1878年期间,著名科学家吉布斯(Gibbs)首先用数学物理方法导出界面区物质的浓度一般不同于各本体相的浓度,由此奠定了表、界面科学的理论基础。在19世纪后期和20世纪初期,人们对界面上相互作用的理论理解跨出了一大步。在随后的一段时期,由于液态表面张力、气体在固体表面上的吸附量等表面测量技术在表面现象研究中的应用,许多科学家对黏附、摩擦、润滑、吸附等表、界面现象做了大量的研究工作。尤其是20世纪前40年内,表面化学得到迅速发展,大量研究成果被广泛应用于各生产领域,这对食品、土壤化学、造纸、涂料、橡胶、建材、冶金、能源等行业的发展和技术改造起了很大的推动作用。其中最值得一提的是,在1913年至1942年间,美国科学家Langmuir对蒸发、凝聚、吸附、单分子膜等表、界面现象的研究做出了杰出的贡献,为此荣获1932年颁发的诺贝尔化学奖,被誉为表面化学的先驱者和表面科学研究领域的开拓者。

20世纪50年代,表面科学的发展相对缓慢。50年代以后则由于电子工业和航天技术的发展,打破了表面科学研究停滞不前的局面。尤其是电子元件的微型化,航天部件的小型化,以及集成电路的发展,使得表面积对体积的比值显著增大,材料表面性能的影响亦愈发显得重要。60年代末到70年代初,随着超高真空技术的发展和近代电子光学仪器和各种表面谱仪的不断出现,科学家可以获得足够清洁的表面,并将视野深入到原子量级,如利用高分辨电子显微镜和场离子显微镜得到界面原子排列的直观图像;利用分析电子显微镜使界面元素组成、晶体结构和局域微观形貌统一起来;利用各种电子能谱提供关于界面的电子状态等,表面科学由此得到了飞速发展,并作为一门独立的学科得到公众的承认。

## 1.3 表、界面研究的重要性

在现实生活中,表面与界面现象无处不在,要想列举所有包含表面、界面现象的人类活动几乎是不可能的。表1-1列举了其中的一些典型实例。

在国民经济建设各领域,表、界面科学亦显示出愈来愈重要的作用。利用表、界面的一些基本概念,可以解决或协助解决许多实际和理论问题,同时准确地推断其后果。这在以下列举的几个具体事例中得到了充分的体现。

**表 1-1　表、界面现象一览表**

| 分　类 | 表、界面现象 |
|---|---|
| 作为表面活性剂材料制造的产品 | 肥皂和洗涤剂(表面活性剂)<br>乳化剂和稳定剂(非表面活性剂)<br>除草剂和杀虫剂<br>织物软化剂 |
| 表、界面现象的直接应用 | 润滑<br>粘接<br>泡沫<br>湿润和防水 |
| 天然和合成材料的纯化或改性 | 三次采油<br>制糖<br>烧结 |
| 生理应用 | 呼吸<br>关节润滑<br>液体输运中的毛细现象<br>动脉硬化 |

美国曾经有一次登月行动因驱动火箭的液态燃料在一次断路周期后未能按原定计划执行第二次点火而遭失败。在排除了系统装置故障原因后，一位表面化学家提出，由于液体燃料在失重空间中呈如图 1-2(a)所示的状态，因此不能很好地润湿容器而导致二次点火失败。若改进燃料对容器的润湿性，使之形成如图 1-2(b)所示的浸润状态，则可使燃料顺利地进入油泵。表面化学基本原理对登月计划的成败产生如此举足轻重的影响，表、界面研究的重要性由此可见一斑。

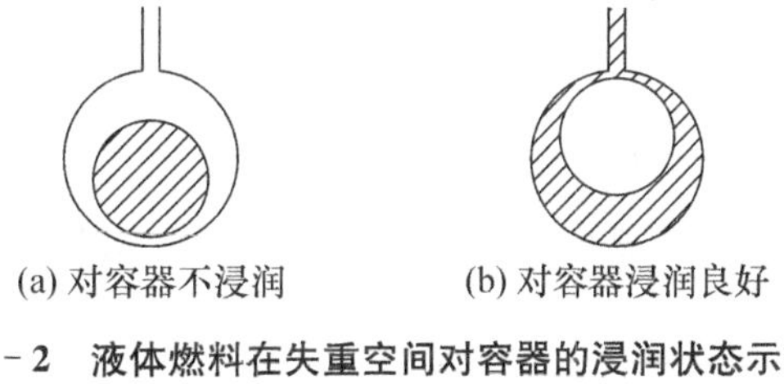


**图 1-2　液体燃料在失重空间对容器的浸润状态示意图**
**(阴影部分代表液体燃料)**

MDF (Macro-Defect-Free)水泥的发明是表、界面理论在材料科学领域中得到成功应用的又一个精彩例子。由于材料在断裂过程中伴随裂纹的扩展和新表面的形成，因此材料的断裂过程与表面能有关。早在 1921 年，Griffith 就提出了关于理想脆性材料的断裂理论，即把材料的强度与其表面能和裂纹尺寸联系起来，得到材料的理论抗拉强度公式为：

$$T_f = (2E\sigma/\pi c)^{1/2} \tag{1-8}$$

式中,$T_f$ 为材料的抗拉强度;$E$ 为弹性模量;$\sigma$ 为表面自由能;$c$ 为裂纹尺寸。由式(1-8)可知,表面能和裂纹大小对抗拉强度均有显著影响,尤其是裂纹尺寸的影响表明,在决定材料强度的诸多因素中,材料中孔的结构特性是比总空隙率更为重要的影响因素。此后,英国科学家 Brichal 在实验基础上进一步提出,材料中大孔所占的比例越小,最大尺寸孔的孔径越小,则材料的强度越高。MDF 水泥即是根据这一原理发明的,用这种水泥制得的水泥材料总孔隙率达 15%,孔隙尺寸一般小于几十个微米,由于该孔隙尺寸正处于长程力的作用范围,因此对材料的强度并无大碍,相反却使一般水泥材料的脆性得到根本的改变,满足了轻质、高强度、多功能的要求。显然,对于多孔结构的无机非金属材料而言,正确的改性途径在于孔隙的细化和均匀化,而非一味地降低总孔隙率。

近年来纳米材料的发展也正是源于其独特的表、界面特性。一般而言,当粒子直径大于原子直径时,表面原子的数目及作用可以忽略。但当粒子直径逐渐接近原子直径时,粒子的比表面积、表面能和表面结合能都将发生很大变化,由此引起种种特殊的表面效应。图 1-3 反映了粉体材料的表面原子和主体原子所占比例与颗粒直径的关系。当粉体颗粒直径在 10 nm 以下时,表面原子数随着颗粒直径的减小迅速增加,这是由于表面积急剧变大所导致的结果。由于表面原子数增多,原子配位不足及高的表面能,使这些表面原子具有高活性,容易与其他原子结合。

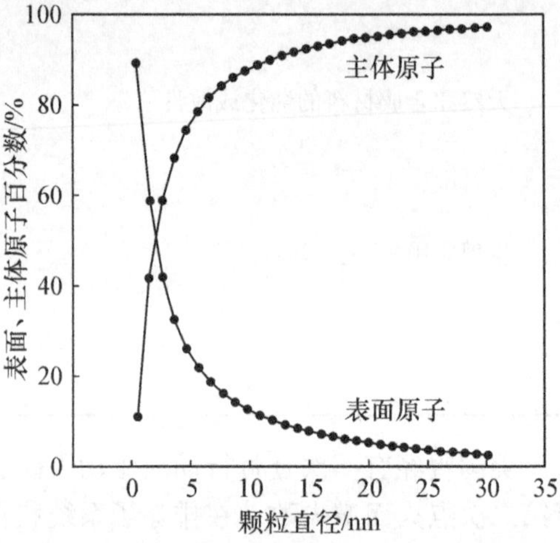


**图 1-3　表面原子数和主体原子数占总原子数的比例与微粒直径的关系**

扩散系数大是纳米材料的一个重要特性,其主要原因归于纳米材料中存在的大量界面。从结构上来说,纳米晶界的原子密度很低,大量的界面为原子扩散提供了高密度的短程路径。吴希俊等发现纳米 $CaF_2$ 离子晶体中的离子电导率比相应的单晶和粗晶材料中的值分别高两个和一个数量级。这一离子电导率的改善直接来源于纳米晶界中的高扩散行为。许多纳米陶瓷在室温下即可发生塑性变形,如纳米 $TiO_2$ 在 180℃时的塑性变形可达 100%,带预裂纹的试样在 180℃时弯曲不发生裂纹扩展,在 600～800℃内应变速率为 $10^{-3}\ s^{-1}$时,总的真应变高达 0.6。随着粒径的减小,纳米陶瓷的应变速率敏感率迅速增大,如纳米 $TiO_2$ 在室温下的应变速率敏感率可达 0.04,已接近软金属铅的 1/4。在纳米 ZnO 中也观察到了类似的塑性行为。这种纳米陶瓷的增韧效应同样归因于大量界面的存在。纳米材料的塑性变形主要经过晶界之间的相对滑移而实现。由于纳米材料中晶界区域扩散系数非常大,存在着大量的短程快扩散路径,使得形变过程中一些初发的微裂纹能够迅速弥合,从而在一定程度上避免了脆性断裂的发生。

新材料、新器件、新技术的发展常常离不开异质或异相材料的复合,其形式包括涂层、复合材料和复合机构,但无论是哪一种复合形式,材料的界面状态都是关键性的问题。如高分子材料和金属或无机非金属材料结合而成的聚合物基复合材料,虽然其中的有机高分子材料和无机材料性能截然不同,但在偶联剂的作用下,通过偶联剂中两种不同性质的活性基团与高分子材料和无机材料的化学反应，使得高分子材料和无机材料实现了良好的界面结合，复合材料的性能大大提高。

总之，无论是金属材料、无机非金属材料还是高分子材料，表、界面对材料的性能都起着重要的作用。可以预见，随着表、界面科学研究的深入，材料的性能将不断得到改进，材料的应用领域将不断拓展，材料表、界面的理论也将不断丰富、发展。

# 第2章 液体界面

## 2.1 表面张力和表面自由能

处在液体表面层的分子与处在液体内部的分子所受的力场是不同的。众所周知，分子之间存在短程的相互作用力，称为范德瓦尔斯力。处在液体内部的分子受到周围同种分子的相互作用力，从统计平均来说分子间力是对称的，相互抵消。但是处在液体表面的分子没有被同种分子完全包围，在气液界面上的分子受到指向液体内部的液体分子的吸引力，也受到指向气相的气体分子的吸引力。由于气体方面的吸引力比液体方面小得多，因此气液界面的分子净受到指向液体内部并垂直于界面的引力。这种分子间的引力主要是范德瓦尔斯力，它与分子间距离的7次方成反比。所以表面层分子所受邻近分子的引力只限于第一、二层分子，离开表面几个分子直径的距离，分子受到的力基本上就是对称的了。从液相内部将1 mol分子移到表面层要克服这种分子间引力做功，从而使系统的自由焓增加；反之，表面层分子移入液体内部，系统自由焓下降。因为系统的能量越低越稳定，故液体表面具有自动收缩的能力。

设在一边可自由活动的金属框中有一层肥皂液膜（图2-1）。如果不在右边施加一个如图2-1所示方向的外力$F$，液膜就会收缩。这就表明，在沿液膜的切线方向上存在一个与外力$F$方向相反、大小相等且垂直于液膜边缘的力。实验表明，外力$F$与液膜边缘的长度成正比，比例常数与液体表面特性有关，以$\sigma$表示，称为表面张力，即：

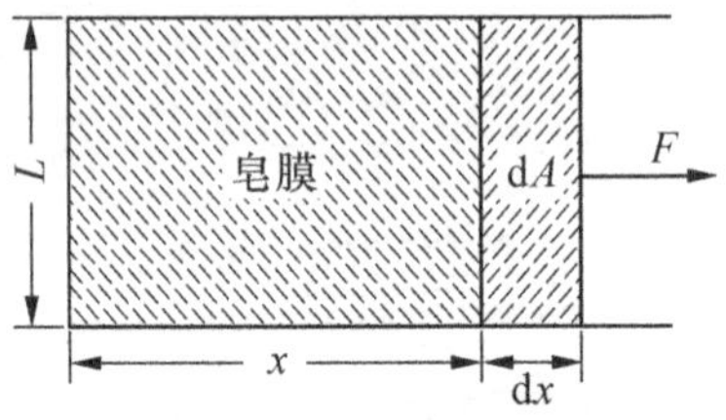

图2-1 皂膜的拉伸

$$\sigma = \frac{F}{2L} \tag{2-1}$$

式中，$L$为液膜边缘长度，因为液膜有两个表面，故取系数2。上式表明，表面张力$\sigma$是单位长度上的作用力，单位是N/m。它是反抗表面扩大的一种收缩力，它的作用是使一定体积的系统具有最小的表面积。液滴在无外力作用时呈珠状就是这个道理。

在图2-1中，设在$F$力的作用下金属丝移动了$\mathrm{d}x$的距离，则所做的功为：

$$\mathrm{d}W = F\mathrm{d}x = \sigma \cdot 2L \cdot \mathrm{d}x \tag{2-2}$$

但$2L \cdot \mathrm{d}x$等于液膜的面积增量$\mathrm{d}A$，所以：

$$dW = \sigma \cdot dA \tag{2-3}$$

将式(2-3)改写成如下形式：

$$\sigma = dW/dA \tag{2-4}$$

可以看出，$\sigma$ 也可以理解为系统增加单位面积时所需做的可逆功，单位为 $J/m^2$，是功的单位或能的单位，所以 $\sigma$ 称为表面自由能，简称表面能。注意到单位 $J/m^2$ 和 N/m 在量纲上是等效的，在本书中对这两个术语不作严格区别而交替使用。

如上所述，表面张力本质上是由分子间相互作用力，即范德瓦尔斯力而产生的，范德瓦尔斯力由色散力、诱导力、偶极力、氢键等分量组成，其中色散力是分子键的非极性相互作用引起的，诱导力、偶极力、氢键等都与分子间的极性相互作用有关，因此可以把表面张力分解为色散分量 $\sigma^d$ 和极性分量 $\sigma^p$，即：

$$\sigma = \sigma^d + \sigma^p \tag{2-5}$$

如上所述，表面张力产生的根本原因是分子间相互作用力的不平衡引起的。随温度升高，分子间的距离增大，分子间的相互作用力减弱，表面张力就会下降。当温度升高到临界温度时，液体与气体的界面消失，表面张力趋于零。至于表面张力与温度的关系，尚无精确的理论方程来描述，只有一些经验方程。实验证明，对于非缔合性的液体，表面张力 $\sigma$ 与温度 $T$ 呈线性关系，可用 Eotvos 方程描述：

$$\sigma V_m^{2/3} = k(T_c - T) \tag{2-6}$$

式中，$V_m$ 为液体的摩尔体积；$T_c$ 为临界温度；$k$ 为常数。

由式(2-6)可见，当温度 $T$ 趋近临界温度 $T_c$ 时，表面张力趋于零。实际上，温度未达到 $T_c$，在略低于 $T_c$ 时，液-气界面已不存在，Ramsay 和 Shields 提出用($T_c-6$)代替 $T_c$，对式(2-6)进行修正，即：

$$\sigma V_m^{2/3} = k(T_c - T - 6) \tag{2-7}$$

对许多非极性液体，常数 $k$ 约为 $2.1 \times 10^{-7}$ J/K。

Guggenheim 根据实验结果提出下面的经验式，来描述表面张力与温度的关系：

$$\sigma = \sigma_0\left(1 - \frac{T}{T_c}\right)^n \tag{2-8}$$

对有机液体，$n$ 为 11/9；对于液态金属，$n$ 接近于 1。

## 2.2 表面张力的热力学定义

热力学第一定律告诉我们，系统的内能由热能和功组成，纯物质组成的系统在可逆条件下生成单位表面时内能的变化为：

$$dU = dQ + dW \tag{2-9}$$

由于涉及表面张力，系统的功包括膨胀功和表面功，即：

$$dW = -p dV + \sigma dA$$

由热力学第二定律，$dQ = TdS$，与上式一起代入式(2-9)，可得：

$$dU = TdS - p dV + \sigma dA \tag{2-10}$$

根据焓 $H \equiv U + pV$

自由能 $F \equiv U - TS$

自由焓 $G \equiv H - TS$

微分，得

$$dH = dU + p dV + V dp$$
$$dF = dU - TdS - SdT$$
$$dG = dH - TdS - SdT \tag{2-11}$$

与式(2-10)结合，可导出以下三个考虑面张力的热力学基本方程。

$$dH = TdS + V dp + \sigma dA \tag{2-12}$$
$$dF = -SdT - p dV + \sigma dA \tag{2-13}$$
$$dG = -SdT + V dp + \sigma dA \tag{2-14}$$

由以上四个热力学基本方程可以得出表面张力的热力学定义为：

$$\sigma = \left(\frac{\partial U}{\partial A}\right)_{S,V} = \left(\frac{\partial H}{\partial A}\right)_{S,p} = \left(\frac{\partial F}{\partial A}\right)_{V,T} = \left(\frac{\partial G}{\partial A}\right)_{p,T} \tag{2-15}$$

上式表明表面张力为各特定条件下改变单位面积所引起的 $U$、$H$、$F$、$G$ 的变化值。由于经常在恒温、恒压下研究表面性能，故下列定义较为常用，即：

$$\sigma = \left(\frac{\partial G}{\partial A}\right)_{p,T} \tag{2-16}$$

令 $G^S$ 为单位面积的自由焓，单位为 $J/m^2$，简称比表面自由焓；$A$ 为总表面积，则总表面自由焓为：

$$G = G^S A \tag{2-17}$$

代入式(2-16)可得：

$$\sigma = G^S + A\left(\frac{\partial G^S}{\partial A}\right)_{p,T} \tag{2-18}$$

纯液体分子是可流动的，表面改变时并不引起表面结构分子间平均距离及排列情况的变化，所以：

$$\left(\frac{\partial G^S}{\partial A}\right) = 0$$

由此得：

$$\sigma = G^S \tag{2-19}$$

式(2-19)表明，单组分液体的表面张力等于比表面自由焓。

## 2.3 Laplace方程

表面弯曲的液体在表面张力的作用下，表面上承受着一定的附加压力。如图2-2所示，在两根玻璃毛细管中，(a)中贮汞，呈凸面，在凸面与毛细管壁的交界线上作用的表面张力指向液体内部；(b)中贮水，呈凹面，在交界线上作用的表面张力指向液体上方。对平面液体来说，表面张力是沿平面切线方向作用的，所以附加压力为零。由图可知，附加压力的方向总是指向曲率中心一边，且与曲率大小有关，Laplace方程阐明了这种关系。

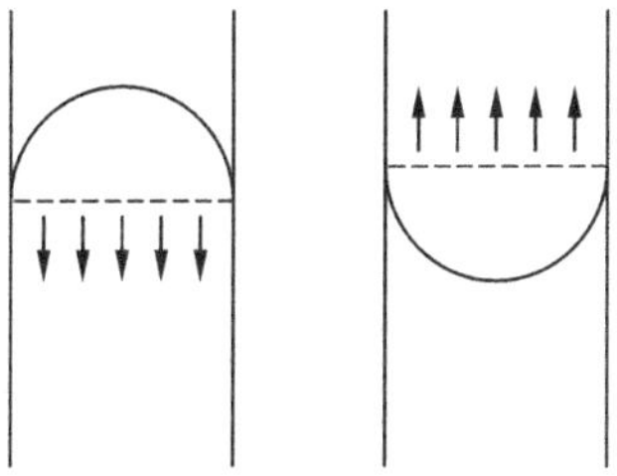
(a) 凸面　　(b) 凹面

图2-2　弯曲界面上的附加压力

### 2.3.1 球面

我们先考虑弯曲面为球面的特殊情况。如图2-3所示，设有一球形皂泡，半径为 $r$，表面积 $A = 4\pi r^2$。假如在附加压差 $\Delta p$ 的作用下，半径减小了 $\mathrm{d}r$，则表面能量变化 $\Delta E$ 为：

$$\Delta E = \sigma \mathrm{d}A = 8\pi r\sigma \mathrm{d}r \tag{2-20}$$

当半径收缩 $\mathrm{d}r$ 时，压差 $\Delta p$ 所做的功 $W$ 为：

$$W = \Delta p A \mathrm{d}r = \Delta p 4\pi r^2 \mathrm{d}r \tag{2-21}$$

平衡时，$W$ 等于表面自由能的减少，即

$$\Delta p 4\pi r^2 \mathrm{d}r = 8\pi r\sigma \mathrm{d}r$$

即

$$\Delta p = 2\sigma / r \tag{2-22}$$

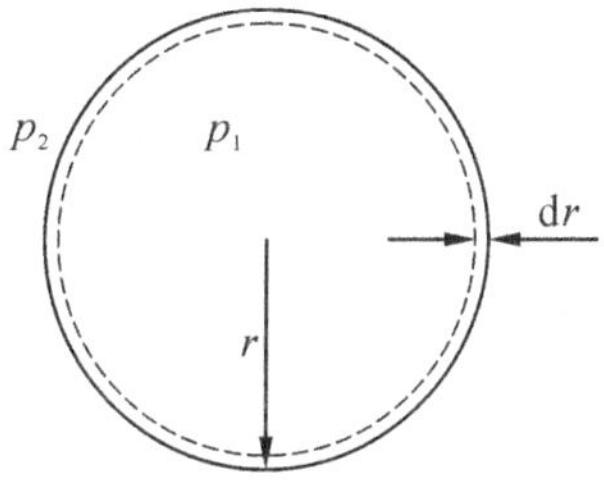


图2-3　皂泡的收缩

式(2-22)即为弯曲表面为球面时的Laplace方程。在推导过程中未考虑重力场的作用。由此式可知 $\Delta p$ 与表面张力成正比，而与曲率半径成反比。

### 2.3.2 任意曲面

若液面为任意曲面，一般需用两个曲率半径来描述。图2-4所示为任意曲面的一小部分，$R_1$、$R_2$ 分别表示曲线在正交方向上的两个曲率半径，由于所取曲面足够小，$R_1$、$R_2$ 可看作常数，即 $AB$ 和 $CD$ 的曲率半径等于 $R_1$，其圆心分别为 $O$ 和 $O'$；而 $AD$ 和 $BC$ 的曲率半径

等于$R_2$,圆心分别为$Q$和$Q'$。曲面在很小时可近似看作是一个矩形,边长分别为$x$和$y$,其面积$A=xy$。如果将该曲面在压差$\Delta p$的作用下由$ABCD$向外推移一个小小的距离成$A'B'C'D'$,面积的微小变化为:

$$\mathrm{d}A=\mathrm{d}(xy)=x\mathrm{d}y+y\mathrm{d}x \quad (2-23)$$

形成这部分新表面时表面能的$\Delta E$的变化为:

$$\Delta E=\sigma\mathrm{d}A=\sigma(x\mathrm{d}y+y\mathrm{d}x) \quad (2-24)$$

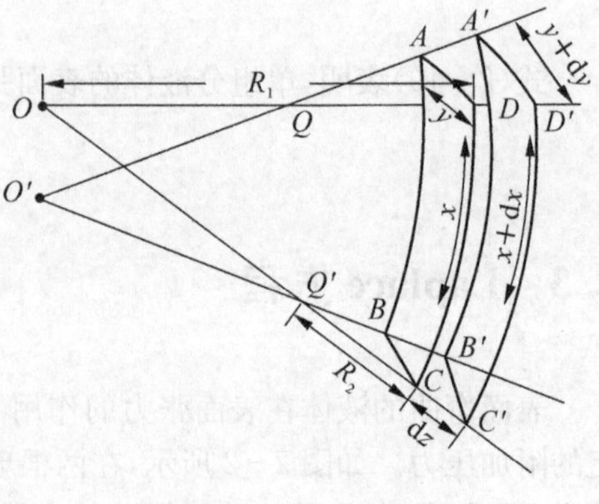


**图 2-4 任意曲面**

由相似三角形原理:

$$\frac{x+\mathrm{d}x}{R_1+\mathrm{d}z}=\frac{x}{R_1} \quad 即 \quad \mathrm{d}x=x\mathrm{d}z/R_1 \quad (2-25)$$

$$\frac{y+\mathrm{d}y}{R_2+\mathrm{d}z}=\frac{y}{R_2} \quad 即 \quad \mathrm{d}y=y\mathrm{d}z/R_2 \quad (2-26)$$

当曲面向外位移$\mathrm{d}z$时,作用在$xy$面积上的压差$\Delta p$做功为:

$$W=\Delta p\cdot xy\cdot \mathrm{d}z \quad (2-27)$$

达到平衡时,$\Delta E=W$,即:

$$\sigma(x\mathrm{d}y+y\mathrm{d}x)=\Delta p\cdot xy\cdot \mathrm{d}z$$

以式(2-25)和式(2-26)代入,化简后得:

$$\Delta p=\sigma(1/R_1+1/R_2) \quad (2-28)$$

式(2-28)就是Laplace方程的一般形式,是表面化学的基本定律之一。当两个曲率半径相等时,$R_1=R_2=r$,曲面成为一个球面,式(2-28)即成为式(2-22)。对于平液面,两个曲率半径都为无限大,$\Delta p=0$,表示跨过平液面不存在压差。

## 2.4 液体表面张力的测定

### 2.4.1 毛细管法

如图2-5所示,当毛细管浸在液体中,若液体能浸润管壁,则会发生毛细上升现象,液面呈凹月形。反之,若液体不能浸润管壁,则液面下降呈凸液面。

毛细升高现象可用Laplace方程处理。假定毛细管截面是圆形,且管径不太大,若液体能完全浸润管壁,并假定凹月面可近似看作半球形,此时不仅两个曲率半径相等,而且都等于毛细管半径$r$。由Laplace公式可得:

$$\Delta p = 2\sigma / r \quad (2-29)$$

若定义 $h$ 为凹月面底部距平液面的高度，则压差 $\Delta p$ 应等于毛细管内液柱的静压强 $\Delta\rho gh$，即：

$$\Delta\rho gh = 2\sigma / r \quad (2-30)$$

式中，$\Delta\rho$ 为液气两相密度差；$g$ 为重力加速度。

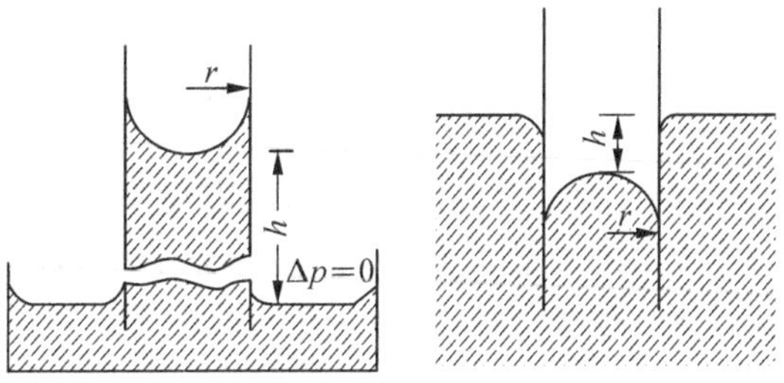

图 2-5 毛细管上升和下降现象

式(2-30)也可以改写成：

$$a^2 = 2\sigma / \Delta\rho g = rh \quad (2-31)$$

式中，$a$ 称为毛细常数，它是液体的一个特性常数。

当液体完全不浸润管壁时，公式(2-31)仍适用，毛细上升改为毛细下降，$h$ 表示下降深度。

更普遍的情况是液体与管壁不是完全浸润，液-固之间的接触角 $\theta$ 介于 0°～180°之间，若弯月面仍为球面，则有：

$$\Delta\rho gh = \frac{2\sigma\cos\theta}{r} \quad (2-32)$$

实验测得毛细升高(或下降)高度 $h$，因毛细管半径 $r$ 和液体密度已知，由式(2-30)或式(2-32)，可以求出液体的表面张力 $\sigma$。

仔细分析上面的推导过程，可发现如下的问题：把凹月面当作球面来近似处理，事实上凹月面不可能是一个绝对的球面，也即凹月面上每一点的曲率半径都不一定相等，所以要作弯月面非球面的修正；只有在凹月面的最低点毛细上升高度才是 $h$，在其他各点上，毛细上升高度都大于 $h$。若令 $y$ 表示凹月面上某点离开液面的距离，则有 $\Delta p = \Delta\rho gy$，只有在凹月面最低点上才有 $\Delta p = \Delta\rho gh$，因此要作液体质量的修正。

对毛细上升现象作精确处理，必须考虑对以上两个偏差作修正。修正方法之一是 Rayleigh 提出的级数近似法。对接近球形的弯月面，在 $r \ll h$ 的情况下，可得到如下的级数展开式：

$$a^2 = r(h + r/3 - 0.128\,8r^2/h + 0.131\,2r^3/h^2 - \cdots) \quad (2-33)$$

式中，第一项是基本的 Laplace 方程；第二项是考虑弯月面液体质量的修正；其余各项是对偏离球形的修正。

另一修正方法是 Sugden 利用 Bashforth 和 Adams 早期的工作提出的数据逼近法。Sugden 编制了供修正使用的数据表，有兴趣的读者可参看有关专著。

**例题** 在 20℃时用毛细管法测定苯的表面张力，得到下列数据，求苯的表面张力：

$r = 0.055\,0$ cm；$h = 1.201$ cm；$\rho_{苯} = 0.878\,5\ \mathrm{g/cm^3}$；$\rho_{空气} = 0.001\,4\ \mathrm{g/cm^3}$。

**解** 由式(2-33)得：

$$\begin{aligned} a^2 &= 0.055\,0(1.201 + 0.055\,0/3 - 0.128\,8 \times 0.055\,0^2/1.201 + 0.131\,2 \times \\ &\quad 0.055\,0^3/1.201^2) \\ &= 0.067\,05 \end{aligned}$$

由式(2-31)得：

$$\sigma = \frac{1}{2}\Delta\rho g a^2 = 0.5 \times (0.087\,85 - 0.001\,4) \times 980 \times 0.067\,05 = 28.8(\mathrm{mN/m})$$

毛细上升法是表面张力测试方法中较准确的方法，其实验条件比较简单，数据容易测准，要求毛细管最好能被所测液体完全浸润，使接触角为零。最常用的是玻璃毛细管，不仅透明，还能被多数液体润湿，其横截面应是圆形而且上下均匀一致。

### 2.4.2 最大气泡压力法

本法是将一根毛细管插入待测液体中，缓缓通入惰性气体，使在管端形成气泡逸出，如图 2-6 所示。当毛细管很细时，可假设气泡在生成过程中始终是球体的一部分。但气泡在发展过程中半径由大变小，当气泡形状恰为半球时，气泡的半径最小，正好等于毛细管半径，$\Delta p$ 也相应达到最大值。实验过程中用连接在毛细管上的 U 形压力计测出最大气泡压力，则：

$$\Delta p_{\max} = \Delta\rho g h = 2\sigma/r \qquad (2-34)$$

若测试时毛细管下端在液面下的深度为 $t$，则：

$$\Delta p_{\max} = \Delta\rho g h - p_t \qquad (2-35)$$

必须指出，这种处理仅局限于毛细管很细的情况，精度可达千分之几。当毛细管较粗时，则计算误差较大，应加以修正。修正方法请参看有关专著。

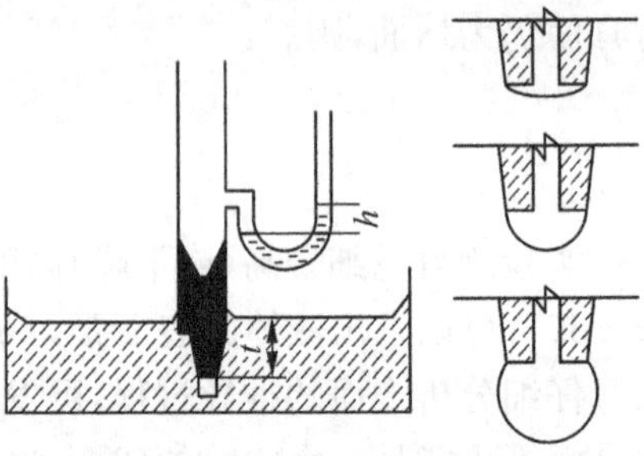


图 2-6 最大气泡压力法

### 2.4.3 滴重法

滴重法是一种既精确又方便的方法。它既可测定气-液表面张力，又可测液-液界面张力。如图 2-7 所示，在恒温的条件下，使管端缓慢形成的液滴滴入杯中，在收集到适量的液体后称其质量，由此精确地测得每滴液重。早在 1864 年 Tate 就提出液滴所受重力 $mg$ 与表面张力 $\sigma$ 的关系为：

$$mg = 2\pi r\sigma \qquad (2-36)$$

式中，$r$ 是毛细管半径，液体能润湿管端平面时为外径，不能润湿时为内径。

仔细观察液滴形成全过程就会发现，由于形成的细长液柱在力学上不稳定，一部分半径缩小，另一部分半径扩大，最后形成液滴落下。因此真正落入容器的只是一部分液体。一般认为，多至 40% 的液滴仍与滴尖相连，当与下落部分分离后，又缩了回去，成为下一个液滴的一部分(图 2-8)。

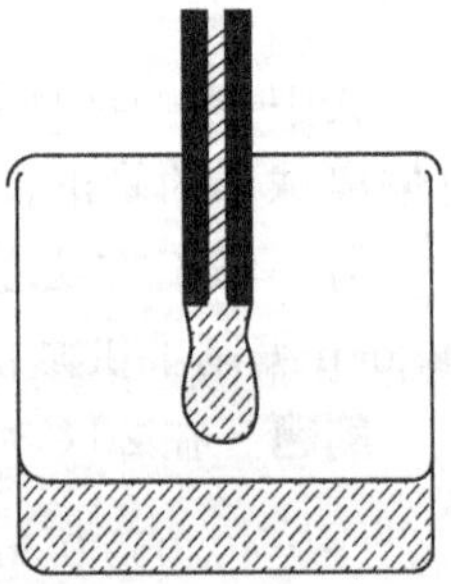

图 2-7 滴重法

因此测得液滴的实际质量要比计算值小得多。为此，Harkins 引入修正系数 $f$：

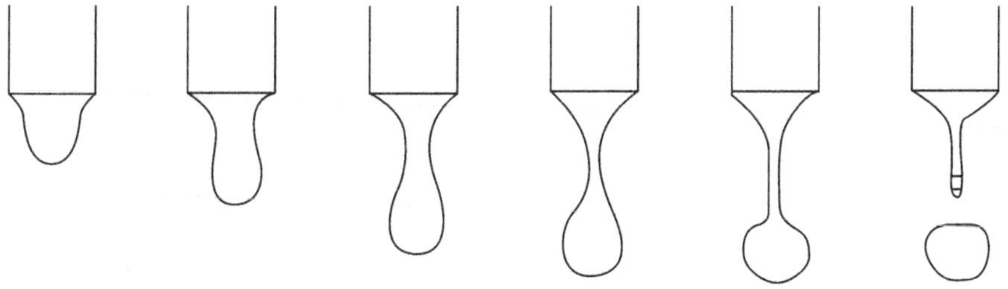

**图 2-8 液滴落下过程的快速摄影图**

$$W = 2\pi r\sigma \cdot f \tag{2-37}$$

并且得出，$f$ 是液滴体积 $V$ 的函数，$f$ 随 $r/V^{1/3}$ 变化。

$$f = \Psi\left(\frac{r}{V^{1/3}}\right) \tag{2-38}$$

Wilkenson 等用实验数据拟合得到下面的经验方程：

$$f = 0.9045 - 0.7249(r/V^{1/3}) + 0.4293(r/V^{1/3})^2 \tag{2-39}$$

上式适用于 $0.3 < (r/V^{1/3}) < 1.2$ 的区间。吴树森与王飞虹则提出下面的经验方程：

$$f = 1.007 - 1.4789(r/V^{1/3}) + 1.829(r/V^{1/3})^2 \tag{2-40}$$

上式适用于 $0.058 < (r/V^{1/3}) < 0.3$ 的区间。

因此，用滴重法测出液滴质量后，求出 $r/V^{1/3}$，通过式(2-39)、式(2-40)求出修正因子 $f$，代入式(2-37)即可得到表面张力 $\sigma$。

### 2.4.4 吊环法

吊环法是脱离法的一种，如图 2-9 所示，将一环放在液面上，然后测定将环向上拉起时所需的力 $p$。根据表面张力的基本概念可知，将圆环从液面上分离所需的最大拉力应等于该环的质量加上表面张力与被分离表面周长的乘积。设环的内径为 $R'$，环由半径为 $r$ 的铂丝制成。则 $p = W_{环} + 2\pi\sigma R' + 2\pi\sigma(R' + 2r)$，$W_{环}$ 为铂环质量，后面两项为液膜对圆环内外表面施加的表面张力。令 $F = p - W_{环}$，$R = R' + r$，则可得：

$$F = 4\pi\sigma(R' + r) = 4\pi R\sigma \tag{2-41}$$

Harkins 和 Tordan 发现上式与实际数据有较大误差，模拟滴重法作了校正。根据大量的实验数据分析总结，表明校正因子 $f$ 与两个无因次量 $R^3/V$ 和 $R/r$ 有关，即 $F = \Psi(R^3/V,\ R/r)$。

图 2-10 是吊环法的校正因子图，该图是在一定的 $R/r$ 下以 $f$ 对 $R^3/V$ 作出的一系列曲线。由 $R^3/V$ 值与 $R/r$ 曲线的交点可查出校正因子 $f$。

$$\sigma = \frac{F}{4\pi R} \cdot f \tag{2-42}$$

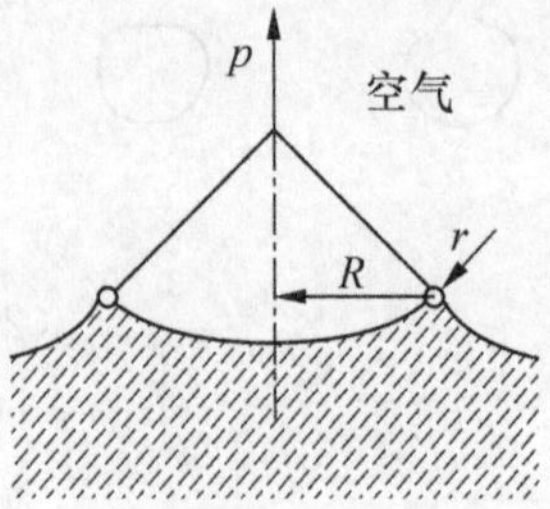


图 2-9　吊环法

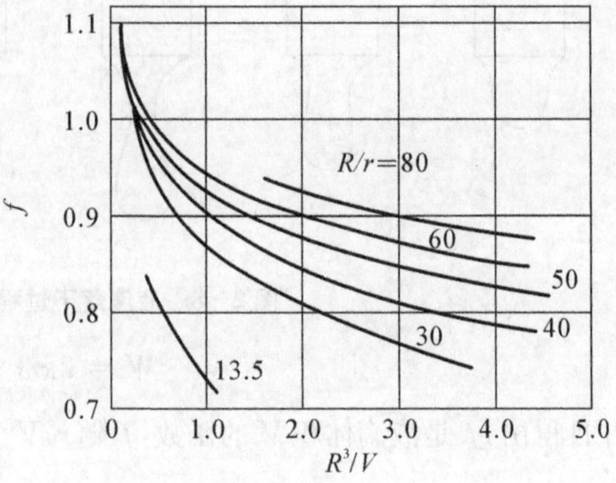


图 2-10　圆环法的校正因子

## 2.4.5　吊板法

吊板法是由 Wilhelmy 于 1863 年提出的。如图 2-11 所示,将一块平板,如显微镜盖玻片或铂箔部分浸到液体中,平板另一端挂在天平上,测定吊板脱离液面时所需的最大拉力 $W_{总}$,则

$$p = W_{总} - W_{板} = 2(l+d)\cdot\sigma \qquad (2-43)$$

式中,$l$ 为吊板宽度;$d$ 为厚度;$2(l+d)$ 为平板周长;$W$ 为平板在空气中的质量。测出 $W_{总}$ 后,可由式(2-43)求出液体的表面张力 $\sigma$。

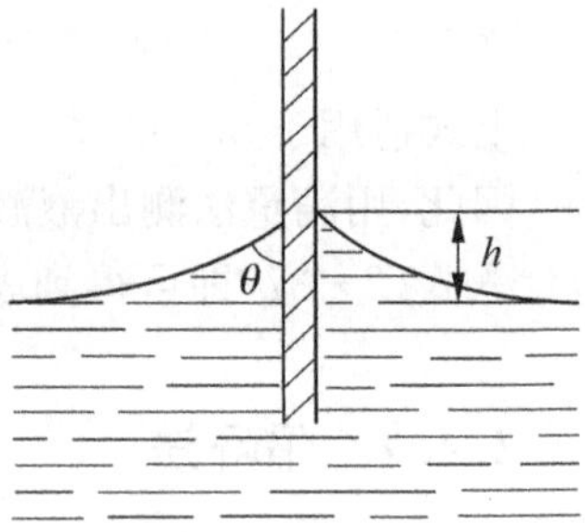


图 2-11　吊板法

若液体与吊板之间存在接触角 $\theta$,则相应的公式为:

$$p = 2(l+d)\sigma\cos\theta \qquad (2-44)$$

如图 2-11 中,将平板插入液体中后,产生了毛细升高现象。设 $h$ 为液面升高端点离水平液面的距离,$\theta$ 为接触角,根据 Laplace 公式有:

$$\Delta\rho g y = \sigma\left(\frac{1}{R_1}+\frac{1}{R_2}\right) \qquad (2-45)$$

因 $R_2 = \infty$, 对式(2-45)微分方程求解,结果得:

$$\frac{\Delta\rho g h^2}{2\sigma} = 1-\sin\theta \qquad (2-46)$$

若用分离法测定 $p$,同时又用一台测高计测出 $h$,则联合式(2-44)和式(2-46),在一个实验中可同时测出液体的表面张力和平板材料与液体的接触角。

## 2.5 Kelvin 公式

根据 Young-Laplace 公式可知，跨过一个平表面不存在压力差，而跨过曲面必然存在压力差 $\Delta p$。对于液体来说，增加压力相当于增加了化学势。因此，小液滴平衡时的蒸气压一定比平面液体平衡时的蒸气压大。假定液体不可压缩，温度恒定，则由热力学第二定律可知，压力改变对液相摩尔自由焓的影响为：

$$\Delta G_l = \int V \mathrm{d}p = V\Delta p = \sigma V\left(\frac{1}{R_1} + \frac{1}{R_2}\right) \tag{2-47}$$

式中，$V$ 为摩尔体积。

液体的自由焓变化也可用蒸气压的变化来表示。假定与液体相平衡的蒸气为理想气体，则：

$$\Delta G_V = RT\ln(p/p_0) \tag{2-48}$$

假定曲面为球面，则 $R_1 = R_2 = r$。当液相与气相平衡时，有：

$$\Delta G_l = \Delta G_V \tag{2-49}$$

即：

$$RT\ln\frac{p}{p_0} = \frac{2\sigma V}{r} = \frac{2\sigma M}{\rho r} \tag{2-50}$$

式中，$p_0$ 为 $T$ 温度下，平液面的蒸气压；$p$ 为 $T$ 温度下，弯液面的蒸气压；$V$ 为液体摩尔体积（$V = M/\rho$，$M$ 为液体相对分子质量，$\rho$ 为液体的密度）；$r$ 为弯液面的曲率半径。

式(2-50)即为 Kelvin 公式，是表面化学的基本公式之一。Kelvin 公式表明，液滴的半径越小，其蒸气压越大。对水滴的计算结果见表 2-1。

**表 2-1 20℃时水滴蒸气压随水滴半径的变化 （$p_0 = 0.238$ kPa）**

| 水滴半径/cm | $10^{-4}$ | $10^{-5}$ | $10^{-6}$ | $10^{-7}$ |
|---|---|---|---|---|
| $\Delta p/p_0$/% | 0.1 | 1.1 | 11.4 | 19.5 |

由表 2-1 可见，当半径小到 $10^{-6}$ cm 时，蒸气压增加 10%以上。这样小的水滴中约含 $1.4\times10^5$ 个水分子。可见即使空气中水蒸气过饱和达到 10%时，这么多水分子同时聚在一起形成水珠的可能性仍很小，所以在干净空气中水蒸气有时可达很高的过饱和程度而不凝聚起来。若有灰尘等微粒存在，则水蒸气在较低的过饱和程度时就能在微粒表面上凝结。人工降雨就是利用这一原理，提供一些凝结核心，使水蒸气形成水珠落下。

应用 Kelvin 公式可以解释一些现象。

在 0℃以下，很纯的水可能不结冰，即为过冷水。这是因为由于涨落现象而生成的微小冰粒的化学位比大冰块的化学位高，结果被融化。因此很纯的水在自动结冰之前可以过冷至－40℃左右，但这种介稳态是不能稳定存在的，如果系统中有杂质存在，则过冷水会很快凝聚成冰。

过热液体是加热到沸点也不沸腾的液体。加热产生的微小气泡使液面呈凹面,曲率半径是很大负值。按 Kelvin 公式,凹面液体的饱和蒸气压比平面液体小,更重要的是,由 Laplace 方程可知,微小气泡还承受很大的附加压力 $2\sigma/r$。所以在未达到足够过热程度前,气泡内的压力小于大气压与附加压力 $2\sigma/r$ 之和,不能使液体沸腾。必须升温到使凹液面的蒸气压等于或超过(大气压$+2\sigma/r$)才能使液体沸腾。这就是纯净液体易过热的原因。通过在液体内放入沸石或一端封闭的毛细管,可使过热程度显著降低。

过饱和溶液是指使浓度高于正常溶解度而不结晶的溶液。产生这一现象的原因是生成高度分散的微小晶粒具有较大的溶解度。Kelvin 公式在固-液系统中可表示为:

$$\ln\frac{a(r)}{a}=\frac{2\sigma_{sl}V_m^s}{RTr}=\frac{2\sigma_{sl}M}{RT\rho_s r} \tag{2-51}$$

或

$$\ln\frac{C(r)}{C}=\frac{2\sigma_{sl}M}{RT\rho_s r} \tag{2-52}$$

式中,$a(r)$为半径为 $r$ 的晶核在饱和溶液中的活度;$A$ 为大晶体在饱和溶液中的活度;$C(r)$为半径为 $r$ 的晶核在稀溶液情况下的溶解度,此时可用 $C(r)$代替活度 $a(r)$;$C$ 为大晶体在稀溶液情况下的溶解度,此时可用 $C$ 代替活度 $a$;$\sigma_{sl}$为晶体和溶液的界面张力;$M$ 为溶质的相对分子质量;$\rho_s$ 为晶体密度;$V_m^s$ 为晶体的摩尔体积;$r$ 为晶体的曲率半径。

该式表明,晶体的曲率半径 $r$ 越小,相应的溶解度就越大,因此产生过饱和现象。

**例题** 在 20℃下,若水的密度为 $\rho=998.2\ \mathrm{kg/m^3}$,表面张力为 $72.8\times10^{-3}\ \mathrm{N/m}$,若水滴半径为 $10^{-6}$ cm,求水的过饱和度。

**解** 用 Kelvin 公式计算:$RT\ln\dfrac{p}{p_0}=\dfrac{2\sigma V}{r}=\dfrac{2\sigma M}{\rho r}$

已知:$\rho=998.2\ \mathrm{kg/m^3}$;$\sigma=72.8\times10^{-3}\ \mathrm{N/m}$;$M=18\ \mathrm{g/mol}=18\times10^{-3}\ \mathrm{kg/mol}$
$r=10^{-6}\ \mathrm{cm}=10^{-8}\ \mathrm{m}$;$T=(20+273)\mathrm{K}=293\ \mathrm{K}$;$R=8.314\ \mathrm{J/(mol\cdot K)}$

$$\ln\frac{p}{p_0}=\frac{2\times72.8\times10^{-3}\times18\times10^{-3}}{8.314\times293\times998.2\times10^{-8}}=0.1078$$

$$\frac{p}{p_0}=1.114 \qquad \frac{\Delta p}{p_0}=\frac{p-p_0}{p_0}=0.114=11.4\%$$

**答**:水的过饱和度为 11.4%。

## 2.6 吉布斯(Gibbs)吸附等温式

### 2.6.1 溶液的表面张力

溶液的表面张力不仅与温度和压力有关,还与其组成有关,溶质的存在可以影响溶液的表面张力已是公认的事实。

溶液的组成对表面张力的影响比较复杂。在水溶液中，表面张力随组成的变化规律一般有三种比较典型的类型。

第一种如图 2-12 所示，20℃时 NaCl 水溶液的表面张力随溶质浓度的增加几乎成直线关系上升。一般强电解质的水溶液，如 $Na_2SO_4$、KOH、$NH_4Cl$、$KNO_3$ 等无机盐以及蔗糖、甘露醇等多羟基有机物具有类似的图形。电解质水溶液表面张力增大趋势还与离子的性质有关，对一价离子有下列次序：$Li^+ > Na^+ > K^+ > Pb^+ > Cs^+$，$F^- > Cl^- > Br^- > I^-$。

这与由它们构成的各种 1—1 型电解质熔盐在 1 000℃时的表面张力相比，它们的顺序是一致的。

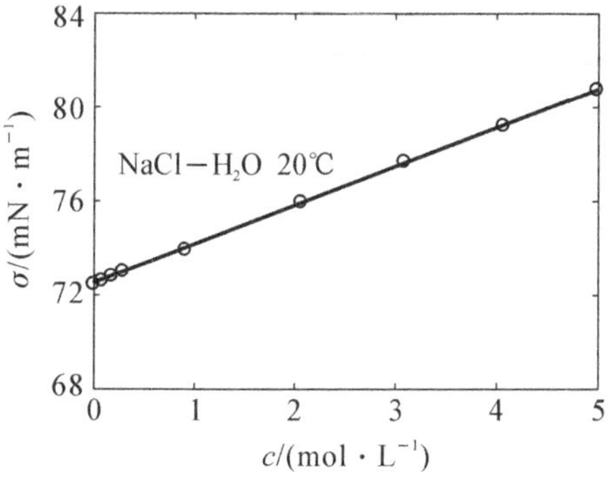


图 2-12 NaCl 水溶液 σ-c 关系图

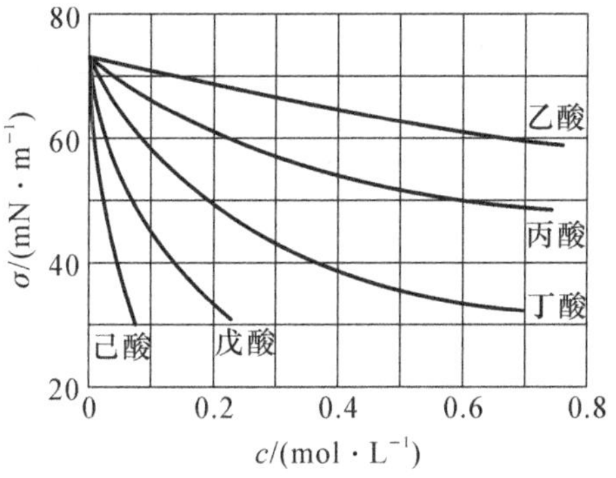


图 2-13 脂肪酸水溶液的 σ-c 关系图

第二种类型是一些醇、醛、酸、酮、胺等有机物，它们在稀溶液中可明显地降低水溶液的表面张力，通常开始降低得较快，随着浓度增加，表面张力减小趋势减慢。图 2-13 为脂肪酸水溶液的表面张力与其浓度的关系图。

由图 2-13 可见，脂肪酸降低水的表面张力的能力与其碳氢链长度有关，碳氢链越长，其降低表面张力能力越强。在稀溶液中各种脂肪酸的表面张力下降值 $\Delta\sigma$ 与其浓度成正比

$$\Delta\sigma = \sigma_0 - \sigma = \alpha c \tag{2-53}$$

式中，$\sigma_0$、$\sigma$ 为溶剂与溶液的表面张力；$\alpha$ 为特性常数。

Traube 比较了许多同系列有机化合物的 $\sigma - c$ 曲线后，发现同系物中每增加一个 $CH_2$ 基团，$(\sigma_0 - \sigma)/c$ 即 $\alpha$ 值增大约 3 倍。这个规则称为 Traube 规则：在同系物溶液中，欲使表面张力降低得一样多，所需溶液浓度因分子中每增加一个亚甲基而减少为原来的三分之一。

可以证明，Traube 规则相当于说将 1 mol 亚甲基从本体相移到表面相需做功2 675.2 J，也就是说，不管碳链多长，每个亚甲基从本体相迁移到表面相所做的功是一样的。由此推断，表面上每个亚甲基处于相同的状态，即在表面浓度很低时，溶质分子是平躺在表面上的。但当浓度较大时，分子将与表面正交，因而会偏离 Traube 规则。

对较浓的溶液，Szyszkowski 提出了下面的半经验式：

$$\Delta\sigma = \sigma_0 - \sigma = \sigma_0 b\ln(c/a + 1) \tag{2-54}$$

式中，$b$ 为特性常数，同系物的 $b$ 值大致相同；$a$ 为随溶质而异的特性常数。

对上式在 $c \to 0$ 时，将 $\ln(c/a+1)$ 按级数展开，取第一项可得：

$$\Delta\sigma = \frac{\sigma_0 b}{a}c \tag{2-55}$$

上式与式(2-53)完全一样，比较可知，$\alpha = \sigma_0 b/a$。因 $\sigma_0$、$b$ 为常数，所以 $\alpha$ 与 $1/a$ 成比例。换言之，Traube 规则也可表达为：对同系化合物，每增加一个亚甲基，$a$ 值减少为原值的 1/3，即 $a_i/a_{i+1} = 3$，或 $\alpha_{i+1}/\alpha_i = 3$。

当浓度很大时，式(2-54)中 $(c/a+1) \approx c/a$。此时可简化为：

$$\sigma = A + B\ln c \tag{2-56}$$

式中，$A$、$B$ 均为常数。此式表明，以 $\sigma$ 对 $\ln c$ 作图，应为一直线。

第三种类型的物质是 8 碳以上的直链有机碱金属盐、高碳直链磺酸盐、硫酸盐、苯磺酸盐等表面活性剂的水溶液。其特点是加入少量这类物质可显著降低溶液的表面张力。至一定浓度后表面张力不再有明显变化。图 2-14 所示的十二烷基硫酸钠水溶液在 20℃时的表面张力与浓度关系，就显示了这种情况。

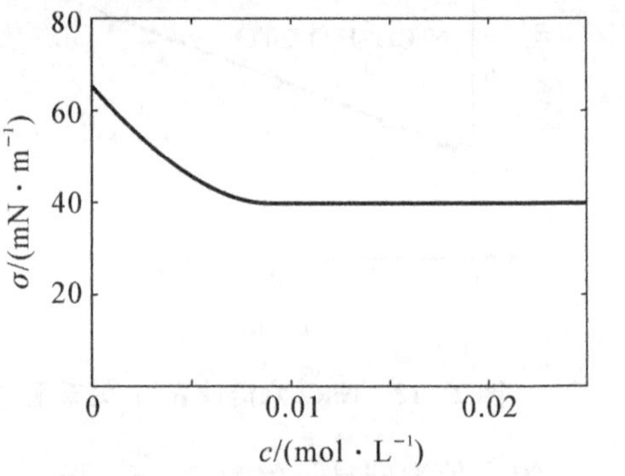


**图 2-14　十二烷基硫酸钠水溶液的 $\sigma-c$ 图(20℃)**

上述三种情况都是因为纯溶质的表面张力与纯水相比有较大差异，溶质在溶液表面发生了选择性吸附。一般认为在表面优先吸附的物质具有表面活性。第一类溶质(如 NaCl)，在水溶液中完全电离成离子，并发生强烈的溶剂化，这就导致表面层的 NaCl 浓度低于本体相，这种现象叫做负吸附作用。但由于本体相浓度大于表面层，必然有部分离子扩散到表面上，而 NaCl 的离子的表面张力比纯水高，故在负吸附的情况下溶液表面张力仍有所上升。第二类物质的分子是由非极性基团与极性基团或离子组成，它们和溶剂水的相互作用较弱，其表面张力小于水，因此很容易被吸附到表面上去，从而使溶液的表面张力显著下降，这种现象称为正吸附作用。第三类物质是表面活性剂，分子中非极性基团比第二类物质更多，因此憎水性更强，表面活性更大，以致少量表面活性剂分子就可在溶液表面上形成定向排列的单分子层。

### 2.6.2　Gibbs 吸附等温式

早在 100 年前，Gibbs 就从热力学导出了联系溶液表面张力与溶液浓度的微分方程式，这就是著名的 Gibbs 吸附等温式。它的最简单形式为：

$$\Gamma_2^1 = -\frac{c_2}{RT}\left(\frac{\partial\sigma}{\partial c_2}\right)_T = -\frac{1}{RT}\left(\frac{\partial\sigma}{\partial \ln c_2}\right)_T \tag{2-57}$$

式中，$\Gamma_2^1$ 表示单位面积上吸附溶质的过剩量，其单位是 $mol/cm^2$。它表示溶质的表面浓度和本体浓度之差。如果 $\Gamma_2^1$ 为正，溶质的表面浓度大于本体浓度，为正吸附，也称为表面超量；若 $\Gamma_2^1$ 为负，溶质的表面浓度小于本体浓度，则为负吸附，也叫做表面亏量。式中的 $c_2$ 为溶质的质量摩尔浓度或体积摩尔浓度。

图 2-15 中丁酸的 $\sigma-c$ 曲线的斜率 $\left(\frac{\partial\sigma}{\partial c}\right)_T$ 为负值，$\Gamma_2^1$ 为正，所以 $\Gamma_2^1$ 随溶质浓度 $c_2$ 增加而增大；对 NaCl 溶液，表面张力与浓度曲线的斜率 $\left(\frac{\partial\sigma}{\partial c}\right)_T$ 为正值，$\Gamma_2^1$ 为负值，$\Gamma_2^1$ 随溶质浓度 $c_2$ 增加而减小。

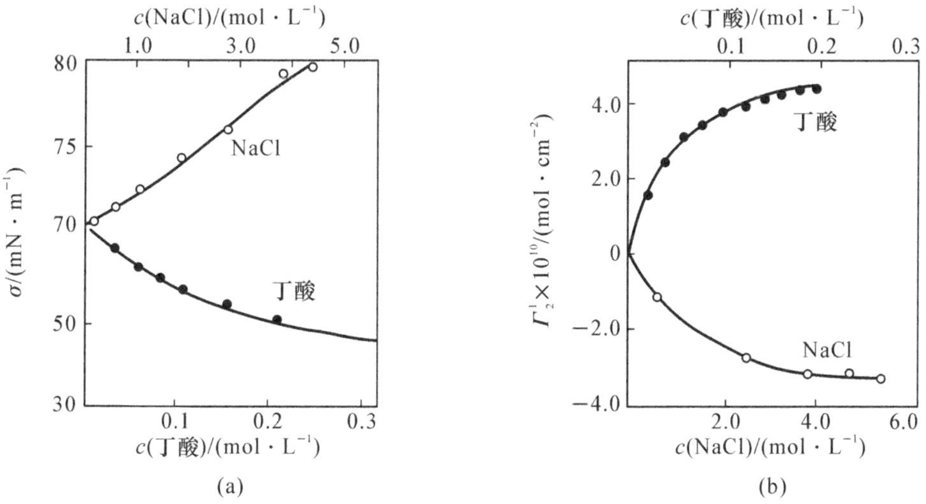


**图 2-15 丁酸与 NaCl 的 $\sigma-c$ 与 $\Gamma_2^1-c$ 图**

Gibbs 吸附等温式是界面化学中基本关系式之一，与 Laplace 方程、Kelvin 公式、Young 公式一起，被称为界面化学四大基本定律。Gibbs 公式适用于气-液、液-液和固-液界面，也可适用于固体粉末吸附气体的现象。

**例题** 294 K 下测得甲酚水溶液的表面张力随甲酚浓度的变化关系如下：

| | | | | | | | |
|---|---|---|---|---|---|---|---|
| $c/(mol\cdot dm^{-3})$ | 0.230 1 | 0.179 3 | 0.119 4 | 0.081 6 | 0.072 6 | 0.047 5 | 0.032 3 |
| $\sigma/(mN\cdot m^{-1})$ | 40.92 | 42.81 | 47.81 | 52.27 | 53.94 | 57.94 | 61.98 |

求：(1)在上述溶液浓度范围内，甲酚的表面吸附量 $\Gamma_2^1$；(2)甲酚分子的横截面积。

**解** 由 Gibbs 吸附等温式：

$$\Gamma_2^1=-\frac{c_2}{RT}\left(\frac{\partial\sigma}{\partial c_2}\right)_T=-\frac{1}{RT}\left(\frac{\partial\sigma}{\partial\ln c_2}\right)_T$$

得：$d\sigma=-\Gamma_2^1 RT\,d\ln c$

积分得：$\sigma=-\Gamma_2^1 RT\ln c+b=k\ln c+b$

式中：$k$、$b$ 均为常数，其中 $k=-\Gamma_2^1 RT$。

可见以 $\sigma-\ln c$ 成直线关系，直线的斜率为 $-\Gamma_2^1 RT$。

(1) 按给定的 $\sigma-c$ 数据，以 $\sigma$ 对 $\ln c$ 作图，得一直线，用最小二乘法求得直线的斜率

$k=-11.0\times10^{-3}$，即 $-\Gamma_2^1RT=-11.0\times10^{-3}$。

所以 $$\Gamma_2^1=\frac{11.0\times10^{-3}}{8.314\times294}\ \mathrm{mol\cdot m^{-2}}=4.5\times10^{-6}(\mathrm{mol\cdot m^{-2}})$$

(2) 每平方米上甲酚的分子数为：

$$N=4.5\times10^{-6}\times6.023\times10^{23}=2.71\times10^{18}$$

每个甲酚分子的横截面积：

$$S=\frac{1}{2.71\times10^{18}}\ \mathrm{m^2}=0.37\times10^{-18}\ \mathrm{m^2}=0.37\ \mathrm{nm^2}$$

## *2.6.3　Gibbs 吸附等温式的导出

现在我们来推导 Gibbs 吸附等温式。

如图 2-16 所示，在 α、β 两平衡体相之间有界面区域 $AA'BB'$，设该系统中 $i$ 组分在 α 相和 β 相中的浓度分别为 $c_i^\alpha$、$c_i^\beta$，显然，界面区 $i$ 组分的浓度与本体相是不同的。现假设在图 2-17 中，用假设平面 $GG'$ 来代替实际界面相 $AA'BB'$。假想系统中的 α、β 体相的组成一直到分界面 $GG'$ 处都保持恒定，也即 $i$ 组分在假想 α、β 两相中的浓度仍为 $c_i^\alpha$、$c_i^\beta$。设 $\bar{n}_i^\alpha$、$\bar{n}_i^\beta$ 分别为第 $i$ 组分在此假想的 α、β 两相中的摩尔数，$n_i^{\mathrm{t}}$ 为第 $i$ 组分的总摩尔数。对给定系统，无论是实际的还是假想的，$n_i^{\mathrm{t}}$ 总是相同的。第 $i$ 组分的 Gibbs 表面过剩量 $n_i^x$ 为：

$$n_i^x=n_i^{\mathrm{t}}-(\bar{n}_i^\alpha+\bar{n}_i^\beta)\tag{2-58}$$

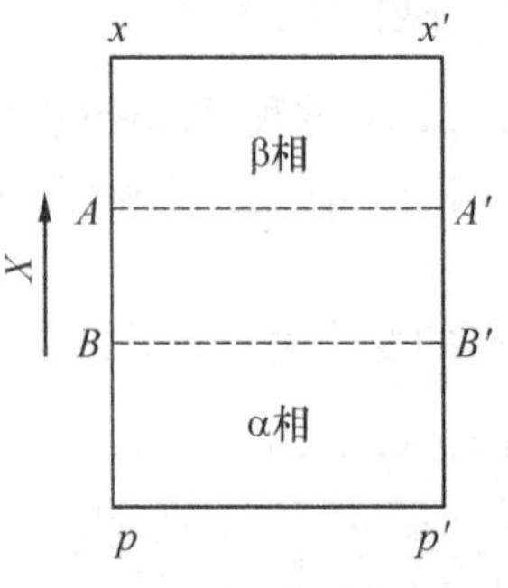


**图 2-16　实际系统的两相界面**

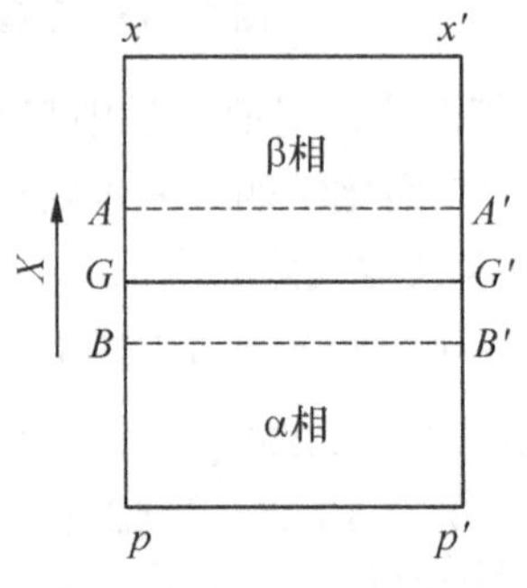


**图 2-17　假想系统，以 $GG'$ 代替实际界面，$GG'$ 可在 $AA'$ 与 $BB'$ 之间的任意位置上**

虽然系统中 $i$ 组分总摩尔数 $n_i^{\mathrm{t}}$ 与平面 $GG'$ 的位置无关，但是假想系统的 $\bar{n}_i^\alpha$、$\bar{n}_i^\beta$ 的数值却与 $GG'$ 平面的位置有关，随 $GG'$ 平面位置的变动，$\bar{n}_i^\alpha+\bar{n}_i^\beta$ 有可能大于、等于或小于 $n_i^{\mathrm{t}}$，也即 $n_i^x$ 可能是负值、零或正值。

同样地，我们可定义相应的表面过剩内能 $U^x$ 和表面过剩熵 $S^x$ 如下：

$$U^x=U^{\mathrm{t}}-\overline{U}^\alpha-\overline{U}^\beta\tag{2-59}$$
$$S^x=S^{\mathrm{t}}-\overline{S}^\alpha-\overline{S}^\beta\tag{2-60}$$

式中，$U^t$、$S^t$ 为整个系统(实际或假想)的总内能，总熵；$\overline{U}^\alpha$、$\overline{U}^\beta$、$\overline{S}^\alpha$、$\overline{S}^\beta$ 为假想系统中 α、β 相的内能和熵。随平面 $GG'$ 位置变化，$U^x$ 和 $S^x$ 的值也可以是负值、零或正值。

无论是实际系统还是假想系统都是敞开系统。对整个实际系统应用热力学基本方程：

$$dU = TdS - pdV + \sigma dA + \sum_{i=1}^{k}\mu_i dn_i \tag{2-61}$$

可以得到：

$$dU^t = TdS^t - (p^\alpha dV^\alpha + p^\beta dV^\beta) + \sigma dA + \sum_{i=1}^{k}\mu_i dn_i^t \tag{2-62}$$

式中，$V^\alpha$、$V^\beta$ 分别为 α、β 两体相的实际体积；$A$ 为相界面积；$\sigma$ 为界面张力。

由于界面相体积 $V^s$ 一般可以忽略，所以总体积 $V^t = V^\alpha + V^\beta$。对于平界面，由于 $p^\alpha = p^\beta$，因此 $p^\alpha dV^\alpha + p^\beta dV^\beta = pdV^t$。由于相平衡时各相的化学位相等，所以上式与以后各式中 $\mu_i$ 的上标都省略了。

假想系统中 α 相和 β 相的内能变化也可类似地表达为：

$$d\overline{U}^\alpha = Td\overline{S}^\alpha - pd\overline{V}^\alpha + \sum_{i=1}^{k}\mu_i dn_i^\alpha \tag{2-63}$$

$$d\overline{U}^\beta = Td\overline{S}^\beta - pd\overline{V}^\beta + \sum_{i=1}^{k}\mu_i dn_i^\beta \tag{2-64}$$

式中，$\overline{V}^\alpha$、$\overline{V}^\beta$ 为假想系统 α 相和 β 相的体积。

因 $\overline{V}^\alpha + \overline{V}^\beta = V^t$，$p^\alpha = p^\beta$，故 $p^\alpha d\overline{V}^\alpha + p^\beta d\overline{V}^\beta = p\overline{V}^t$。在假想体系中仅有两体相，而不存在界面相，故没有 $\sigma dA$ 一项。将式(2-63)和式(2-64)相加，即得到整个假想系统总内能变化，以式(2-62)减去这个总内能变化，可得下式：

$$d(U^t - \overline{U}^\alpha - \overline{U}^\beta) = Td(S^t - \overline{S}^\alpha - \overline{S}^\beta) + \sigma dA + \sum_{i=1}^{k}\mu_i d(n_i^t - \overline{n}_i^\alpha - \overline{n}_i^\beta)$$

以式(2-58)、式(2-59)、式(2-60)代入可得：

$$dU^x = TdS^x + \sigma dA + \sum_{i=1}^{k}\mu_i dn_i^x \tag{2-65}$$

在强度性质 $T$、$\sigma$、$\mu_i$ 保持不变条件下积分式(2-65)，可得：

$$U^x = TS^x + \sigma A + \sum_{i=1}^{k}\mu_i n_i^x \tag{2-66}$$

将上式微分可得：

$$dU^x = TdS^x + \sigma dA + \sum_{i=1}^{k}\mu_i dn_i^x + \sum_{i=1}^{k}n_i^x d\mu_i + Ad\sigma + S^x dT \tag{2-67}$$

比较式(2-65)和式(2-67)可得：

$$-Ad\sigma = S^x dT + \sum_{i=1}^{k}n_i^x d\mu_i \tag{2-68}$$

上式中,若以 $S_\sigma^x$ 表示单位表面积的过剩熵,$\Gamma_i^x$ 表示单位表面上 $i$ 组分的过剩摩尔数,则有:

$$S_\sigma^x = S^x/A \tag{2-69}$$

$$\Gamma_i^x = n^x/A \tag{2-70}$$

代入式(2-68),可得表面相的 Gibbs-Duhem 方程为:

$$-\mathrm{d}\sigma = S_\sigma^x \mathrm{d}T + \Gamma_1^x \mathrm{d}\mu_1 + \Gamma_2^x \mathrm{d}\mu_2 + \cdots + \Gamma_k^x \mathrm{d}\mu_k \tag{2-71}$$

式中,$S_\sigma^x$, $\Gamma_1^x$, $\Gamma_2^x$, …, $\Gamma_k^x$ 的数值大小和符号取决于 $GG'$ 在 $x$ 方向上的位置,因此均无确切的含义。

为使式中各项有明确含义,Gibbs 提出 $GG'$ 平面沿 $x$ 方向移动到恰好是 $n_i^t = \bar{n}_i^\alpha + \bar{n}_i^\beta$ 的位置上,此时 $n_1^x = 0$,即按惯例写成 $\Gamma_1^1 = 0$,此时式(2-71)成为:

$$-\mathrm{d}\sigma = S_\sigma^1 \mathrm{d}T + \Gamma_2^1 \mathrm{d}\mu_2 + \Gamma_3^1 \mathrm{d}\mu_3 + \cdots + \Gamma_k^1 \mathrm{d}\mu_k = S_\sigma^1 \mathrm{d}T + \sum_{i=1}^{1} \Gamma_i^1 \mathrm{d}\mu_i \tag{2-72}$$

式中,$\Gamma_2^1$, $\Gamma_3^1$, …, $\Gamma_k^1$ 与 $S_\sigma^1$ 均为 $\Gamma_1^1 = 0$ 时单位表面上的相对过剩量。

通常取溶剂为组分 1,并将 $GG'$ 平面移到 $\Gamma_1^1 = 0$ 处,对二元体系,式(2-72)简化为:

$$-\mathrm{d}\sigma = S_\sigma^1 \mathrm{d}T + \Gamma_2^1 \mathrm{d}\mu_2 \tag{2-73}$$

恒温时,可得:

$$\Gamma_2^1 = -\left(\frac{\partial \sigma}{\partial \mu_2}\right)_T \tag{2-74}$$

由于组分 2 的化学位:

$$\mu_2 = \mu_2^0 + RT\ln a_2 \tag{2-75}$$

式中,$a_2$ 为溶质活度,所以

$$\mathrm{d}\mu_2 = RT\,\mathrm{d}\ln a_2 \tag{2-76}$$

代入式(2-74)可得:

$$\Gamma_2^1 = -\frac{1}{RT}\left(\frac{\partial \sigma}{\partial \ln a_2}\right)_T \tag{2-77}$$

对稀溶液,可用浓度 $c_2$ 代替活度 $a_2$,所以有:

$$\Gamma_2^1 = -\frac{1}{RT}\left(\frac{\partial \sigma}{\partial \ln c_2}\right)_T = -\frac{c_2}{RT}\left(\frac{\partial \sigma}{\partial c_2}\right)_T \tag{2-78}$$

上式即为 Gibbs 吸附等温式,由上式可知,若 $\left(\frac{\partial \sigma}{\partial c_2}\right) < 0$,则 $\Gamma_2^1 > 0$,为正吸附,$\Gamma_2^1$ 为表面超量;若 $\left(\frac{\partial \sigma}{\partial c_2}\right) > 0$,则 $\Gamma_2^1 < 0$,为负吸附,$\Gamma_2^1$ 为表面亏量。

### *2.6.4 $\Gamma_2^1$ 的意义

$\Gamma_2^1$ 为取溶剂 1 作参考组分，即在规定 $\Gamma_1^1=0$ 时溶质 2 在单位面积上的相对过剩量，称为表面超量。可以应用图解说明其意义。图 2-18 中，(b)、(c)两图分别显示了溶剂 1 与溶质 2 的浓度随 $x$ 变化的情况。所谓取溶剂为参考组分，就是将 $GG'$ 平面恰好移至使(b)中阴影 $a$ 与 $b$ 的面积相等的位置。这时实际的浓度变化曲线 $hijk$ 与假想的浓度变化的梯形折线 $hlmk$ 正好符合 $\Gamma_1^1=0$ 的条件。但对溶质 2 来说，$GG'$ 平面分割出来的两个阴影面积未必相等。由(c)可见，阴影 $c>d$，两者面积之差即为 $\Gamma_2^1$，在本例中为负吸附，即 $\Gamma_2^1<0$。在(d)中所示为某一表面活性剂的浓度随 $x$ 变化的情况，实际曲线 $fghij$ 比假想系统的梯形折线 $fklj$ 多出面积为阴影 $e$，故为正吸附，$\Gamma_2^1>0$。当然，我们也可把 $GG'$ 平面移到 $\Gamma_2^2=0$ 处，则得到 $\Gamma_2^1$ 的结果，或者取 $GG'$ 平面的其他选择方法，这里不作讨论了。

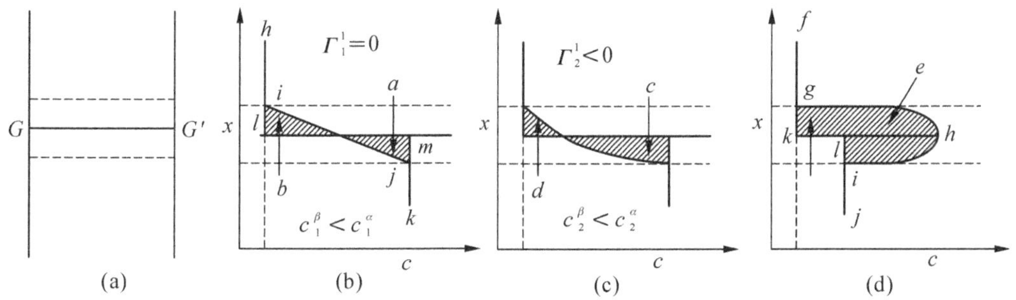


图 2-18 $\Gamma_2^1$ 示意图

### 2.6.5 Gibbs 等温式的应用

在 Gibbs 吸附等温式推导中并未具体规定 α、β 是何种界面，因此可广泛应用于各种界面以及各种情况。

#### 1. 气-固表面

固体吸附气体时，表面过剩量可表示为：

$$\Gamma_2^1=\frac{V}{A_0V_m} \tag{2-79}$$

式中，$A_0$ 为固体比表面积($m^2/g$)；$V$ 为每克固体吸附气体的体积；$V_m$ 为气体摩尔体积。若气体为理想气体，活度 $a_2$ 可用 $p$ 代替，则 Gibbs 公式可改写为：

$$\frac{V}{V_mA_0}=-\frac{1}{RT}\frac{d\sigma}{d\ln p} \tag{2-80}$$

积分上式：

$$-\int_{\sigma_0}^{\sigma} d\sigma = \frac{RT}{A_0 V_m}\int_0^p \frac{V}{p} dp \tag{2-81}$$

式中,$\sigma_0$ 与 $\sigma$ 分别为固体吸附气体前后的界面张力。

若将吸附实验数据按 $V/p$ 对 $p$ 作图,用图解积分可求得固体因吸附而产生的界面张力降低值。

若已知 $\Gamma_2^1 = f(p)$ 的形式,如低压时 $\Gamma_2^1 = bp$,代入积分式得:

$$\sigma_0 - \sigma = RT \cdot bp = \Gamma_2^1 RT \tag{2-82}$$

令 $\pi = \sigma_0 - \sigma$, $A = 1/\Gamma_2^1$,代入上式得:

$$\pi A = RT \tag{2-83}$$

式中,$\pi$ 称为表面压,它是表面吸附单分子层的重要性质,$A$ 为 1 mol 吸附分子所占的面积。

式(2-83)与三维理想气体方程 $pV = RT$ 十分相似,称为二维理想气体定律。这是因为在低压下表面吸附的气体只具有二维热运动,而且分子间相互作用又可忽略,气体在固体表面上的吸附降低了固体的表面自由焓,从而改变了固体表面的各种性质。

三维理想气体在低压、高温下成立,它忽略了分子的占有体积和分子间的相互作用。若在高压、低温下,实际气体偏离理想气体行为,则对理想气体状态方程必须进行修正。同样,二维理想气体状态只有在表面压较小时才成立。若偏离理想气体行为时,也应作相应修正。若考虑分子面积而不考虑分子间作用力,二维理想气体方程可修正为:

$$\pi(A - A_0) = RT \tag{2-84}$$

若考虑分子间的范德瓦尔斯力,则可修正为:

$$\left(\pi + \frac{a}{A^2}\right)(A - A_0) = RT \tag{2-85}$$

**2. 气-液界面**

一些表面活性剂物质在稀溶液范围存在 $\sigma_0 - \sigma = \alpha c$ 的关系,由此得:

$$\left(\frac{\partial \sigma}{\partial c}\right)_T = -\alpha \tag{2-86}$$

代入 Gibbs 方程可得:

$$\Gamma_2^1 = -\frac{c}{RT}\left(\frac{\partial \sigma}{\partial c}\right)_T = -\frac{c}{RT}(-\alpha) = \frac{\alpha c}{RT} = \frac{\sigma_0 - \sigma}{RT} \tag{2-87}$$

以 $\pi = \sigma_0 - \sigma$, $\Gamma_2^1 = 1/A$ 代入,亦得

$$\pi A = RT \tag{2-88}$$

这说明在稀溶液的气-液界面上,表面活性剂物质分子也服从二维理想气体状态方程,它们在界面上以单分子层存在,而且分子间相互作用可以忽略,通常称为气态膜。当浓度较大时,分子间相互作用已不可忽视,式 $\sigma_0 - \sigma = \alpha c$ 的关系已不适用。

**例题** 19℃时丁酸水溶液的表面张力可表示为：$\sigma = \sigma_0 - \sigma_0 b\ln(1+c/a)$，$\sigma_0$ 为纯水表面张力；$a$、$b$ 为常数，各为 $5.097\times10^{-2}$ mol/L 与 0.180；$c$ 为浓度。

求：(1) $c = 0.200$ mol/L 时的 $\Gamma_2^1$；(2) $c/a \gg 1$ 时的 $\Gamma_2^1$ 值，并计算丁酸分子所占面积。

**解** (1) $\sigma = \sigma_0 - \sigma_0 b\ln(1+c/a)$

$$\left(\frac{\partial\sigma}{\partial c}\right)_T = \frac{-\frac{1}{a}\cdot\sigma_0 b}{1+\frac{c}{a}}$$

$$\Gamma_2^1 = -\frac{c}{RT}\left(\frac{\partial\sigma}{\partial c}\right)_T = \frac{\sigma_0 b}{RT}\,\frac{\frac{c}{a}}{1+\frac{c}{a}}$$

以 $a$、$b$、$c$ 值代入，

$$\Gamma_2^1 = \frac{72.8\times0.180}{8.314\times10^7\times292.2}\times\frac{\frac{0.200}{5.097\times10^{-2}}}{1+\frac{0.200}{5.097\times10^{-2}}}(\text{mol/cm}^2)$$
$$= 4.30\times10^{-10}(\text{mol/cm}^2)$$

(2) 当 $c/a \gg 1$ 时，$1+c/a \approx c/a$，$\Gamma_2^1 = \sigma_0 b/RT = 5.39\times10^{-10}(\text{mol/cm}^2)$

$$a_\text{m} = 1/(\Gamma_2^1 N_0) = \frac{1}{5.39\times10^{-10}}\times\frac{1}{6.02\times10^{23}}\times10^{14}(\text{nm}^2/\text{cm}^2)$$
$$= 0.308(\text{nm}^2/\text{分子})$$

## 习 题

1. 试述表面张力(表面能)产生的原因。

2. 单位体积物体所具有的表面积称为比表面，请得出下列结果：

(1) 半径为 $r$ 的球形颗粒，其比表面为：

$$S = \frac{3}{r}$$

(2) 质量为 $m$、密度为 $\rho$ 的球形颗粒的比表面：

$$S = 3\left(\frac{4\pi\rho}{3m}\right)^{\frac{1}{3}}$$

(3) 边长为 $L$ 的立方体的比表面为：

$$S = \frac{6}{L}$$

(4) 质量为 $m$、密度为 $\rho$ 的立方体的比表面：

$$S=6\left(\frac{\rho}{m}\right)^{\frac{1}{3}}$$

3. 20℃及$1.01\times10^5$ Pa下,把半径$r_1=1$ mm的水滴分散成半径$r_2=10^{-3}$ mm的小水滴,问环境至少需要做多少功?水的表面张力为$72.8\times10^{-3}$ N/m。

4. 弯曲面的附加压力$\Delta p$与液体表面张力和曲率半径之间存在怎样的关系?若弯曲面为球面,平面又怎样?

5. 毛细管法测定液体表面张力的原理是什么?为什么要对毛细管法进行修正?

6. 试用Kelvin公式解释空气中水蒸气过饱和的原因。在20℃下水的密度$\rho=998.2$ kg/m$^3$,表面张力为$72.8\times10^{-3}$ N/m,若水滴半径为$10^{-6}$ cm,求水的过饱和度。

7. 水蒸气迅速冷却到25℃时会发生过饱和现象。已知25℃时水的表面张力$\sigma=71.49$ mN/m,当过饱和水蒸气压为水的平衡蒸气压的4倍时,试计算:

(1) 在此过饱和情况下,开始形成水滴的半径。

(2) 此种水滴中含有多少个水分子。

8. 已知17℃时大粒块二硝基苯在水中的溶解度为$5.9\times10^{-3}$ mol/dm$^3$,固液两相的界面张力为$25.7\times10^{-3}$ N/m,计算当颗粒直径为0.01 $\mu$m时二硝基苯在水中的溶解度。二硝基苯密度为1.565 g/cm$^3$。

9. 乙醇的表面张力符合公式$\sigma=72-0.5c+0.2c^2$,$c$是乙醇的浓度(mol/L),温度为25℃,计算0.5 mol/L乙醇溶液的表面超量。

10. 试比较二维理想气体定律和理想气体状态方程的异同。

# 第3章　固体表面

## 3.1　固体的表面特性

所谓固体是指能承受应力的刚性物体。在室温下它的分子或原子处在相对固定的位置上振动，但不可自由流动，因此固体有一定的体积和形状。固体的表面与液体的表面不同，有其独特的物理、化学特性。

### 3.1.1　固体表面分子（原子）的运动受缚性

固体表面的特性之一是表面分子（原子）的运动受到束缚，不能像液体分子那样自由移动。

固体表面的分子（原子）同液体表面一样，其受力是不对称的，固体表面的分子（原子）同样受到指向固体内部的力。让我们想象一种由分子（原子）组成的物质，在形成新表面的过程中可以认为包括以下两个步骤：本体相被分开，露出新表面，分子（原子）仍保持在原来的本体相位置；表面的分子（原子）重排，迁移到平衡位置。对于液体，分子（原子）可自由迁移，新生表面很快就转变为平衡位置，这两步骤实际上同时发生。但对于固体，情况有所不同，固体分子迁移困难，构成新表面后，分子（原子）难以达到平衡构型，仍然保留在原来体相的位置上，显然，当分子（原子）处在原本体相位置时，其与周围原子间的作用力是平衡的，当它变为新表面上的一个分子（原子）时，它处于受力不平衡状态。也就是说，固体表面的分子（原子）受到应力，这种应力称为表面应力，在表面应力的作用下，固体表面的分子（原子）慢慢向着平衡位置迁移，表面应力慢慢松弛。经过很长的时间，当分子或原子达到了新的平衡位置时，表面应力趋近于表面张力。

由此可见，固体的形状不像液体那样取决于表面张力，固体的形状主要决定于材料形成的加工过程。一滴液滴会自发形成球状，一块固体往往保持它形成时的形状。

我们说固体表面的分子（原子）相对定位，不能像液体分子那样可自由移动，但不等于说固体分子（原子）不能移动。事实上有种种证据表明固体也具有表面流动性。例如，表面有刮痕的银加热到熔点附近，刮痕消失，铜丝在其熔点附近缩短，在两块金属接触的界面上会发现原子的相互扩散等等。因此，固体表面的分子（原子）在一定条件下还是具有迁移性的。

### 3.1.2　固体表面的不均一性

固体表面的最突出特性之一是不均一性。

固体表面不均一性原因之一是固体表面的凹凸不平。从微观水平看,即使宏观看来非常光滑平整的表面实际上也是凹凸不平的,即表面是粗糙的。

固体表面粗糙度的定量表示有多种方法,如图 3-1 所示,$xy$ 表示实际表面,$AB$ 则是具有在分子水平上光滑表面的相同体积假想固体表面。$xy$ 在 $AB$ 以下的面积与在 $AB$ 以上的面积相等,用探针测量真实表面上不同点离开 $AB$ 面的距离为 $h$ 就可以从下式求出平均高度 $h_{av}$:

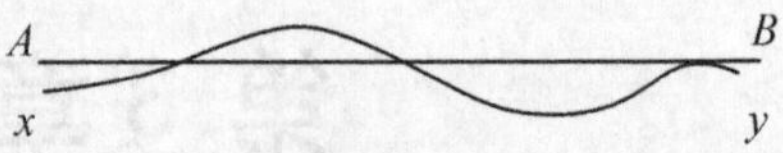

图 3-1　固体表面的不均一性

$$h_{av}=\frac{\sum_{i=1}^{n}|h_i|}{n} \tag{3-1}$$

或用均方根平均高度 $h_{rms}$

$$h_{rms}=\left[\sum_{i=1}^{n}h_i^2/n\right]^{\frac{1}{2}} \tag{3-2}$$

定义表面粗糙度 $\gamma$ 为实际表面积 $xy$ 与假想表面积 $AB$ 之比值,一些典型的固体表面 $h_{av}$ 与 $\gamma$ 值见表 3-1。

**表 3-1　一些典型 $h_{av}$ 与 $\gamma$ 值**

| 各种机械加工金属表面的 $h_{av}$/μm | | 一些固体的表面粗糙度 $\gamma$ | |
|---|---|---|---|
| 抛光 | 0.02～0.25 | 玻璃珠,一次清洗 | 1.6 |
| 挤压成型 | 0.25～4 | 玻璃珠,二次清洗 | 2.2 |
| 压铸 | 0.4～4 | 玻璃珠,清洗干净 | 5.4 |
| 研磨 | 0.5～2.5 | 银箔 | 5 |
| 钻 | 2.5～5 | 银箔,酸洗过 | 15 |
| 切削 | 3～6 | 铜,电抛光 | 1.12 |

固体表面的不均一性的另一原因是固体中晶体晶面的不均一性。以面心立方结构为例,见图 3-2,(100)、(111)、(110)三种晶面的原子排列是不同的,因此有不同的表面性能。此外,实际晶体的晶面是不完整的,晶体表面可能存在晶格缺陷、空位、位错等,这也造成了固体表面的不均一性。

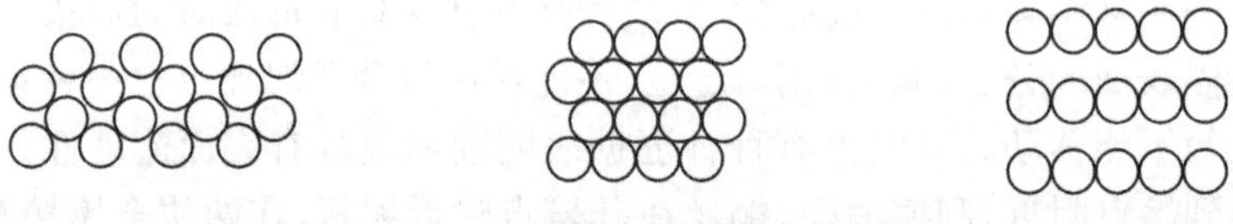
(a) (100)面　(b) (111)面　(c) (110)面

图 3-2　面心立方结构上的原子排列

实验证明,固体表面的不同位置的表面能可以相差很大,吸附和催化活性也可能有很大差别。

固体表面不均一性的另一来源是固体表面几乎总是被外来物质所污染，我们很难得到真正洁净的固体表面。固体表面吸附的外来物质不仅影响表面的化学性质，也会影响摩擦、黏附、机械或化学加工阻力等性能。被吸附的外来分子（原子）可占据不同的表面位置，形成无序或有序排列，影响固体表面的均一性。

### 3.1.3 固体表面的吸附性

固体表面的另一特性是具有吸附其他物质的能力。固体表面的分子或原子具有剩余的力场，当气体分子趋近固体表面时，受到固体表面分子（原子）的吸引力，被拉到表面，在固体表面富集。这种吸附只限于固体表面（包括固体孔隙中的内表面）。如果被吸附物质深入到固体体相中，则称为吸收。吸附与吸收往往同时发生，很难区分。

根据吸附力的本质，可将固体表面的吸附作用分为物理吸附和化学吸附。物理吸附的作用力是范德瓦尔斯力，因此物理吸附层可看作是蒸气冷凝形成的液膜，物理吸附热的数值与液化热相似，一般在 40 kJ/mol 以下。在化学吸附中，作用力与化合物中形成化学键的力相似，这种力比范德瓦尔斯力大很多，化学吸附热也与化学反应热相似，一般在 80 kJ/mol～400 kJ/mol 之间。因为范德瓦尔斯力存在于任何分子之间，因此物理吸附没有选择性，只要条件合适，任何固体皆可吸附任何气体，吸附多少因吸附剂和吸附质种类不同而异。反之，化学吸附只有特定的固-气体系之间才能发生，有选择性。物理吸附的速度一般较快，而化学吸附像化学反应那样需要一定活化能，所以速度较慢。化学吸附时，固体表面与吸附质之间要形成化学键，所以化学吸附总是单分子层的，而物理吸附可以是多分子层的。物理吸附往往容易脱附，是可逆的。现将物理吸附与化学吸附的差别总结如表 3－2所示。

**表 3－2 物理吸附与化学吸附的差别**

| 吸附性质 | 物理吸附 | 化学吸附 |
|---|---|---|
| 吸附力 | 范德瓦尔斯力 | 化学键力 |
| 吸附热 | 小，近于液化热 | 大，近于反应热 |
| 选择性 | 无 | 有 |
| 吸附层 | 单或多分子层 | 单分子层 |
| 吸附速度 | 快，不需活化能 | 慢，需活化能 |
| 可逆性 | 可逆 | 不可逆 |
| 发生吸附的温度 | 低于吸附质临界温度 | 远高于吸附质沸点 |

由于吸附发生在固体的表面，所以固体的吸附性能与其表面能密切相关。不难想象，物质被粉碎成微粒后，其总表面积急剧增大，其吸附能力也大大增强。以 1 g 某固体为例，其密度为 2.2 $g/cm^3$，假定其表面能为 $150 \times 10^{-7}$ $J/cm^2$，则表 3－3 列出了将该晶体细分成小立方体时总面积和总表面能的变化。由表可见，随颗粒的细分，固体的总表面积大大增加，表面能也急剧增大，吸附能力自然大为提高。

表 3-3　总表面能和总表面积随粒径的变化

| 边长 /cm | 总面积 /cm$^2$ | 总表面能 /($\times 10^{-7}$ J/cm$^2$) | 边长 /cm | 总面积 /cm$^2$ | 总表面能 /($\times 10^{-7}$ J/cm$^2$) |
|---|---|---|---|---|---|
| 0.77 | 3.6 | 540 | 0.001 | $2.8\times 10^3$ | $4.2\times 10^5$ |
| 0.1 | 28 | $4.2\times 10^3$ | $10^{-4}$ | $2.8\times 10^4$ | $4.2\times 10^6$ |
| 0.01 | 280 | $4.2\times 10^4$ | $10^{-6}$ | $2.8\times 10^5$ | $4.2\times 10^7$ |

定义单位质量的吸附剂具有的表面积为比表面积。可按下式计算：

$$A_0 = A/W \tag{3-3}$$

式中，$A_0$ 为物质的比表面积($m^2/g$)；$A$ 为物质的总表面积($m^2$)；$W$ 为物质的质量(g)。比表面积是物质分散程度的一种表征方法。

以提高固体比表面积来提高固体的吸附能力的另一种方法是使固体具有许多内部空隙，即具有多孔性。例如，常用的吸附剂硅胶、活性氧化铝、活性炭、分子筛等都具有大小不等的内孔，使得其具有巨大的比表面积。多孔性吸附剂孔径的大小及分布对其吸附性能有重要的影响，如被吸附分子的尺寸与孔径的大小应相适应，被吸附分子可以进入较大的孔径，进入较小的孔径就比较困难，这就使得某些吸附剂具有一定的选择性，在脱水、脱气、净化、分离、催化等领域有广泛的应用，还成为化学工程的重要单元操作之一。

## 3.2　固体表面的自由能

固体表面上的原子和分子与液体表面一样，受到的力是不平衡的，这就使固体表面具有表面自由能，简称表面能。固体的表面能也是产生单位面积新表面必须消耗的等温可逆功。

上面我们提到，当把固体表面切开形成新表面时，新表面上的分子和原子因不能自由移动，仍停留在原来的位置上，但新表面上的分子和原子因受力不均，有自动调整其间距达到表面平衡构型的倾向，于是产生了表面应力。定义 $\tau$ 为单位长度上的表面应力，则沿着新表面相互垂直的两个表面应力和的一半为固体的表面张力：

$$\sigma = (\tau_1 + \tau_2)/2 \tag{3-4}$$

此式可理解为固体表面张力的力学定义。对各向同性的固体，由于 $\tau_1 = \tau_2 = \tau$，所以 $\sigma = \tau$；对各向异性的固体，则 $\tau_1 \neq \tau_2$。若各向异性固体在两个方向上的面积增量各为 $dA_1$ 和 $dA_2$，如图 3-3 所示，则总的表面自由能增加可表示为：

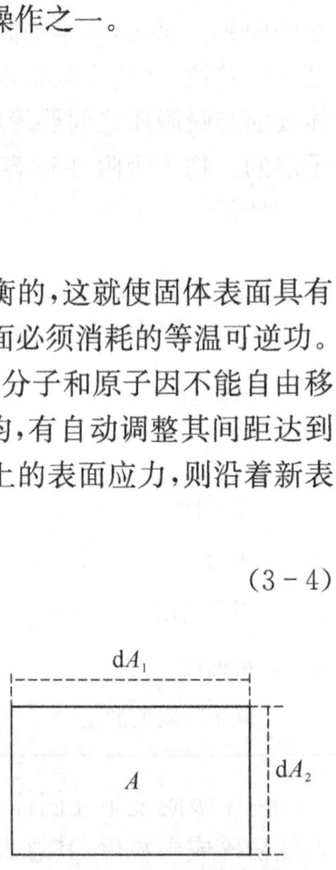

图 3-3　面积增量

$$d(A_1G^s) = \tau_1 dA_1$$
$$d(A_2G^s) = \tau_2 dA_2$$

全微分：

质是一样的，因此有：

$$\frac{k_{d,2}}{k_{a,2}}=\frac{k_{d,3}}{k_{a,3}}=\cdots=\frac{k_{d,i}}{k_{a,i}}=g \tag{3-35}$$

式中，$g$ 为常数。令：

$$y=\frac{k_{a,1}p}{k_{d,1}}\exp\left(\frac{Q_1}{RT}\right)$$
$$x=\frac{p}{g}\exp\left(\frac{Q_L}{RT}\right) \tag{3-36}$$

则式(3-31)变为：

$$S_1=yS_0$$
$$S_2=xS_1$$
$$S_3=xS_2=x^2S_1$$
$$\cdots\cdots$$
$$S_i=x^{i-1}S_1=yx^{i-1}S_0=cx^iS_0 \tag{3-37}$$

$$c=\frac{y}{x}=\frac{k_{a,1}g}{k_{d,1}}\exp\left(\frac{Q_1-Q_L}{RT}\right) \tag{3-38}$$

单位质量吸附剂的总表面积为：

$$S=\sum_{i=0}^{\infty}S_i=S_0+S_1+S_2+\cdots+S_i+\cdots=S_0+\sum_{i=1}^{\infty}cx^iS_0$$
$$S=S_0\left(1+c\sum_{i=1}^{\infty}x^i\right) \tag{3-39}$$

平衡时被吸附气体的总体积为：

$$V=V_0\sum_{i=1}^{\infty}iS_i=V_0\sum_{i=1}^{\infty}cix^iS_0=V_0cS_0\sum_{i=1}^{\infty}ix^i \tag{3-40}$$

将式(3-39)和式(3-40)代入式(3-34)，得：

$$\frac{V}{V_m}=\frac{c\sum_{i=1}^{\infty}ix^i}{1+c\sum_{i=1}^{\infty}x^i} \tag{3-41}$$

由数学公式：

$$\sum_{i=1}^{\infty}x^i=\frac{x}{1-x}$$
$$\sum_{i=1}^{\infty}ix^i=x\frac{\mathrm{d}}{\mathrm{d}x}\sum_{i=1}^{\infty}x^i=\frac{x}{(1-x)^2}$$

代入式(3-41)，简化得：

$$\frac{V}{V_m}=\frac{cx}{(1-x)(1-x+cx)}$$

此式就是 BET 二常数式的形式之一,两个常数指 $c$ 和 $V_m$。

因为假设固体表面吸附层无限多,所以吸附量也无限多。只有当气体的压力等于饱和蒸气压即 $p=p_0$ 时,吸附量 $V\to\infty$,即当 $x=1$ 时,才有 $V\to\infty$。所以,式(3-36)中,令 $x=1$,可得:

$$\frac{p_0}{g}\exp\left(\frac{Q_L}{RT}\right)=1$$

$$p_0=g\exp\left(-\frac{Q_L}{RT}\right)$$

于是:

$$\frac{p}{p_0}=\frac{p}{g}\exp\left(\frac{Q_L}{RT}\right)=x \tag{3-42}$$

上式表明,$x$ 的物理意义就是相对压力。将上式表示的 $x$ 代入到式(3-27)中,整理后得:

$$\frac{p}{V(p_0-p)}=\frac{1}{V_m c}+\frac{c-1}{V_m c}\frac{p}{p_0}$$

此式是 BET 二常数方程的另一种形式。

由式(3-38)得:

$$c=\frac{y}{x}=\frac{k_{a,1}g}{k_{d,1}}\exp\left(\frac{Q_1-Q_L}{RT}\right)=\frac{k_{a,1}k_{d,2}}{k_{a,2}k_{d,1}}\exp\left(\frac{Q_1-Q_L}{RT}\right)$$

从 $k_a$ 和 $k_d$ 的性质看,$k_{a,1}k_{d,2}\approx k_{a,2}k_{d,1}$,所以:

$$c\approx\exp\left(\frac{Q_1-Q_L}{RT}\right) \tag{3-43}$$

如能得到 $c$ 值,并查得液化热 $Q_L$,就可以计算出第一层(空白层)的吸附热 $Q_1$。

若吸附的层数不是无限的,而是受到限制,设只能吸附 $n$ 层,则式(3-41)变为:

$$\frac{V}{V_m}=\frac{c\sum_{i=1}^{n}ix^i}{1+c\sum_{i=1}^{n}x^i} \tag{3-44}$$

因为数学上有:

$$\sum_{i=1}^{n}x^i=\frac{x(1-x^n)}{1-x}$$

$$\sum_{i=1}^{n}ix^i=x\frac{\mathrm{d}}{\mathrm{d}x}\sum_{i=1}^{n}x^i=\frac{x[1-(n+1)x^n+nx^{n+1}]}{(1-x)^2}$$

# 第 4 章　固-液界面

液体对固体的润湿是常见的界面现象。早晨水滴凝成露珠在树叶上闪闪发亮，水银在玻璃上形成小珠，而水在玻璃表面铺展开来，这些现象都与润湿有关。

润湿现象不仅影响自然界中动植物的种种生命活动，对人类的生活与生产也起着重要作用。例如，塑料表面的印刷，聚合物与其他材料的粘接，机械的润滑，以及去污、乳化、分散等，都与润湿现象密切相关。本章讨论液体对固体表面的润湿作用。

## 4.1　Young 方程和接触角

润湿作用实际上涉及气、液、固三相界面。因为固体表面的不均匀性及固体表面能不能直接测量，加上液体分子结构与固态相比没有那么整齐，与气体相比分子间距又很小，分子间作用力不能不考虑，这就使得固-液-气三相界面十分复杂。

将一液滴滴在固体表面上，形成图 4-1 的形状。设在固-液-气三相界面上，固-气的界面张力为 $\sigma_{SG}$，固-液的界面张力为 $\sigma_{SL}$，气-液的表面张力为 $\sigma_{LG}$。在三相交界处自固-液界面经过液体内部到气-液界面的夹角叫接触角，以 $\theta$ 表示。则三相界面张力 $\sigma_{SG}$、$\sigma_{LG}$、$\sigma_{SL}$ 一般服从下面的 Young 方程：

$$\sigma_{SG} = \sigma_{SL} + \sigma_{LG}\cos\theta \tag{4-1}$$

Young 方程是研究液-固润湿作用的基础。一般来讲，接触角 $\theta$ 的大小是判定润湿性好坏的判据。若 $\theta=0$，$\cos\theta=1$，液体完全润湿固体表面，液体在固体表面铺展；$0<\theta<90°$，液体可润湿固体，且 $\theta$ 越小，润湿性越好；$90°<\theta<180°$，液体不润湿固体。$\theta=180°$，完全不润湿，液体在固体表面凝聚成小球。

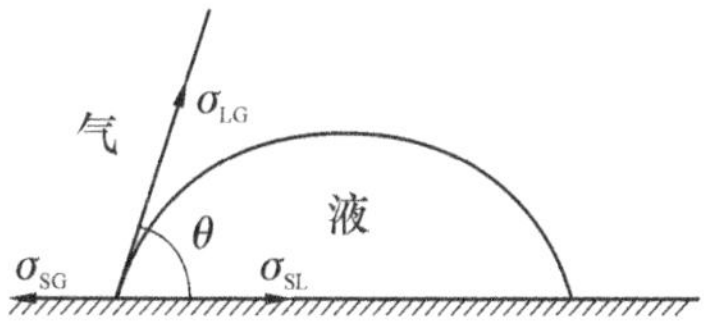


图 4-1　接触角

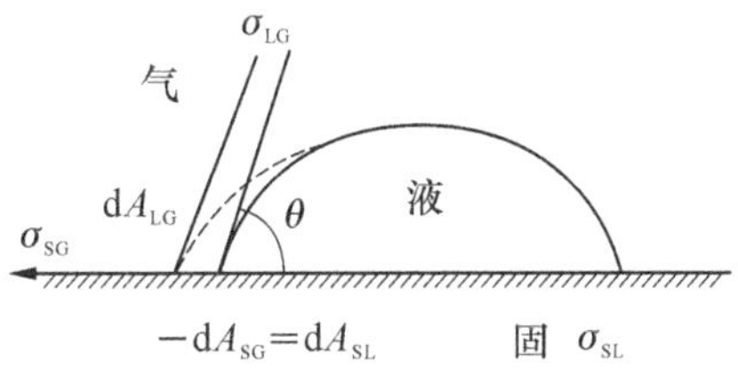


图 4-2　Young 方程的推导

用力学方法导出的 Young 方程虽是正确的，但仍有不少争议。Adam 等从能量观点导出 Young 方程，介绍如下。液滴在固体表面上形成如图 4-2 所示的形状，这时系统达到最小自由焓状态。假定液滴足够小,重力影响可以忽略,现液体发生一个小的位移,使各相界面的面积变化分别为 $dA_{SL}$、$dA_{SG}$、$dA_{LG}$,则系统自由焓的变化为:

$$dG = \sigma_{LG}\,dA_{LG} + \sigma_{SG}\,dA_{SG} + \sigma_{SL}dA_{SL} \tag{4-2}$$

由图 4-2 可知,在液体滑动时,应有:

$$dA_{SL} = -\,dA_{SG}$$
$$dA_{LG} = \cos\theta dA_{SL}$$

代入式(4-2)可得:

$$dG = (\sigma_{LG}\cos\theta - \sigma_{SG} + \sigma_{SL})dA_{SL} \tag{4-3}$$

平衡时,$dG = 0$,故

$$\sigma_{SG} - \sigma_{SL} = \sigma_{LG}\cos\theta \tag{4-4}$$

则式(4-4)即为 Young 方程。

在上面的推导中,忽略了重力的影响,也未考虑 $\sigma_{LG}$ 的垂直分力 $\sigma_{LG}\sin\theta$,这也是引起非议的原因。但事实证明,在一般情况下,重力和 $\sigma_{LG}$ 的垂直分力的忽略是可以允许的。

## 4.2 黏附功和内聚能

设有单位面积的 α-β 两相,其相界面张力为 $\sigma_{\alpha\beta}$,如图 4-3 所示,在外力的作用下分离为独立的 α 相和 β 相,表面张力分别为 $\sigma_\alpha$ 和 $\sigma_\beta$。在这一过程中,外界所做的功 $W_a$ 为:

$$W_a = \sigma_\alpha + \sigma_\beta - \sigma_{\alpha\beta} \tag{4-5}$$

$W_a$ 是将结合在一起的两相分离成独立的两相外界所做的功,称作黏附功。

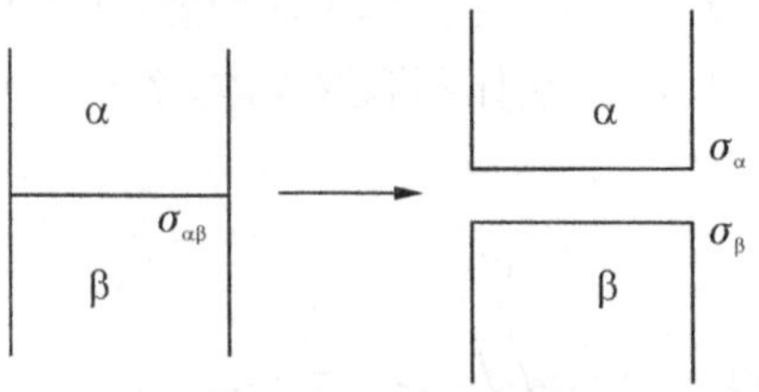


**图 4-3 α—β 相的分离**

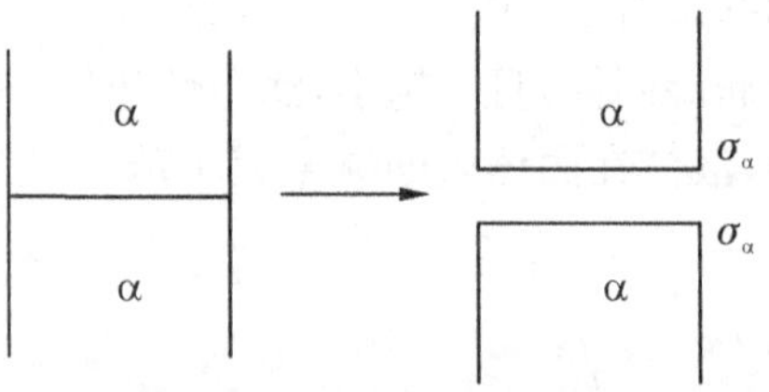


**图 4-4 均相物质的分离**

若将单位面积的均相物质分离成两部分,产生两个新界面,如图 4-4 所示。则式(4-5)中,$\sigma_\alpha = \sigma_\beta = \sigma$,$\sigma_{\alpha\beta} = 0$。式(4-5)成为:

$$W_c = 2\sigma \tag{4-6}$$

这里 $W_c$ 称作内聚功或内聚能。物体的内聚能越大,将其分离产生新表面所需的功也越大。黏附功和内聚能是表面化学中的两个重要物理量。

## 4.3 Young-Dupre 公式

我们知道，Young 方程：

$$\sigma_{SG} = \sigma_{SL} + \sigma_{LG}\cos\theta$$

现在，将润湿现象与黏附功结合起来考虑。对固-液界面，有：

$$W_{SL} = \sigma_S + \sigma_L - \sigma_{SL} \tag{4-7}$$

注意式(4-1)中 $\sigma_{SG}$ 和式(4-7)中 $\sigma_S$ 是有区别的。严格地讲，$\sigma_S$ 是固体处在真空中的表面张力，$\sigma_{SG}$ 则是固体表面为液体蒸气饱和时的表面张力。一般有：

$$\sigma_S - \sigma_{SG} = \pi \tag{4-8}$$

$\pi$ 称为扩展压。因为在气-液-固三相系统中，固-气、液-气均达到平衡，即固、液表面都吸附了气体，因此式(4-7)写成：

$$W_{SL} = \sigma_{SG} + \sigma_{LG} - \sigma_{SL} \tag{4-9}$$

与 Young 方程结合可得：

$$W_{SL} = \sigma_{LG}(1 + \cos\theta) \tag{4-10}$$

上式称为 Young-Dupre 方程，它将固-液之间的黏附功与接触角联系起来。在式(4-10)中，如果 $\theta = 0°$，则：

$$W_{SL} = 2\sigma_{LG} \tag{4-11}$$

也即黏附功等于液体的内聚功，固-液分子间的吸引力等于液体分子与液体分子的吸引力，因此固体被液体完全润湿。当 $\theta = 180°$ 时，有：

$$W_{SL} = 0 \tag{4-12}$$

也就是说，液-固分子之间没有吸引力，分开固-液界面不需做功，此时固体完全不为液体润湿。实际上，固-液之间多少总存在吸引力，接触角 $\theta$ 在 0°～180°之间。接触角越小，黏附功越大，润湿性越好。

## 4.4 接触角的测定方法

接触角的测定方法有多种，现择要介绍如下。

### 4.4.1 停滴法

在光滑、均匀、水平的固体表面上放一小液滴，因液滴很小，重力作用可忽略。将液滴视作球形的一部分，测出液滴高度 $h$ 与底宽 $2r$(见图 4-5)。

由简单的几何分析可求出 $\theta$：

$$\sin\theta = \frac{2hr}{r^2 + h^2} \qquad (4-13)$$

$$\tan\theta = \frac{2hr}{r^2 - h^2} \qquad (4-14)$$

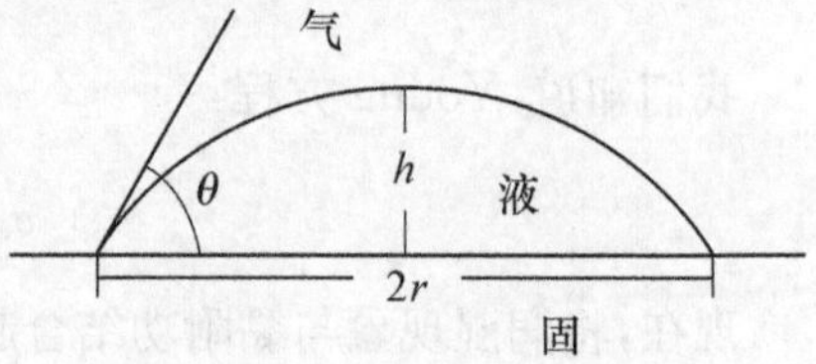


图 4-5 停滴法测接触角

### 4.4.2 吊片法

将表面光滑、均匀的固体薄片垂直插入液体中，如果液体能够润湿此固体，则将沿薄片平面上升(见图 4-6)。升高值 $h$ 与接触角 $\theta$ 之间的关系为：

$$\sin\theta = 1 - \frac{\rho g h^2}{2\sigma_{LG}} \qquad (4-15)$$

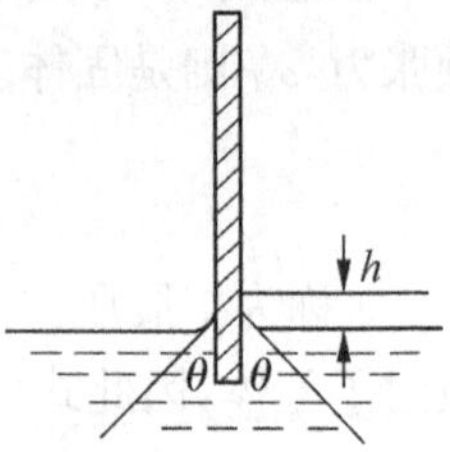


图 4-6 吊片法测接触角

在已知液体的密度 $\rho$ 和表面张力 $\sigma_{LG}$ 的条件下，不难由上式求出接触角 $\theta$。

### 4.4.3 纤维对液体的接触角测定

测定纤维对液体的接触角非常重要，接触角可用电子天平法进行测定。

如图 4-7 所示，设一根纤维浸在某液体中，纤维的另一端挂在电子天平的测量臂上。用升降装置使液面逐渐下降，纤维经(b)状态脱离液面进入(c)状态，在纤维脱离液面的瞬间，由于表面张力消失发生了力的突变，电子天平测出该变化过程中力的变化 $\Delta p$，由记录仪记下图 4-8 的曲线。

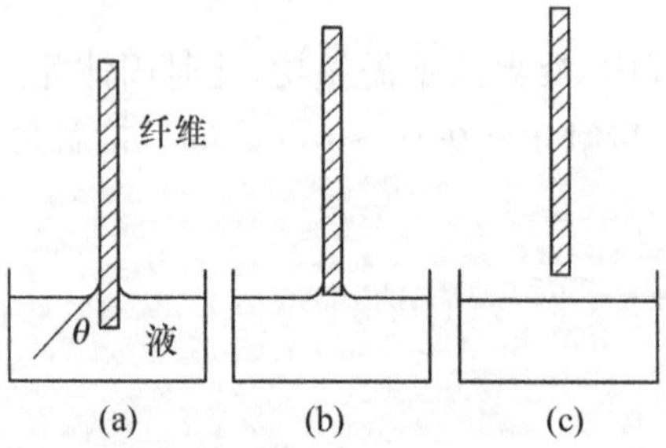


图 4-7 电子天平法测接触角

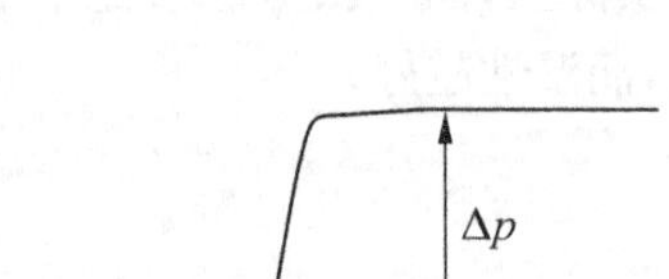


图 4-8 电子天平测得的力变化 $\Delta p$

如果液体完全润湿纤维，则：

$$\Delta p = 2\pi r\sigma_L \tag{4-16}$$

式中，$r$ 为纤维半径。应用式(4-16)，若选用半径已知的金属纤维(如铂丝)，使液体能够完全润湿纤维，则测出 $\Delta p$，即可求出液体的表面张力 $\sigma_L$。

如果液体与纤维之间的接触角为 $\theta$，则有：

$$\Delta p = 2\pi r\sigma_L \cos\theta \tag{4-17}$$

若纤维的半径 $r$ 和液体表面张力 $\sigma_L$ 已知，则用电子天平法测出 $\Delta p$ 后，由式(4-17)可求出接触角 $\theta$。

应用电子天平法还可测定两种互不相溶液体之间的界面张力和界面接触角。如图4-9所示，$L_1$ 和 $L_2$ 为互不相溶的两种液体。纤维S插入通过 $L_1$、$L_2$ 的界面，当升降装置下降，在纤维离开 $L_1-L_2$ 界面的瞬间，电子天平测出该过程的力变并记录下来。在测试中若纤维用铂金丝，以保证被液体完全润湿，则：

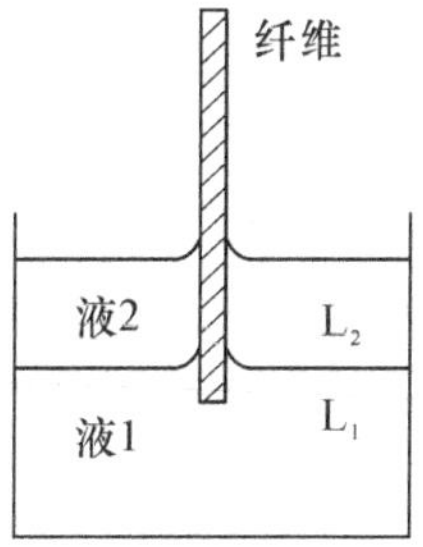

图4-9　界面张力和界面接触角的测定

$$\Delta p = 2\pi r\sigma_{L_1-L_2} \tag{4-18}$$

因此，测定 $\Delta p$ 可求出两种互不相溶液体的界面张力 $\sigma_{L_1-L_2}$。

若界面张力 $\sigma_{L_1-L_2}$ 已知，液体与纤维之间存在接触角 $\theta_{L_1-L_2}$，则：

$$\Delta p = 2\pi r\sigma_{L_1-L_2} \cos\theta_{L_1-L_2} \tag{4-19}$$

因此，测定 $\Delta p$ 可求出纤维在 $L_1-L_2$ 界面的接触角 $\theta_{L_1-L_2}$。

另一种电子天平法使用一束纤维，而不是一根纤维，如图4-10所示。

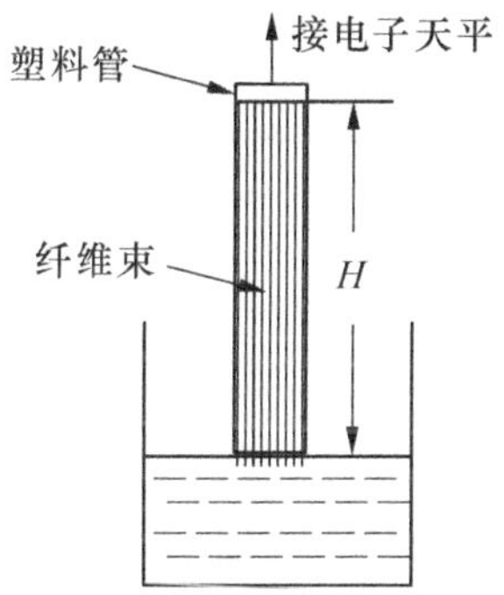

图4-10　用纤维束测接触角示意图

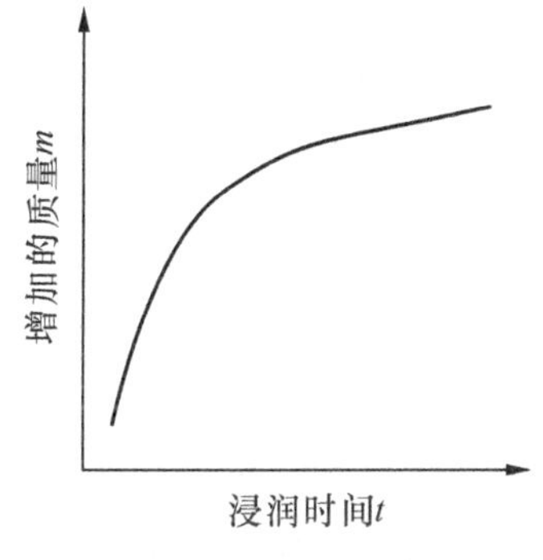

图4-11　浸润曲线

在塑料管中充填一束纤维，填充率 $\xi = 0.47 \sim 0.53$。使纤维束与液面接触，因毛细现象，液体沿着纤维间空隙上升，用电子天平测出增加的质量 $m$ 随浸润时间变化，可得如图4-11所示曲线。

通过流体力学分析，可推导得出如下公式：

$$m^2 = \frac{W_l^3 \sigma_l \cos\theta}{H^2 \eta W_f A_p \rho_l} \cdot t \tag{4-20}$$

式中，$m$ 为在润湿时刻 $t$ 时增加的质量，由实验记录；$W_l$ 为平衡时总增加的质量，由实验测定;$H$ 为纤维的充填高度,可量取;$\eta$ 为浸润液黏度,可查取;$W_f$ 为纤维的充填质量,可称取;$A_p$ 为纤维的比表面积,可查取或测定;$\rho_l$ 为液体的密度,可查取或测定;$\sigma_l$ 为液体的表面张力,可测定或查取。

按式(4-20),以 $m^2$ 对 $t$ 作图,可得直线。该直线的斜率即为式(4-20)中 $t$ 的系数。由斜率即可求出接触角 $\theta$。

## 4.5 接触角的滞后现象

在理想光滑、组成均匀的表面上的平衡接触角就是 Young 接触角。许多实际表面都是粗糙的或是不均匀的,静置在这种表面上的液滴可以处在稳定平衡态(即最低能量态),也可处于亚稳平衡态(即被能垒从其相邻态中隔离出来的能谷),即出现接触角的滞后现象。

### 4.5.1 前进角和后退角

考虑一个在水平面上具有稳定接触角的液滴。若表面是理想光滑和均匀的,往这液滴上加少量液体,则液滴周界的前沿向前拓展,但仍保持原来的接触角。从液滴中抽去少量液体,则液滴的周界前沿向后收缩,但仍维持原来的接触角。反之,若表面是粗糙的或不均匀的,向液滴加入一点液体只会使液滴变高,周界不动,从而使接触角变大,此时的接触角称为前进角 $\theta_a$。若加入足够多的液体,液滴的周界会突然向前蠕动,此突然运动刚要发生时的角度称为最大前进角 $\theta_{a,\max}$。若从液滴中取出少量液体,液滴在周界不移动的情况下变得更平坦,接触角变小,此时的接触角称为后退角 $\theta_r$。当抽走足够多的液体,液滴周界前沿会突然收缩,此突然收缩刚要发生时的角度称为最小后退角 $\theta_{r,\min}$。

在倾斜面上,同时可看到液体的前进角和后退角。假若没有接触角滞后,平板只要稍微倾斜一点,液滴就会滚动。接触角的滞后使液滴能稳定在斜面上。这一事实表明,接触角滞后的原因是由于液滴的前沿存在着能垒。

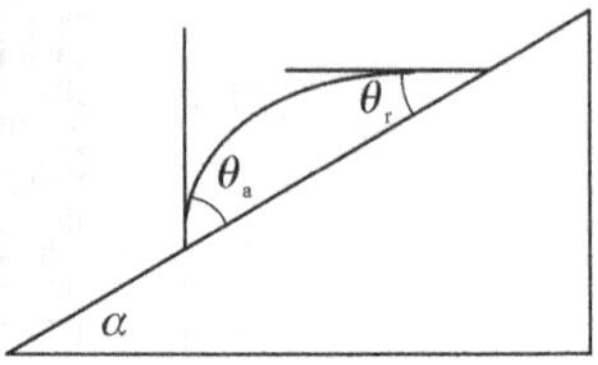


图 4-12 在倾斜板上的液滴

### 4.5.2 由于表面粗糙性引起的滞后

粗糙表面的真正表面积与表观表面积是不相同的。定义真正表面积 $A$ 与表观表面积 $A'$之比为表面粗糙度 $r$:

$$r = A/A' \tag{4-21}$$

因此,当液滴界面向前推进时,液体界面的表观表面积增加 d$S$,固-液面的真正面积

增加 $rdS$，固-气界面的真正面积相应减少 $rdS$，液-气界面的真面积(也是表观面积)增加 $dS\cos\theta_W$($\theta_W$ 是在粗糙度为 $r$ 的表面上的表观接触角，如图 4-13 所示)。

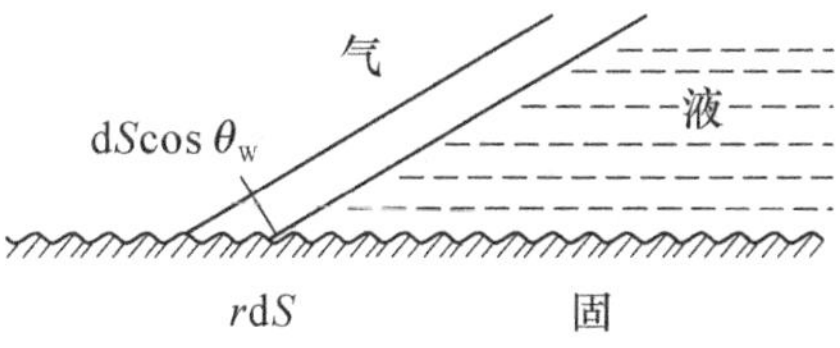


**图 4-13 表面粗糙度对接触角的影响**

在平衡状态下有：

$$\sigma_{SL} rdS - \sigma_{LG} dS\cos\theta_W - \sigma_{SG} rdS = 0$$

或

$$\cos\theta_W = \frac{r(\sigma_{SG} - \sigma_{SL})}{\sigma_{LG}} = r\cos\theta_y \tag{4-22}$$

式中，$\theta_y$ 为 Young 接触角。上式叫做 Wentzel 方程，它表明粗糙表面的 $\cos\theta_w$ 的绝对值总是比平滑表面的 $\cos\theta_y$ 大。换言之，当 $\theta_y > 90°$ 时，表面粗糙化将使接触角变大；当 $\theta_y < 90°$ 时，表面粗糙化将使接触角变小。

### 4.5.3 由于表面不均匀性和多相性的滞后

固体表面的不均匀性或多相性也是接触角滞后的原因。在相的交界处存在着能垒，液体的前沿往往停留在相的交界处。前进角往往反映表面能较低的区域，或反映与液体亲和力弱的那部分固体表面的性质；而后退角往往反映表面能较高的区域，或反映与液体亲和力强的那部分固体表面的性质。

对于由两种润湿性质不同的小片组成的复合表面，设其面积分数分别为 $f_1$ 与 $f_2$，则有如下关系：

$$\cos\theta_c = f_1\cos\theta_1 + f_2\cos\theta_2 \tag{4-23}$$

上式称为 Cassie 方程。

式中，$\theta_c$为 Cassie 接触角，为复合表面的表观接触角；$\theta_1$ 和 $\theta_2$ 分别为液体在第一种($S_1$)和第二种($S_2$)小片上的真接触角。

由于 $S_1$ 与 $S_2$ 的边界上存在着能垒，液体前沿倾向于停止在相边界上。前进角力图反映低能表面区(具有较大的真接触角)，而后退角趋向于反映高能表面区(具有较小的真接触角)。$\theta_c$ 与 $\theta_a$ 和 $\theta_r$ 的关系近似表示为：

$$\cos\theta_c = \frac{1}{2}(\cos\theta_a + \cos\theta_r) \tag{4-24}$$

### 4.5.4 表面污染

表面污染是常见的接触角滞后的原因之一，无论是液体还是固体的表面，在污染后都会引起滞后现象。例如，水在清洁的玻璃表面上是完全润湿的，接触角为零。但若玻璃表面上有油污，在与水接触时，大部分油将散开在水面上，影响接触角的测试。

表面污染往往来自液体和固体表面的吸附作用，从而使接触角发生显著变化。由此可以设想,使用不干净的仪器或者用手指触及试样,都会影响接触角测定的准确性。同一种固体,由于预处理条件的不同或结晶的差异,也会影响接触角。由于影响接触角的因素十分复杂,所以在测定时,要尽可能控制测定环境的温度、湿度、液体的蒸气压、固体表面的清洁度和粗糙度等因素。

## 4.6 润湿过程的三种类型

润湿过程有三种类型:黏附润湿、浸湿和铺展润湿。

### 4.6.1 黏附润湿过程

黏附润湿过程是液体直接接触固体,变气-液界面和气-固界面为液-固界面的过程。例如,树脂是否能黏附在玻璃纤维上成为玻璃钢,照相乳剂是否能均匀地黏附在片基上,这些问题均涉及黏附润湿能否自发进行,即 $\Delta G$ 是否小于零。如图 4-14 所示,在液体黏附固体表面的过程中,体系从左图的气-液表面和气-固表面状态变成了右图的固-液界面状态。

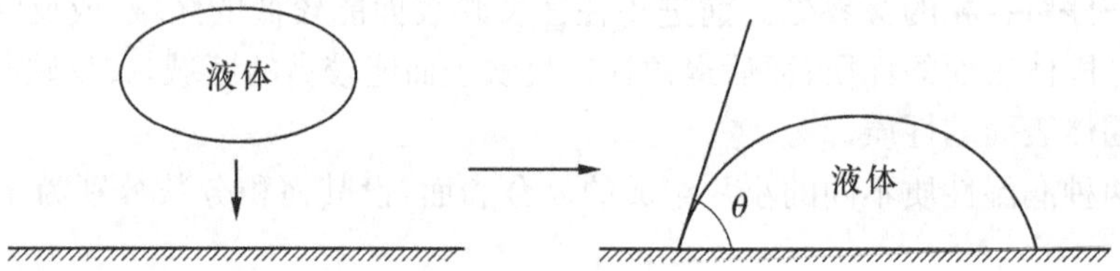


**图 4-14 黏附润湿**

设液体黏附在固体上的面积为 $a$,在等温等压条件下,由热力学可得在该过程中的表面自由焓降低为:

$$\Delta G_a = a(\sigma_{SL} - \sigma_{SG} - \sigma_{LG}) \tag{4-25}$$

或

$$-\Delta G_a / a = \sigma_{SG} - \sigma_{SL} + \sigma_{LG} \tag{4-26}$$

式中,$\sigma_{SG}$、$\sigma_{SL}$、$\sigma_{LG}$分别为气-固、液-固与气-固界面的自由焓。上式表明,黏附润湿过程的“推动力”为 $\sigma_{SG} - \sigma_{SL} + \sigma_{LG}$,它等于系统在黏附过程中形成单位液-固界面时自由焓的降低值,此值又称黏附功 $W_a$,即:

$$W_a = \sigma_{SG} - \sigma_{SL} + \sigma_{LG} \tag{4-27}$$

黏附功可理解为将单位液-固界面分开为单位气-固与气-液界面时所需的可逆功。显然 $W_a$ 越大则液-固界面的黏附越牢固。由式(4-27)可知,任何使 $\sigma_{SL}$减小的作用都可增大发生黏附的倾向与增加黏附的牢度。但任何使 $\sigma_{SG}$或 $\sigma_{LG}$减小的因素都产生减弱黏附倾向并降低其牢度。

### 4.6.2 浸湿过程

浸湿是将固体直接浸入液体，使原来的气-固表面为液-固界面所代替的过程，见图 4-15。

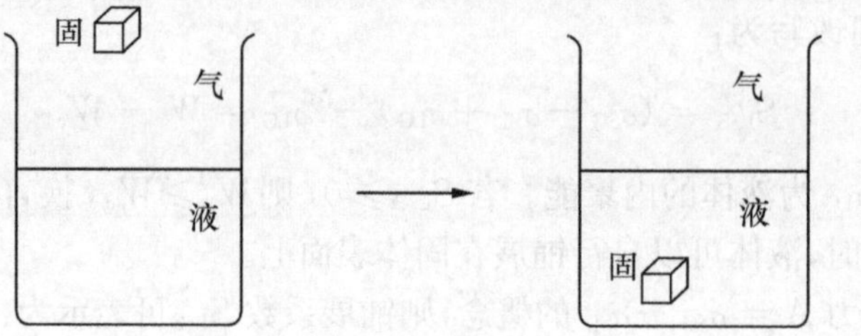


**图 4-15 浸湿过程**

若固体表面积为 $a$，则浸湿过程中系统自由焓降低为：

$$\Delta G_{\mathrm{i}} = a(\sigma_{\mathrm{SL}} - \sigma_{\mathrm{SG}}) \tag{4-28}$$

或

$$-\Delta G_{\mathrm{i}}/a = \sigma_{\mathrm{SG}} - \sigma_{\mathrm{SL}} = -W_{\mathrm{i}} \tag{4-29}$$

式中，$W_{\mathrm{i}}$ 称为浸湿功，它的大小可以反映液体在固体表面上取代气体的能力。由式(4-29)可知，$-W_{\mathrm{i}} = \sigma_{\mathrm{SG}} - \sigma_{\mathrm{SL}}$。令 $A = -W_{\mathrm{i}}$，$A$ 称为黏附张力。由热力学平衡准则可知，只有当 $\Delta G_{\mathrm{i}} < 0$，即 $A > 0$ 的过程才能发生浸湿，$A < 0$ 不能浸湿。这时密度小于液体的固体将浮在液面上，而密度大于液体的固体虽可沉入液体中，但取出时可发现没有被浸湿。这是因为黏附张力 $A$ 为负值，液体分子与固体表面上分子的黏附力小于液体分子自身的内聚力之故。

### 4.6.3 铺展润湿过程

如图 4-16 所示，铺展润湿是液体与固体表面接触后，在固体表面上排除空气而自行铺展的过程，亦即一个以液-固界面和液气表面取代气-固表面的过程。

若液体从 $C$ 自发铺展至 $B$，覆盖面积为 $a$，则相应的自由焓下降为：

$$\Delta G_{\mathrm{S}} = a[\sigma_{\mathrm{SL}} + \sigma_{\mathrm{LG}} - \sigma_{\mathrm{SG}}] \tag{4-30}$$

或

$$-\Delta G_{\mathrm{S}}/a = \sigma_{\mathrm{SG}} - \sigma_{\mathrm{SL}} - \sigma_{\mathrm{LG}} \tag{4-31}$$

若

$$\sigma_{\mathrm{SG}} - \sigma_{\mathrm{SL}} - \sigma_{\mathrm{LG}} > 0,$$

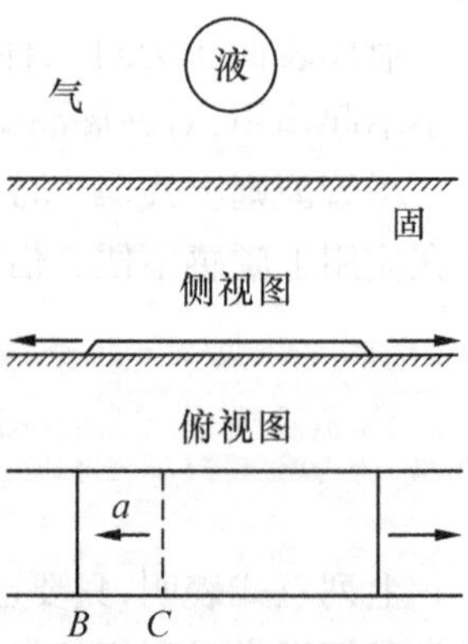


**图 4-16 铺展润湿过程**

则 $\Delta G_S/a$ 为负,液体能在表面上自行铺展。反之,若:

$$\sigma_{SG}-\sigma_{SL}-\sigma_{LG}<0,$$

则 $\Delta G_S/a$ 为正,液体不能在表面上自行铺展。故 $\sigma_{SG}-\sigma_{SL}-\sigma_{LG}$ 为铺展过程的推动力,定义为铺展系数,符号为 $S_{L/S}$。在恒温恒压下,$S_{L/S}\geqslant 0$ 时,液体取代固体表面上的空气而自由铺展,只要液量足够,可以铺满整个表面。

式(4-31)还可改写为:

$$S_{L/S}=(\sigma_{SG}-\sigma_{SL}+\sigma_{LG})-2\sigma_{LG}=W_a-W_c \tag{4-32}$$

式中,$W_c=2\sigma_{LG}$ 为液体的内聚能。若 $S_{L/S}\geqslant 0$,则 $W_a\geqslant W_c$。换言之,当固-液的黏附功大于液体的内聚能时,液体可以自行铺展在固体表面上。

若应用黏附张力 $A=\sigma_{SG}-\sigma_{SL}$ 的概念,则铺展系数 $S_{L/S}$ 可表示为:

$$S_{L/S}=A-\sigma_{LG} \tag{4-33}$$

也即,当黏附张力大于液体表面张力时,可以发生铺展。

### 4.6.4 润湿过程的比较

以上三种润湿发生的条件可归纳如下:

$$\begin{aligned}&\text{黏附润湿}\quad && W_a=\sigma_{SG}-\sigma_{SL}+\sigma_{LG}\geqslant 0\\&\text{浸湿} && A=-W_i=\sigma_{SG}-\sigma_{SL}\geqslant 0\\&\text{铺展润湿} && S_{L/S}=\sigma_{SG}-\sigma_{SL}-\sigma_{LG}\geqslant 0\end{aligned} \tag{4-34}$$

显然,对于同一系统,三种润湿可依次表示为 $W_a>A>S_{L/S}$。换言之,若 $S_{L/S}\geqslant 0$,必有 $W_a>A>0$,即凡能铺展润湿的必能黏附润湿和浸湿,反之则未必。因此,铺展是润湿程度最高的一种润湿,通常可用 $S$ 作为系统润湿程度的指标。

在上列三式中都涉及黏附张力 $A(=\sigma_{SG}-\sigma_{SL})$。显然,$\sigma_{SG}$越大,$\sigma_{SL}$越小,$(\sigma_{SG}-\sigma_{SL})$ 差值就越大,越有利于润湿。

液体表面张力对三种润湿贡献是不同的。对黏附润湿,增大 $\sigma_{LG}$有利;对于浸湿,$\sigma_{LG}$的大小不起作用;对铺展润湿来说,减少 $\sigma_{LG}$是有利的。

尽管原则上式(4-34)可用来判别润湿进行的程度,但是由于$\sigma_{SG}$与$\sigma_{SL}$测定的困难,使该式在应用上颇感不便。借助 Young 方程,将它代入式(4-34)中,可得:

$$W_a=\sigma_{LG}(1+\cos\theta) \tag{4-35}$$

$$A=\sigma_{LG}\cos\theta \tag{4-36}$$

$$S_{L/S}=\sigma_{LG}(\cos\theta-1) \tag{4-37}$$

上列三式表明,只要已知液体的表面张力与接触角 $\theta$ 即可算得 $W_a$、$A$ 与 $S_{L/S}$。上列三式为我们提供了利用接触角 $\theta$ 判别润湿的依据。一般说,接触角 $\theta$ 越小,润湿性越好。如果将它们与式(4-34)所示的能量判别式结合起来,可得到如表 4-1 所示的对应关系。因此在以接触角表示润湿性时,习惯上规定 $\theta=90^\circ$ 为润湿与否的标准,即 $\theta>90^\circ$ 为不润湿,

$\theta < 90^\circ$ 为润湿，$\theta$ 越小润湿越好。当平衡接触角 $\theta = 0^\circ$ 或不存在时为铺展。对一定液体，$\theta > 90^\circ$ 的固体叫做憎液固体，$\theta < 90^\circ$ 的固体叫做亲液固体。

**表 4-1 润湿的能量判据和接触角判据**

| 类　型 | 能量判据式 | 接触角判据 |
|---|---|---|
| 黏附润湿 | $W_a = \sigma_{LG}(\cos\theta + 1) \geqslant 0$ | $\theta \leqslant 180^\circ$ |
| 浸　湿 | $A = \sigma_{LG}\cos\theta \geqslant 0$ | $\theta \leqslant 90^\circ$ |
| 铺展润湿 | $S_{L/S} = \sigma_{LG}(\cos\theta - 1) \geqslant 0$ | $\theta = 0^\circ$ 或不存在 |

上列诸式对改变表面润湿性能亦有指导意义。对三类润湿，降低 $\sigma_{SG}$，增加 $\sigma_{SL}$，均对润湿不利；反之则有利。因此，对固体表面改性往往可达到预期的目的。例如，用表面活性剂可使玻璃表面 $\sigma_{SG}$ 下降，达到憎水目的。其次，$\sigma_{LG}$ 增大对润湿有利，然而润湿后往往使接触角增大，但这不一定是减弱了黏附倾向。由 Young 润湿方程可知：

$$\cos\theta = \frac{\sigma_{SG} - \sigma_{SL}}{\sigma_{LG}} \tag{4-38}$$

若接触角 $\theta$ 的增大来自 $\sigma_{LG}$ 增大，无疑对黏附是有利的，若来自 $\sigma_{SL}$ 增大，则对黏附不利。对浸湿来说，$\sigma_{LG}$ 的增大或减小，仅改变 $\cos\theta$ 的大小，但 $\sigma_{LG}\cos\theta$ 亦即 $\sigma_{SG} - \sigma_{SL}$ 值不受影响，因此加入的表面活性剂必须能吸附在固体表面上影响 $\sigma_{SG}$ 或 $\sigma_{SL}$ 才能对浸湿发生影响。对铺展来说，降低 $\sigma_{LG}$ 总是有利。应该指出的是，$S_{L/S} = \sigma_{LG}(\cos\theta - 1)$ 应用范围是 $S_{L/S} \leqslant 0$，应用此式对选择表面活性剂改善润湿性能是比较方便的。

## 习　题

1. 什么是 Young 方程？接触角的大小与液体对固体的润湿性好坏有怎样的关系？

2. 根据 Young-Dupre 方程，请设计测定固-液界面黏附功的方法。

3. 20℃时，乙醚-水、汞-乙醚、汞-水的界面张力各为 10.7 mN/m、379 mN/m、375 mN/m，在乙醚与汞的界面上滴一滴水，试求其接触角。

4. 证明停滴法测定接触角的方程：

$$\sin\theta = \frac{2hr}{h^2 + r^2}$$

$$\tan\theta = \frac{2hr}{r^2 - h^2}$$

5. 20℃时水的表面张力为 72.8 mN/m，汞的表面张力为 48 mN/m，而汞-水的界面张力为 375 mN/m，请判断：

(1) 水能否在汞的表面上铺展开？

(2) 汞能否在水的表面上铺展开？

6. 为什么说铺展是润湿的最高形式？

# 第5章 表面活性剂

## 5.1 概述

### 5.1.1 表面活性剂的概念

溶质加到溶剂中可引起其表面张力的变化。溶质的浓度对溶剂表面张力的影响有三种类型，如图5-1所示。第一类物质的加入会使溶剂表面张力略为升高，属于此类物质有强电解质(如无机盐、酸、碱等)；第二类物质的加入会使溶剂的表面张力逐渐下降(如低碳醇、羧酸等有机化合物)；第三类物质少量加入就会使溶剂表面张力急剧下降，但到了一定浓度后，表面张力变化很缓慢或几乎不下降，趋于一个稳定值。例如，在25℃水中加入0.1%的油酸钠即可使水的表面张力从72 mN/m降低到25 mN/m。

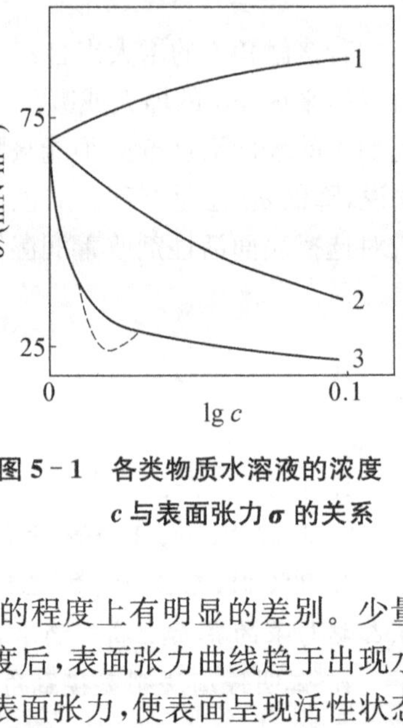

图5-1 各类物质水溶液的浓度 $c$ 与表面张力 $\sigma$ 的关系

我们把能使溶剂(通常为水)表面张力降低的物质称为具有表面活性的物质，如第二类、第三类物质都能使溶剂的表面张力降低，它们都具有表面活性。但第一类物质不能使溶剂的表面张力降低，它们不具有表面活性，是非表面活性物质。

比较第二类和第三类物质，它们在使溶剂表面张力降低的程度上有明显的差别。少量的第三类物质使溶剂的表面张力急剧下降，而当达到某一浓度后，表面张力曲线趋于出现水平线。像第三类物质那样，加入很少量就能大大降低溶剂的表面张力，使表面呈现活性状态的物质称为表面活性剂。表面活性剂的加入不仅能明显降低表面张力，而且它还具有润湿或反润湿、乳化或破乳、起泡或消泡及增溶、分散等一系列作用。因此表面活性剂在生产和生活实际中有着广泛的应用。

### 5.1.2 表面活性剂分子的结构特点

表面活性剂化学结构上有什么特点呢？任何一种表面活性剂分子都是由两种不同性质的基团所组成，一种是非极性的亲油基团，另一种是极性的亲水基团，也就是说，表面活性剂既具有亲水性，又具有亲油性，形成一种所谓“两亲结构”的分子。表面活性剂分子结构可用所谓的“火柴棒”模型表示，如图 5－2 所示。

以肥皂 $C_{17}H_{35}COONa$（硬脂酸钠）为例，它的分子中含有长的烃链憎水（亲油）基团 $C_{17}H_{35}$—，也含有亲水的羧酸盐基团—COONa，因此是有两亲结构的表面活性剂。

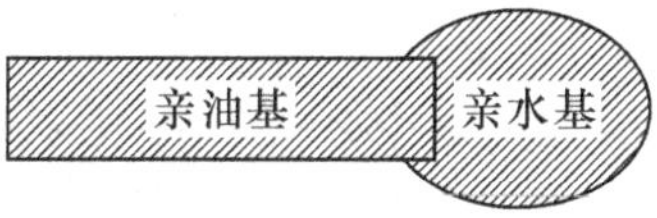

图 5－2　表面活性剂分子模型

构成表面活性剂的亲油基团和亲水基团的种类很多，代表性的基团见表 5－1。

**表 5－1　表面活性剂的主要亲油基和亲水基**

| 亲油基原子团 | 亲水基原子团 |
|---|---|
| 烷烃基 R— | 羧酸基（脂肪酸基）—COONa |
| 烷基苯基 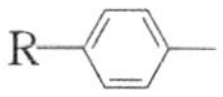 | 羟基（多元醇）—OH |
| 烷基酚基 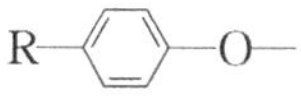 | 磺酸基—$SO_3Na$ |
| 脂肪酸基 R—COO— | 硫酸酯基—$OSO_3Na$ |
| 脂肪酸酰胺基 R—CONH— | 磷酸盐 —P(=O)$(ONa)_2$ |
| 脂肪醇基 R—O— | 胺盐、季铵盐—$N^+$—$(CH_3)_2$ |
| 脂肪胺基 R—NH— | 吡啶鎓盐 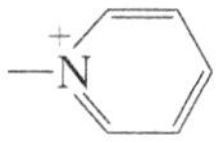 |
| 马来酸烷基酯基 R—O—C(=O)—$CH_2$—$CH_2$—C(=O)—O—R | 氨基酸—NH—$CH_2CH_2COONa$ |
| 烷基酮基 R—C(=O)—$CH_2$— | 甜菜碱—$N^+(CH_3)_2CH_2COO^-$ |
| 聚氧丙烯基 —O$\left(\text{CH}(\text{CH}_3)—\text{CH}_2—\text{O}\right)_n$ | 氧乙烯基—$CH_2CH_2O$— |
| 有机硅类（聚硅氧烷类） | |
| 碳化氟类（全氟化和部分氟化） | |

如上所述，表面活性剂加于水中，一开始表面张力随表面活性剂浓度增加而急剧下降，以后则大体保持不变（见图 5－1 曲线 3），表面活性剂的这一性质是由其分子的两亲结构决定的。如图 5－3 所示，随着表面活性剂浓度增加，水溶液中表面活性剂分子按（a）、（b）、（c）、（d）的顺序变化。

图 5－3 中（a）是极稀溶液，即表面张力刚要开始下降时的示意图。在浓度极低时，空气和水的界面上聚集了很少的表面活性剂，空气和水几乎是直接接触的，水的表面张力下降不多，接近于纯水状态。表面张力接近纯水的表面张力 72 mN/m。

图 5－3 中（b）表示随表面活性剂浓度上升，表面活性剂分子聚集在水面，其亲水端向水，亲油端向空气，此时只要稍微增加些表面活性剂，其分子就会聚集在表面，使空气和水的

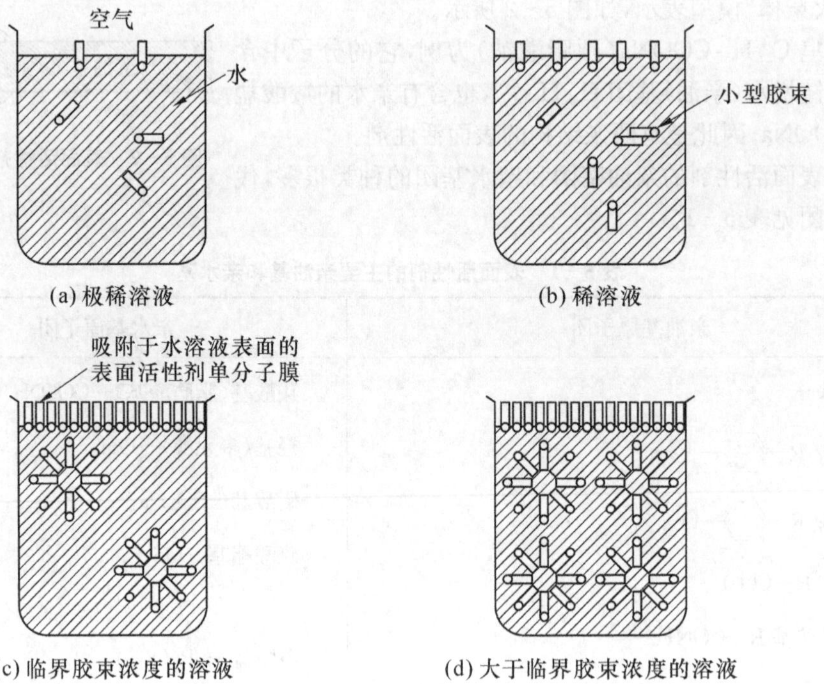


**图 5-3 表面活性剂的浓度变化和表面活性剂的活动情况的关系**

接触面减少,表面张力急剧下降。与此同时,水中的表面活性剂也三三两两地聚集在一起,互相把憎水基靠在一起,开始形成所谓的胶束。

图 5-3 中(c)表示表面活性剂浓度继续增高,水溶液表面聚集了足够多的表面活性剂,无间隙地布满在水表面上,形成了单分子膜。此时空气和水完全处于隔绝状态,表面张力也从急剧下降开始转入平缓段。如果再提高浓度,则水溶液中的表面活性剂就各几十几百地聚集在一起,排列成憎水基向里、亲水基向外的胶束。表面活性剂达到形成单分子膜的最低浓度叫临界胶束浓度。

图 5-3 中(d)表示浓度已大于临界胶束浓度时表面活性剂的分子状态。此时若再增加表面活性剂,因水溶液已经形成了单分子膜,空气和水的接触面积不会再缩小,因此也就不能再降低表面张力,只是水溶液中的胶束数量增多。

一个良好的表面活性剂,不但要具有亲油基团和亲水基团,而且它们的亲油亲水强度必须匹配。亲油性太强会完全进入油相,亲水性太强则完全进入水相。它们都不会像表面活性剂那样在油-水界面上定向排列,从而改变界面性质。亲油基的强弱除受基团种类结构影响外,还受烃链长短的影响;而亲水基的强弱则主要决定于其种类和数量。图 5-4 是 30℃下脂肪酸钠对石蜡-水界面张力的影响。当脂肪链 R 在 7 个碳原子以下时,降低表面张力不明显,不是表面活性剂。当 R

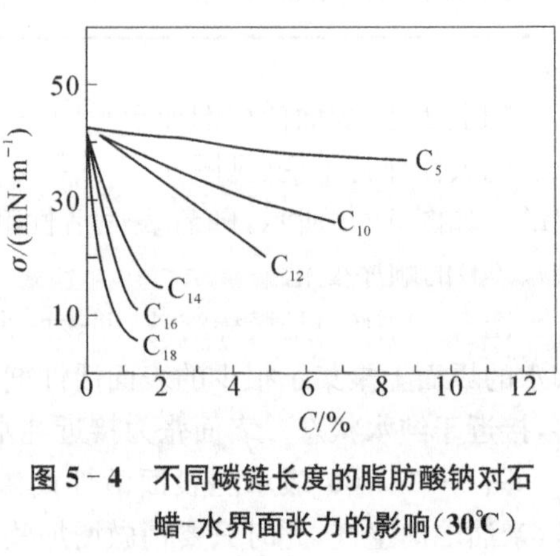


**图 5-4 不同碳链长度的脂肪酸钠对石蜡-水界面张力的影响(30℃)**

达到 8～20 个碳原子时，脂肪酸钠盐呈现出明显的表面活性。当 R 基碳原子超过 20 个时，变成了不溶于水的有机化合物，又失去了表面活性。一般地，亲油基为直链或支链烷烃，则以 8～20 个碳原子为合适；亲油基为烷基酚或苯基，则以 8～16 个碳原子为宜；若亲油基为烷基或萘基，则烷基数一般为 2 个，每个烷基碳原子数在 3 个以上。对亲水基，除决定于其本身性质外，还决定于其数量。如多元醇中含多个羟基，或聚环氧乙烷中含较多的氧乙烯基—$CH_2$—$CH_2$—O—，则会得到较强亲水性。

## 5.2 表面活性剂的分类

表面活性剂的种类很多，为了解它们的性质、结构和用途，必须进行分类。

按亲水基类型分类是表面活性剂分类的主要方法。表面活性剂溶于水能电离生成离子的叫做离子型表面活性剂；不能电离的叫非离子型表面活性剂。离子型表面活性剂按生成离子性质可分成阴离子、阳离子和两性表面活性剂。按亲水基分类法总结如图 5－5 所示。

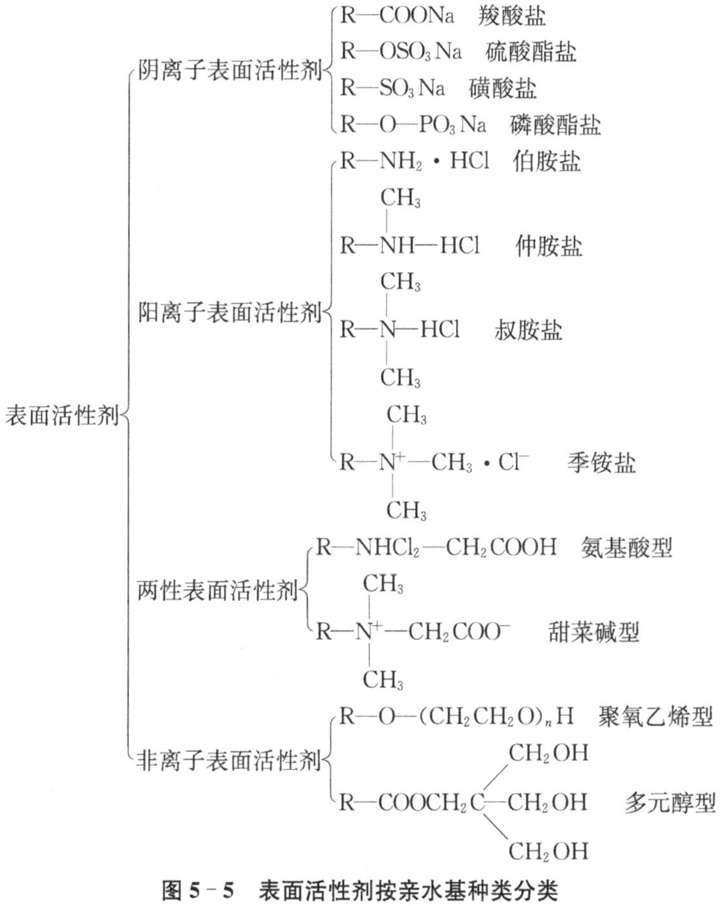


**图 5－5 表面活性剂按亲水基种类分类**

按相对分子质量分类：低分子表面活性剂，相对分子质量 200～1 000；中分子表面活性剂,相对分子质量 1 000～10 000;高分子表面活性剂,相对分子质量 10 000 以上。

按工业用途分类:表面活性剂可分为渗透剂、润湿剂、乳化剂、分散剂、起泡剂、消泡剂、净洗剂、杀菌剂、匀染剂、缓染剂、柔软剂、平滑剂、抗静电剂、防锈剂等。有的表面活性剂可同时具有几种功能。

### 5.2.1 阴离子表面活性剂

这类表面活性剂在水中离解后,起活性作用的是阴离子基团。按阴离子基团的性质,可进一步分为:

#### 1. 羧酸盐类

通式 $RCOO^- M^+$,其中 R 为长碳氢链,$M^+$ 为金属离子或阳离子,如 $Na^+$、$K^+$、$NH_4^+$ 等。这是最古老的表面活性剂,俗称肥皂。肥皂一般以油脂和碱反应制成。

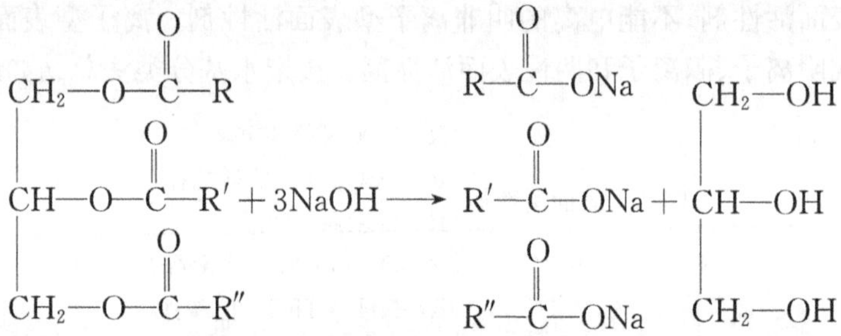

除简单的脂肪酸皂外,在某些特殊应用场合还使用多羧酸皂,如用作润湿剂的烷基琥珀酸二钠。

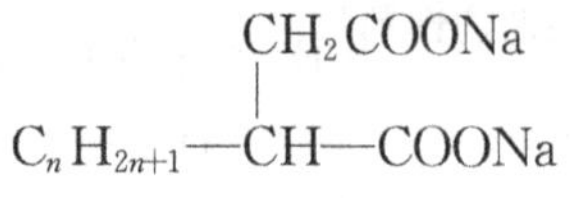

#### 2. 硫酸酯盐类

通式为 $R—OSO_3M$,一般以高级脂肪醇与硫酸酯化剂酯化而成。

例如,$ROH + SO_3(H_2SO_4 \cdot SO_3) \longrightarrow ROSO_3H$,$ROH + ClSO_3H \longrightarrow ROSO_3H + HCl$,$ROSO_3H + NaOH \longrightarrow ROSO_3Na + H_2O$。

若醇用月桂醇 $C_{12}H_{25}OH$,得到十二烷基硫酸酯钠盐,是这类表面活性剂的典型代表,具有良好的乳化和发泡性能。

硫酸酯盐类还可由烯烃与硫酸加成制备:

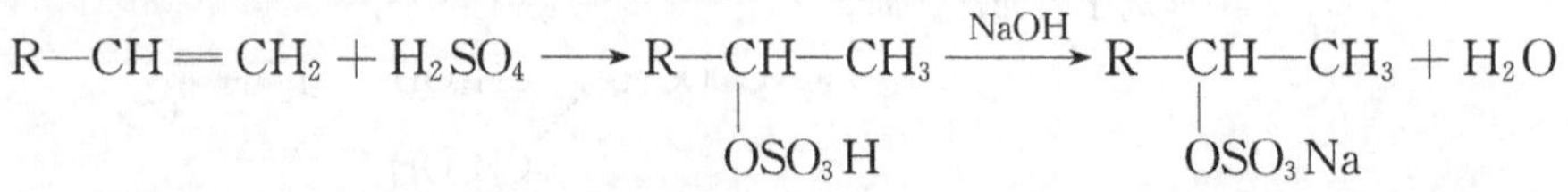

由分子式可知,硫酸酯不是加在分子端部,而是加在与双键相邻的一个碳原子上。代表性商品如 Teepol,它是由石蜡高温裂解所得的 $C_{12}$～$C_{18}$ 的 $\alpha$-烯烃经硫酸酸化后制得的洗

聚醚型非离子型表面活性剂的亲水基是分子中的聚氧乙烯部分。为什么聚氧乙烯部分具有亲水性呢？这可由图 5－6 说明。

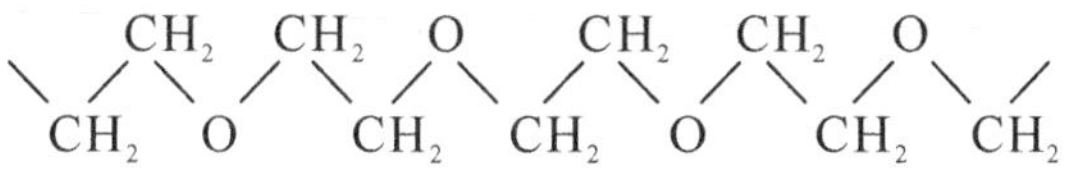

(甲) 锯齿型 (无水状态)

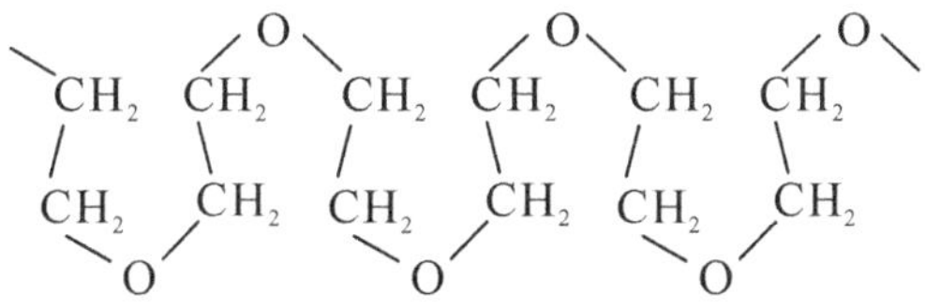

(乙) 曲折型 (在水溶液中)

**图 5－6 锯齿型和曲折型的聚氧乙烯链**

由图 5－6 可知，聚氧乙烯链在无水状态下是锯齿型的，在水溶液中是曲折型的。当其在水中时，亲水性的氧原子被置于链的外侧，憎水性的—$CH_2$—基位于内部，因而有利于氧原子与水分子形成氢键，使聚氧乙烯链整体上恰似一个亲水基，显示出较大的亲水性。

### 2. 多元醇型非离子型表面活性剂

多元醇型非离子型表面活性剂的主要亲水基是多元醇类、氨基醇类、糖类等。常用亲水基原料见表 5－2。所用的憎水基原料主要是脂肪酸。

**表 5－2 多元醇型非离子型表面活性剂的亲水基原料**

| 名 称 | | 代 学 式 | 脂肪酸酯或酰胺的水溶性 |
|---|---|---|---|
| 多元醇类 | 甘油<br>OH 基数＝3 | $CH_2-OH$<br>$CH-OH$<br>$CH_2-OH$ | 不溶，有自乳化性 |
| | 季戊四醇<br>OH 基数＝4 | $HOCH_2-C(CH_2OH)_3$ | 不溶，有自乳化性 |
| | 山梨醇[①]<br>OH 基数＝6 | $CH_2-OH$<br>$CH-OH$<br>$HO-CH$<br>$CH-OH$<br>$CH-OH$<br>$CH_2-OH$ | 不溶-难溶，有自乳化性 |

续 表

| 名称 | | 代 学 式 | 脂肪酸酯或酰胺的水溶性 |
|---|---|---|---|
| 多元醇类 | 失水山梨醇<br>OH 基数=4 | 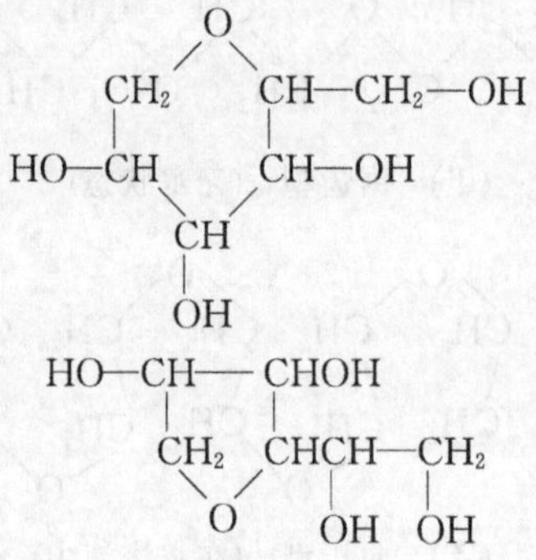<br>等的混合物 | 不溶,有自乳化性 |
| 氨基醇类 | 一乙醇胺 | $H_2NCH_2CH_2OH$ | 不溶 |
| | 二乙醇胺 | $HN\begin{cases}CH_2CH_2OH\\CH_2CH_2OH\end{cases}$ | 1∶2 摩尔型可溶②<br>1∶1 摩尔型难溶② |
| 糖类 | 蔗糖<br>OH 基数=8 | 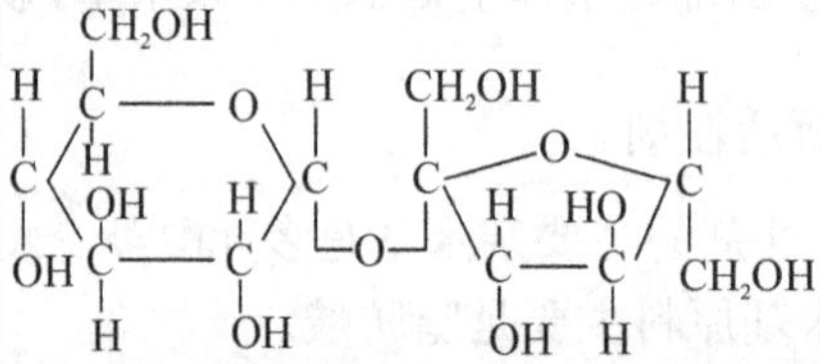 | 可溶-难溶 |

① 从旋光异构体来看,有左旋和右旋的,市场上出售的山梨醇是由左旋葡萄糖还原而得,故都是左旋体的。

② 1∶2 摩尔型:

$$C_{11}H_{23}CON\begin{cases}CH_2CH_2OH\\CH_2CH_2OH\end{cases}\cdot HN\begin{cases}CH_2CH_2OH\\CH_2CH_2OH\end{cases}$$

1∶1 摩尔型:

$$C_{11}H_{23}CON\begin{cases}CH_2CH_2OH\\CH_2CH_2OH\end{cases}$$

甘油和季戊四醇是最常用的多元醇,与脂肪酸和月桂酸或棕榈酸酯化,可生成非离子型表面活性剂,用作乳化剂或纤维油剂。因对人体无害,可广泛使用于食品和化妆品。

山梨醇是葡萄糖加氢制得的多元醇,有六个羟基:

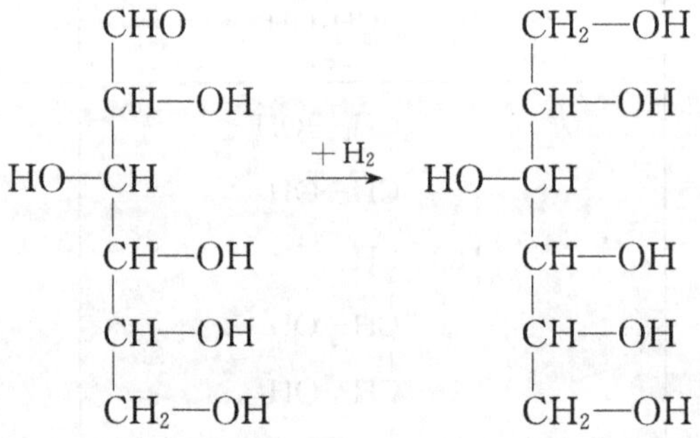

(左旋葡萄糖)　　(左旋山梨醇)

山梨醇在适当条件下分子内脱去一分子水，成为失水山梨醇。失水山梨醇是各种异构体的混合物。失水山梨醇再脱一分子水则成为二失水山梨醇。

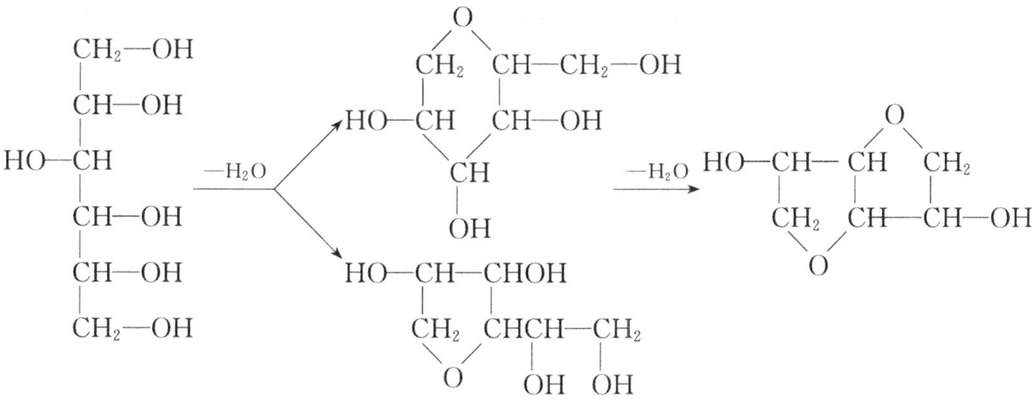

（山梨醇） （失水山梨醇） （二失水山梨醇）

失水山梨醇与脂肪酸酯化得到的非离子型表面活性剂商品名为斯盘(SPAN)。斯盘主要用作乳化剂，但因自身不溶于水，很少单独使用。如与其他水溶性表面活性剂复合使用，可发挥它良好的乳化力。

斯盘与环氧乙烷加成可制得另一类著名的非离子型表面活性剂——吐温(TWEEN)。主要的斯盘和吐温产品见表5-3。

**表5-3 SPAN和TWEEN的组成及性能**

| 商品名称 | 化学成分 | HLB | 熔点/℃ |
| --- | --- | --- | --- |
| SPAN 20 | 失水山梨醇月桂酸单酯 | 8.6 | 油状 |
| SPAN 40 | 失水山梨醇棕榈酸单酯 | 6.7 | 42～46 |
| SPAN 60 | 失水山梨醇硬脂酸单酯 | 4.9 | 49～53 |
| SPAN 65 | 失水山梨醇硬脂酸三酯 | 2.1 | 44～48 |
| SPAN 80 | 失水山梨醇油酸单酯 | 4.3 | 油状 |
| SPAN 85 | 失水山梨醇油酸三酯 | 1.8 | 油状 |
| TWEEN 20 | 聚氧乙烯失水山梨醇月桂酸单酯 | 16.7 | 油状 |
| TWEEN 40 | 聚氧乙烯失水山梨醇棕榈酸单酯 | 15.6 | 油状 |
| TWEEN 60 | 聚氧乙烯失水山梨醇硬脂酸单酯 | 14.9 | 油状 |
| TWEEN 65 | 聚氧乙烯失水山梨醇硬脂酸三酯 | 10.5 | 27～31 |
| TWEEN 80 | 聚氧乙烯失水山梨醇油酸单酯 | 15 | 油状 |
| TWEEB 85 | 聚氧乙烯失水山梨醇油酸三酯 | 11 | 油状 |

蔗糖有八个羟基，是理想的亲水基原料。由于蔗糖和天然油脂中的脂肪酸为百分之百天然产物，安全，无毒，无刺激，无污染，可生物分解，因此是非常理想的非离子型表面活性剂，在轻化工、食品、医药等工业部门有广泛应用，蔗糖酯系表面活性剂见表5-4。

表 5-4 商品蔗糖酯的 HLB 值

| 商品名称 | HLB | 酯分布/% | | 成分 |
|---|---|---|---|---|
| | | 单酯 | 双酯以上 | |
| F-10 | 1 | 0 | 100 | 硬化牛油脂肪酸蔗糖酯 |
| F-20 | 2 | 10 | 90 | 硬化牛油脂肪酸蔗糖酯 |
| F-370 | 2~3 | 20 | 80 | 硬化牛油脂肪酸蔗糖酯 |
| S-570 | 5 | 30 | 70 | 硬化牛油脂肪酸蔗糖酯 |
| F50 | 6 | 30 | 70 | 硬化牛油脂肪酸蔗糖酯 |
| S-770 | 7 | 40 | 60 | 硬化牛油脂肪酸蔗糖酯 |
| F-70 | 8 | 40 | 60 | 硬化牛油脂肪酸蔗糖酯 |
| S-970 | 9 | 50 | 50 | 硬化牛油脂肪酸蔗糖酯 |
| F-90 | 9.5 | 45 | 55 | 硬化牛油脂肪酸蔗糖酯 |
| S-1170 | 11 | 55 | 45 | 硬化牛油脂肪酸蔗糖酯 |
| F-110 | 11 | 50 | 50 | 硬化牛油脂肪酸蔗糖酯 |
| F-140 | 13 | 60 | 40 | 硬化牛油脂肪酸蔗糖酯 |
| S-1570 | 14~15 | 70 | 30 | 硬化牛油脂肪酸蔗糖酯 |
| F-160 | 约 15 | 约 70 | 约 30 | 硬化牛油脂肪酸蔗糖酯 |
| P-1570 | 14~15 | 70 | 30 | 软脂酸(约 70%)硬脂酸(约 30%)酯 |
| P-1670 | 16 | 75 | 25 | 软脂酸(约 70%)硬脂酸(约 30%)酯 |
| LWA-1540 | 15 | 70 | 30 | 椰子油酸蔗糖酯 |
| OWA-1570 | 15 | 70 | 30 | 油酸蔗糖酯(约 70%) |

### 5.2.5 其他表面活性剂

#### 1. 高分子表面活性剂

通常表面活性剂几乎全是相对分子质量几百的低分子物质,而相对分子质量数千以上有表面活性的物质称为高分子表面活性剂。高分子表面活性剂也有非离子、阴离子、阳离子和两性之分,其结构特点是亲油基和亲水基都是以嵌段或接枝链段结合的两亲性聚合物。它可分为天然、半合成的和合成的三种。如天然的卵蛋白质是有名的保护胶,上面讨论的聚醚非离子型表面活性剂则是合成高分子表面活性剂。各种改性纤维素(如羧甲基纤维素等)可认为是半合成的高分子表面活性剂。一些高分子表面活性剂如表 5-5 所示。

高分子表面活性剂特点是:表面张力降低能力小;由于相对分子质量大,故渗透力弱;起泡力弱,一旦发泡能形成稳定的泡沫;有乳化能力,能形成稳定乳状液;有良好的分散力和絮凝力;多数毒性小。

高分子表面活性剂令人注目的特性是分散、絮凝、增稠、抗静电等性能,所以常用作分散剂、防垢剂、絮凝剂、消泡剂、螯合剂、匀染剂、固色剂等。

表 5-5 高分子表面活性剂的分类

| | 天 然 | 半合成 | 合 成 |
|---|---|---|---|
| 阴离子型 | 海藻酸钠<br>果胶酸钠<br>咕吨胶 | 羧甲基纤维素(CMC)<br>羧基淀粉(CMS)<br>甲基丙烯酸接枝淀粉 | 甲基丙烯酸共聚物<br>马来酸共聚物 |
| 阳离子型 | 壳聚酸 | 阳离子淀粉 | 乙烯吡啶共聚物<br>聚乙烯吡咯烷酮<br>聚乙烯亚胺 |
| 非离子型 | 玉米淀粉<br>各种淀粉 | 甲基纤维素(MC)<br>乙基纤维素(EC)<br>羟乙基纤维素(HEC) | 聚氧乙烯-聚氧丙烯<br>聚乙烯醇(PVA)<br>聚乙烯醚<br>聚丙烯酰胺<br>烷基酚-甲醛缩合物的环氧乙烷加成物 |

### 2. 氟系表面活性剂

表面活性剂的碳氢链中氢原子全被氟原子取代,则称全氟表面活性剂。由于碳氟链键能大,因此其耐热性、耐药性、化学稳定性好。氟系表面活性剂的表面活性比一般表面活性剂大得多,其溶液表面张力可低至 20 mN/m 以下,这是其他类型表面活性剂所远远不及的。碳氟链不但憎水,而且憎油,故氟系表面活性剂有良好的防水性和防油性,不仅在低浓度水溶液中显示高的表面活性,而且还可在有机溶剂中使用。氟表面活性剂的碳原子数一般不超过 10,以 7~10 时表面活性最显著。氟系表面活性剂主要用途有氟系树脂乳液聚合的乳化剂、电镀浸蚀用添加剂、灭火剂、均质剂和渗透剂等。

### 3. 冠醚类大环化合物

冠醚类大环化合物是新发展的表面活性剂。由于冠醚大环主要由聚氧乙烯组成,与非离子型表面活性剂的亲水基相似,若在冠醚大环上引入憎水性的烷基取代基,则可得到与非离子型表面活性剂类似的新型表面活性剂:

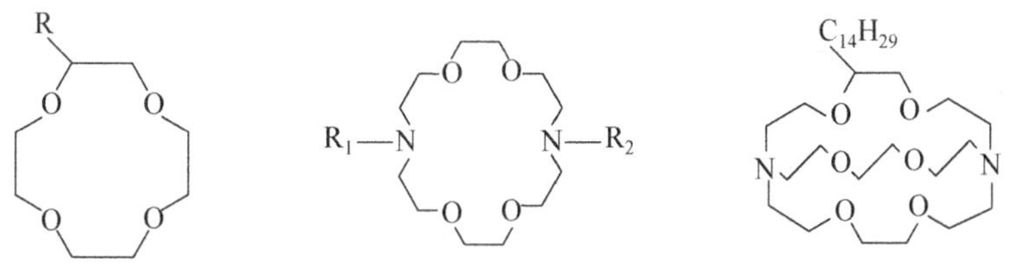


冠醚大环化合物可与金属离子配合,形成可溶于有机溶剂的配合物,从而使其从非离子型表面活性剂转变为阳离子型表面活性剂:

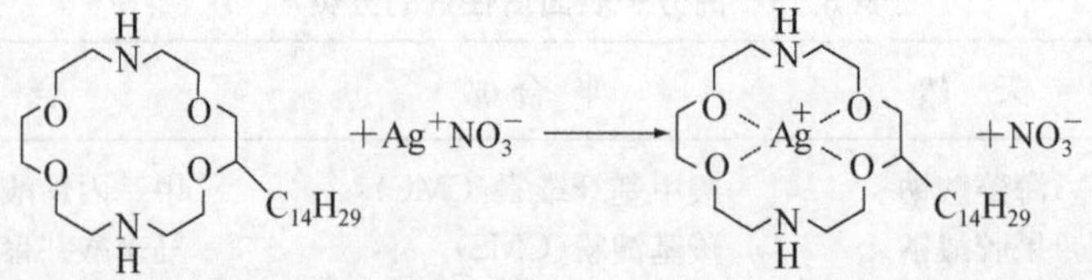

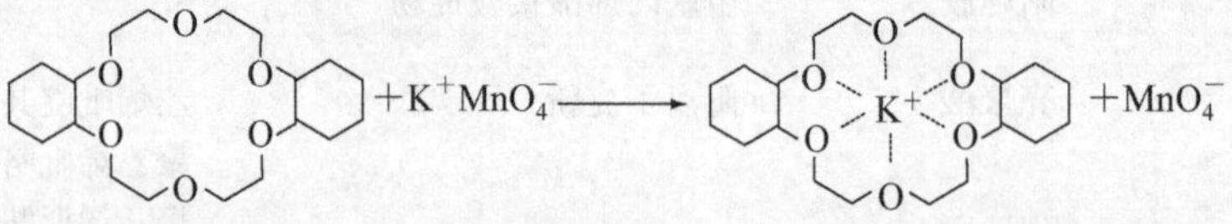

相转移催化是表面活性剂用于化学反应的新尝试,对阳离子冠醚的金属配合物 $Q^+X^-$ 的负电荷部分 $X^-$,在水溶液中和其他阴离子 $Y^-$ 交换后,溶于含有反应试剂的 RX 有机相中,与 RX 反应生成 RY,本身复原为 $Q^+X^-$,同时再进入水相。这相反复循环,起到催化作用,反应过程示意如下:

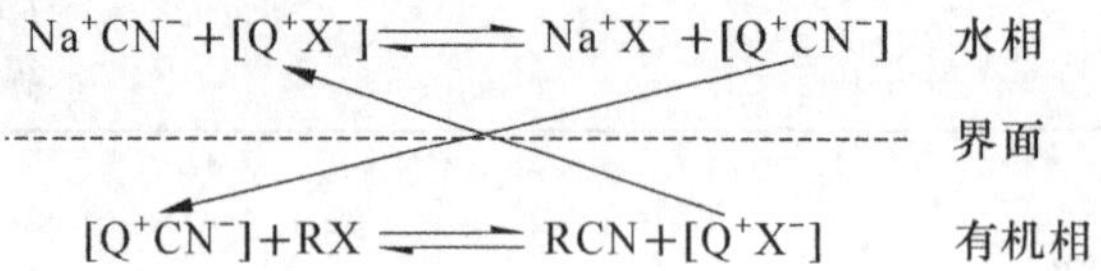


于是,有可能使水相和有机相形成多相体系反应。这一新方法用于有机合成获得了很高评价。

## 5.3 表面活性剂的物理、化学性能

表面活性剂分子由疏水基和亲水基两部分组成,亲水基有非离子、阴离子、阳离子及两性等不同类型;疏水基有种类和链长短的不同。亲水基和疏水基的比例、分子形状、分子的大小都影响表面活性剂的性质,也与表面活性剂的润湿、渗透、乳化、分散、增溶、发泡、消泡、净洗等应用性能有关。

本节对表面活性剂物理、化学性能及其与分子结构的关系作一讨论。

### 5.3.1 亲疏平衡值(HLB)

#### 1. 定义和物理意义

表面活性剂的亲水、疏水性强弱对表面活性有很大的影响。若分子的亲水性太强,将完全进入水相;疏水性太强又将完全进入油相。亲水基团和疏水基团强弱必须有适当平衡,才能使表面活性剂发挥最佳的表面活性。

1949 年,美国科学家首先提出了亲水-疏水平衡值 HLB 的概念。HLB 值的大小表示表面活性剂亲水亲油性的相对大小,HLB 值越大,表示该表面活性剂的亲水性越强;HLB 值越低,则亲油性或疏水性越强。

一般来讲，指定石蜡的 HLB=0，油酸的 HLB=1，油酸钾的 HLB=20，十二烷基硫酸酯钠的 HLB=40。以此为标准，阴离子表面活性剂 HLB 在 1～40 之间，非离子表面活性剂的 HLB 在 1～20 之间。

常用表面活性剂的 HLB 值见表 5-6。

**表 5-6 常用表面活性剂的 HLB 值**

| 化学组成 | 商品名称 | HLB |
|---|---|---|
| 油酸 | | 1 |
| 失水山梨醇三油酸酯 | Span 85 | 1.8 |
| 失水山梨醇硬脂酸酯 | Span 65 | 2.1 |
| 失水山梨醇单油酸酯 | Span 80 | 4.3 |
| 失水山梨醇单硬脂酸酯 | Span 60 | 4.7 |
| 聚氧乙烯月桂酸酯-2 | LAE-2 | 6.1 |
| 失水山梨醇单棕榈酸酯 | Span 40 | 6.7 |
| 失水山梨醇单月桂酸酯 | Span 20 | 8.6 |
| 聚氧乙烯油酸酯-4 | OE 4 | 7.7 |
| 聚氧乙烯十二醇醚-4 | MOA 4 | 9.5 |
| 二(十二烷基)二甲基氯化铵 | | 10.0 |
| 十四烷基苯磺酸钠 | ABS | 11.7 |
| 油酸三乙醇胺 | FM | 12.0 |
| 聚氧乙烯壬基苯酚醚-9 | OP-9 | 13.0 |
| 聚氧乙烯十二胺-5 | | 13.0 |
| 聚氧乙烯辛基苯酚醚-10 | TritonX-100 (TX-10) | 13.5 |
| 聚氧乙烯失水山梨醇单硬脂酸酯 | Tween 60 | 14.9 |
| 聚氧乙烯失水山梨醇单油酸酯 | Tween 80 | 15.0 |
| 十二烷基三甲基氯化铵 | DTC | 15.0 |
| 聚氧乙烯十二胺-15 | | 15.3 |
| 聚氧乙烯失水山梨醇单棕榈酸酯 | Tween 40 | 15.6 |
| 聚氧乙烯硬脂酸酯-30 | SE 30 | 16.0 |
| 聚氧乙烯硬脂酸酯-40 | SE 40 | 16.7 |
| 聚氧乙烯失水山梨醇单月桂酸酯 | Tween 20 | 16.7 |
| 聚氧乙烯辛基苯酚醚-30 | Tx-30 | 17.0 |
| 油酸钠 | 钠皂 | 18.0 |
| 油酸钾 | 钾皂 | 20.0 |
| 十六烷基乙基吗啡啉乙基硫酸盐 | 阿特拉斯 G263 | 25～30 |
| 十二烷基硫酸钠 | AS | 40 |

表面活性剂的 HLB 值与其用途和在水中的分散情况有密切关系,见表 5-7 和表 5-8。

**表 5-7　HLB 范围及其适当用途**

| HLB 值范围 | 应　用 | HLB 值范围 | 应　用 |
|---|---|---|---|
| 1～3 | 消泡剂 | 8～18 | O/W 型乳化剂 |
| 3～6 | W/O 型乳化剂 | 13～15 | 洗涤剂 |
| 7～9 | 润湿剂 | 15～18 | 增溶剂 |

**表 5-8　HLB 值范围与其在水中分散性能**

| HLB 值范围 | 在水中分散情况 | HLB 值范围 | 在水中分散情况 |
|---|---|---|---|
| 1～4 | 不分散 | 8～10 | 乳状分散液,稳定 |
| 3～6 | 分散能力不好 | 10～13 | 半透明到透明液体 |
| 6～8 | 乳状分散液(剧烈振荡后) | >13 | 透明液体 |

**2. HLB 值的确定**

HLB 值可用实验方法测定,但实验方法既麻烦又费时,在大量实验基础上已总结出一些表面活性剂 HLB 值的经验或半经验的计算方法,可用来快速地估算物质的 HLB 值。

(1) 非离子型 HLB 值的计算

本法适用于聚氧乙烯型和多元醇型非离子型表面活性剂的 HLB 值,可按下式计算:

$$
\begin{aligned}
HLB &= \frac{\text{亲水基部分相对分子质量}}{\text{表面活性剂相对分子质量}} \times \frac{100}{5} \\
&= \frac{\text{亲水基相对分子质量}}{\text{疏水基相对分子质量} + \text{亲水基相对分子质量}} \times \frac{100}{5} \qquad (5-1)
\end{aligned}
$$

由于石蜡完全没有亲水基,其 HLB=0;聚乙二醇完全是亲水基,HLB=20,所以非离子型表面活性剂的 HLB 值介于 0～20 之间。

**例题**　求 $C_9H_{19}$—  —$O(CH_2CH_2O)_9H$ 的 HLB 值。

**解**　亲水基相对分子质量:$(CH_2CH_2O)_9=396$

表面活性剂相对分子质量=616

$$HLB=(396/616)\times(100/5)=12.86$$

对于聚乙二醇型非离子表面活性剂,上式可作如下改变:

$$HLB = E_0/5 \qquad (5-2)$$

式中,$E_0$ 为聚乙二醇部分即亲水基的质量百分数。

对多元醇型脂肪酸酯非离子表面活性剂,则可按下式计算:

$$HLB = 20(1 - S/A) \qquad (5-3)$$

式中，$S$ 为多元醇酯的皂化值；$A$ 为原料脂肪酸的酸值。例如，甘油硬脂酸单酯的皂化值 $S=161$，酸值 $A=198$，则：

$$\mathrm{HLB}=20(1-161/198)=3.8$$

(2) 其他类型表面活性剂 HLB 值的计算

表面活性剂品种繁多，很难用统一的式子进行计算。1957 年，Davies 提出可把表面活性剂按结构分解为一些基团，每一基团对 HLB 值都有确定的贡献。如表 5-9 所示，表面活性剂的 HLB 值可查表求出各亲水基团和亲油基团的 HLB 值总和(分别用 $H$ 和 $L$ 表示)按下式计算：

$$\mathrm{HLB}=\sum H-\sum L+7 \tag{5-4}$$

**表 5-9　各种基团的 HLB 值**

| 亲水基团 | $H$ | 亲油基团 | $L$ |
|---|---|---|---|
| $—OSO_3Na$ | 38.7 | $-\overset{\vert}{C}H-$ | |
| —COOK | 21.1 | $—CH_2—$ | 0.475 |
| —COONa | 19.1 | $CH_3—$ | |
| $—SO_3Na$ | 11.0 | $=CH—$ | |
| —N(叔胺) | 9.4 | | |
| 酯基(失水山梨醇环) | 6.8 | $—(C_3H_6O)—$ 氧丙烯基 | 0.15 |
| 酯基(自由) | 2.4 | | |
| —OH | 1.9 | | |
| —COOH | 2.1 | $—CF_2—$ | 0.870 |
| —O— | 1.3 | $CF_3—$ | |
| —OH(失水山梨醇环) | 0.5 | | |
| $—(C_2H_4O)—$ | 0.33 | 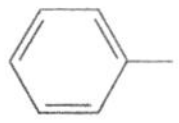 | 1.662 |

(3) 混合表面活性剂的 HLB 值的计算

一般认为，HLB 值有加和性，因此可以预测一种混合表面活性剂的 HLB 值。混合表面活性剂的 HLB 值可按下式计算：

$$\mathrm{HLB}=\frac{W_A\cdot \mathrm{HLB}_A+W_B\cdot \mathrm{HLB}_B}{W_A+W_B} \tag{5-5}$$

式中，$W_A$、$W_B$ 为混合表面活性剂中 A、B 组分的质量；$\mathrm{HLB}_A$、$\mathrm{HLB}_B$ 为 A、B 组分各自的 HLB 值。因此调节 A、B 组分的比例可以调制成一个有合适的 HLB 值的混合表面活性剂。

## 5.3.2　相转型温度(PIT)

HLB 值虽然能反映表面活性剂的亲水、亲油情况，但明显存在以下缺点：它没有考虑到油相与水相本身的性能;它没有考虑表面活性剂浓度的影响;它没有考虑到温度及各相体积的影响。

针对 HLB 值的缺点,日本学者筱田耕三提出了相转型温度(PIT)的概念,用来衡量表面活性剂的亲水、亲油性质。

非离子型表面活性剂在低温下可形成水包油(O/W)型乳状液,随着温度升高,溶解度减小,HLB 值下降,最后达到某一温度,使得乳状液从原来的 O/W 型转变为油包水型(W/O)。这一温度称为相转型温度 PIT,又称为亲水-亲油平衡温度(HLB 温度),因为此温度表面活性剂的亲水性与亲油性正好平衡。PIT 与 HLB 同样可以反映出表面活性剂的亲水性与亲油性,而且还可以反映出油种类、水溶液性质、温度和相体积等的影响。即使相同的表面活性剂,油的种类不同,PIT 值也不同。越容易溶解非离子型表面活性剂的油,其 PIT 值越低。表面活性剂的亲水性越强,PIT 也越高。而且在 PIT 时体系的表面张力才显最小值。

PIT 的测定可用电导法:用 3%～5%非离子型表面活性剂乳化等体积的油相和水相,然后梯度升温,搅拌并用电导仪测定电导率。因为 O/W 型的导电性高,W/O 型的导电性低,所以转相时电导率有突变,此时的温度即为 PIT。用电导法测 PIT 时间短,精度高。

PIT 与 HLB 的关系近乎直线,可解释 HLB 值大,其亲水性强,故需在较高温度下才能转相。PIT 随油相性质而改变,油相极性越小,PIT 越高。PIT 与混合油相(A、B 两种油)组成的关系为:

$$\mathrm{PIT} = (\mathrm{PIT})_A \phi_A + (\mathrm{PIT})_B \phi_B \tag{5-6}$$

式中,$\phi$ 代表体积分数。

如果固定表面活性剂浓度,增大体系中油/水比例,则 PIT 增大;当固定表面活性剂与油相比例时,即使增大油/水比例,PIT 也不再改变。对于含聚氧乙烯链的非离子型表面活性剂,一般在表面活性剂浓度 3%～5%时,PIT 值达到恒定。表面活性剂中聚氧乙烯链长分布越宽,PIT 值越高。在油相中加入添加剂会改变 PIT,如加入十二醇或油酸等极性添加剂,PIT 变小;加入石蜡等非极性物质,PIT 将变大。在水相中加入无机盐也使 PIT 降低。

### 5.3.3 临界胶束浓度(CMC)

如前所述,少量表面活性剂的加入可使水的表面张力迅速下降,但到某一浓度后,水溶液的表面张力几乎不变。这个表面张力转折点的浓度即为临界胶束浓度(CMC)。在临界胶束浓度下,表面活性剂分子在水的表面形成了单分子膜。继续增加浓度,表面活性剂分子在水中形成的胶束增多,表面性能并不改变。

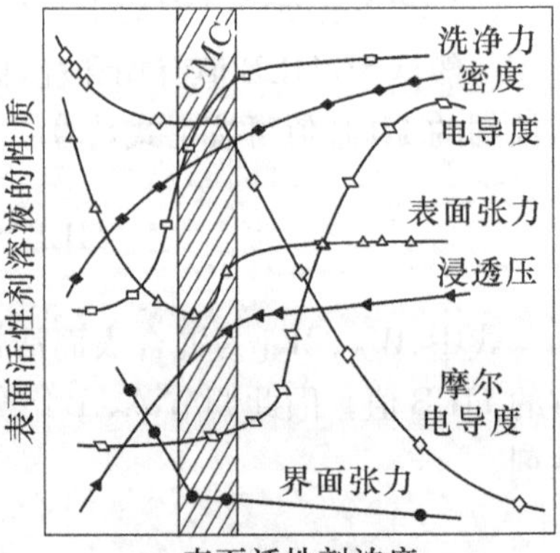


**图 5-7　表面活性剂物理性质随浓度变化图**

进一步的研究表明,不仅是表面张力,表面活性剂溶液的其他物理性能,在 CMC 范围均发生突变,见图 5-7。

由图 5-7 可见,表面活性剂的一些物理性质,如电导率、渗透压、冰点、增溶性、洗净力等，在临界胶束浓度时均有显著变化。所以测定这些物理性能发生显著变化时的转变点，就可测知临界胶束浓度。一般来讲，离子型表面活性剂的CMC在$10^{-4}$～$10^{-2}$ mol/L以下，非离子型表面活性剂则在$10^{-4}$ mol/L以下。一些表面活性剂的CMC值见表5-10。

**表5-10 表面活性剂的临界胶束浓度**

| 表面活性剂 | 温度/℃ | CMC/(mol/L) | 表面活性剂 | 温度/℃ | CMC/(mol/L) |
|---|---|---|---|---|---|
| $C_8H_{17}SO_4Na$ | 40 | 0.14 | $C_{12}H_{25}O(EO)_4H$ | 25 | $6.4\times10^{-5}$ |
| $C_{10}H_{21}SO_4Na$ | 40 | 0.033 | $C_{12}H_{25}O(EO)_6H$ | 20 | $8.7\times10^{-5}$ |
| $C_{12}H_{25}SO_4Na$ | 40 | 0.008 7 | $C_{12}H_{25}O(EO)_7H$ | 25 | $8.2\times10^{-5}$ |
| $C_{14}H_{29}SO_4Na$ | 40 | 0.002 4 | $C_{12}H_{25}O(EO)_8H$ | 25 | $1.1\times10^{-4}$ |
| $C_7H_{15}CH(C_6H_{13})SO_4Na$ | 25 | 0.009 7 | $C_{12}H_{25}O(EO)_{12}H$ | 23 | $1.4\times10^{-4}$ |
| $C_{16}H_{33}SO_4Na$ | 40 | 0.000 58 | $C_{13}H_{27}O(EO)_8H$ | 25 | $2.7\times10^{-5}$ |
| $C_{16}H_{33}SO_4Na$ | 25 | 0.000 165 | $C_{14}H_{29}O(EO)_8H$ | 25 | $9.0\times10^{-6}$ |
| $C_8H_{17}O(EO)_6H$ | 25 | 0.009 9 | $C_{15}H_{31}O(EO)_8H$ | 25 | $3.5\times10^{-6}$ |
| $C_{10}H_{21}O(EO)_6H$ | 25 | 0.000 9 | $C_{12}H_{25}CH(SO_4Na)C_3H_7$ | 25 | 0.001 72 |
| $C_{12}H_{25}O(EO)_6H$ | 20 | 0.000 087 | $C_{10}H_{21}CH(SO_4Na)C_5H_{11}$ | 25 | 0.002 35 |
| $C_{12}H_{25}O(EO)_4H$ | 25 | 0.000 04 | $C_8H_{17}CH(SO_4Na)C_7H_{15}$ | 25 | 0.004 25 |
| $C_{12}H_{25}O(EO)_7H$ | 55 | 0.000 017 | $C_8H_{17}OCOCH_2$<br>\|<br>$C_8H_{17}OCOCH—SO_3Na$ | 25 | 0.000 68 |
| $C_{12}H_{25}O(EO)_7H$ | 25 | 0.000 05 | | | |
| $C_{12}H_{25}O(EO)_7H$ | 55 | 0.000 02 | | | |
| $C_{14}H_{29}O(EO)_6H$ | 25 | 0.000 01 | | | |
| $C_{16}H_{33}O(EO)_6H$ | 25 | 0.000 001 | $C_4H_9CH(C_2H_4)CH_2OCOCH_2$<br>\|<br>$C_4H_9CH(C_2H_4)CH_2OCOCH$<br>\|<br>$NaO_3S$ | 25 | 0.025 |
| $C_8H_{17}O(EO)_6H$ | 25 | 0.009 9 | | | |
| $C_{12}H_{25}COOK$ | 40 | 0.012 5 | $C_5F_{11}COOK$ | | 0.5 |
| $C_{12}H_{25}SO_3Na$ | 40 | 0.014 | $C_7F_{15}COOK$ | | 0.027 |
| $C_{12}H_{25}SO_4Na$ | 40 | 0.008 6 | $C_9F_{19}COOK$ | | 0.000 9 |
| $C_{12}H_{25}NH_3Cl$ | 40 | 0.014 | $H(CF_2)_{10}COONH_4$ | | 0.009 |
| $C_{12}H_{25}N(CH_3)_3Br$ | 25 | 0.016 | $C_{12}H_{25}SO_4Li$ | 25 | 0.008 8 |
| $C_{12}H_{25}C_5H_5NCl$ | 25 | 0.017 | $C_{12}H_{25}SO_4Na$ | 25 | 0.008 2 |
| $C_{12}H_{25}C_5H_5NBr$ | 25 | 0.011 | $C_{12}H_{25}SO_4K$ | 25 | 0.008 2 |
| $C_{12}H_{25}O(EO)_3H$ | 25 | $5.2\times10^{-5}$ | $C_{12}H_{25}SO_4Cs$ | 25 | 0.008 2 |

临界胶束浓度是表面活性剂的一个重要性质。CMC越小，形成胶束所需要的浓度越低，也即表面活性剂可在较低浓度下发挥更大效能。因此，研究表面活性剂结构对CMC的关系，研究各种因素对CMC的影响非常重要。

### 1. 疏水基的影响

在水溶液中,在 $C_8 \sim C_{16}$ 范围,表面活性剂疏水基烃链长度增加会导致 CMC 下降。烃链碳原子数 $m$ 与 CMC 的关系可用下式表示:

$$\lg \text{CMC} = A - Bm \tag{5-7}$$

式中,$A$、$B$ 在一定温度下为常数。其值随活性剂结构及温度而异。表 5-11 列出了部分表面活性剂的 $A$ 和 $B$ 值,显然,$A$ 值无一定规律,对于 1-1 价离子型表面活性剂,$B$ 值为 0.3 左右,而非离子型表面活性剂的 $B$ 值为 0.5 左右。

**表 5-11 一些表面活性剂的 A、B 值**

| 表面活性剂 | 温度/℃ | $A$ | $B$ |
|---|---|---|---|
| 羧酸钠 | 20 | 1.85 | 0.30 |
| 羧酸钾 | 25 | 1.92 | 0.29 |
| 正烷基硫酸钠(钾) | 25 | 1.51 | 0.30 |
| 正烷基苯磺酸钠 | 25 | 1.68 | 0.29 |
| 正烷基氯化铵 | 25 | 1.25 | 0.27 |
| 溴化正烷基三甲胺 | 25 | 1.72 | 0.30 |
| 氯化正烷基三甲胺(加盐) | 30 | 1.23 | 0.33 |
| 溴化正烷基吡啶 | 30 | 1.72 | 0.31 |

按式(5-7),以 CMC 的对数坐标对 $m$ 作图应为直线,图 5-8 的实验结果证实了这一点。

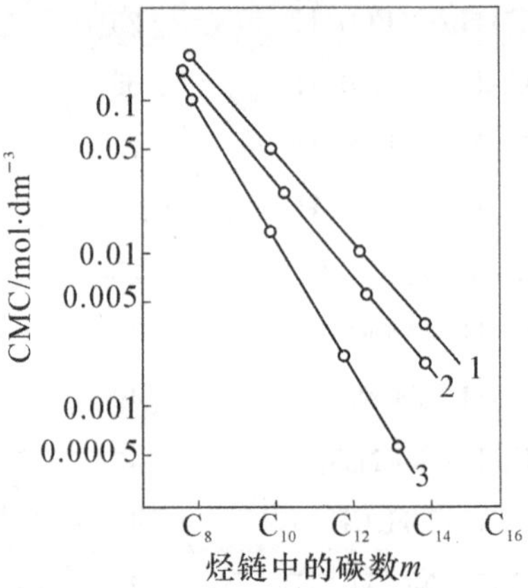


**图 5-8 烃链中碳原子数 $m$ 与 CMC 的关系**

1-烷基三甲溴化胺;2-烷基磺酸钠;3-$C_mH_{2m+1}N(CH_3)_2O$

对于离子型同系物,表面活性剂烃链每增加一个—$CH_2$—,CMC 下降一半;对非离子型表面活性剂,每增加两个—$CH_2$—,CMC 下降至原值的十分之一。如果烃链上含一个苯环,苯环起到约三个半—$CH_2$—的作用。当烃链碳原子数超过 16 个,链长对 CMC 的影响减小,链长超过 18 个碳原子,CMC 基本不随碳链增加而变化。

若表面活性剂的烃链上有支链,则有分支的表面活性剂的 CMC 值比同碳原子数的直链化合物高得多。如 $(C_8H_{17})_2N(CH_3)_2Cl$ 的 CMC 为 0.266 mol/L,而直链的 $C_{16}H_{33}NH(CH_3)_2Cl$ 的 CMC 只有 0.001 4 mol/L。在烃链中存在 C═C 时,比同条件下的 C—C 的 CMC 大 3~4 倍。若在烃链中引入—O—、—OH 等极性基,则 CMC 值明显增大。

疏水基碳链长度相同而化学组成不同时,CMC 会有显著差别。碳氢表面活性剂的 CMC 远大于相同碳链长度的碳氟表面活性剂,如全氟辛基磺酸钠的 CMC 为 8.0 mmol/L,与十二烷基磺酸钠相当,而辛基磺酸钠的 CMC 为 0.16 mol/L,显然,1 个 $CF_2$ 基团对 CMC

的贡献相当于1.5个—$CH_2$—基团。

**2. 亲水基的影响**

在水溶液中，离子型表面活性剂比同烃链的非离子型表面活性剂的CMC值高得多。如直链12碳的离子型表面活性剂CMC约为$1\times10^{-2}$ mol/L，而同样长碳链的非离子型表面活性剂的CMC值约为$1\times10^{-4}$ mol/L。两性表面活性剂与同碳链长的离子型表面活性剂的CMC值相近。极性剂从末端位置移到越靠近中间位置，CMC值越大。含多个亲水基团的表面活性剂比同碳链长的含单个亲水基团的表面活性剂的CMC值更大，而亲水基的种类对CMC影响不大。

对聚氧乙烯型非离子型表面活性剂水溶液，随氧乙烯基数目$n$的增多，CMC值增大。因为氧乙烯基数目增多，表面活性剂更亲水。$n$与CMC的关系为：

$$\lg \mathrm{CMC} = A' + B'n \tag{5-8}$$

式中，$A'$、$B'$是与疏水基种类和温度有关的常数。

**3. 温度的影响**

温度对表面活性剂水溶液的影响是复杂的。开始时CMC随温度升高而下降，中间经过一最小值，然后随温度升高而增大。这可能是因为一开始随温度提高，表面活性剂分子动能增大，增加了分子相互接触的机会而聚集成胶束，因而CMC减小。达到最低值后，继续升温使亲水基的水合作用下降，疏水基碳链之间的凝聚力减弱，而且因温度升高，胶束的动能增大，使得胶束不易形成，CMC值上升。图5-9描述了温度对CMC的影响。

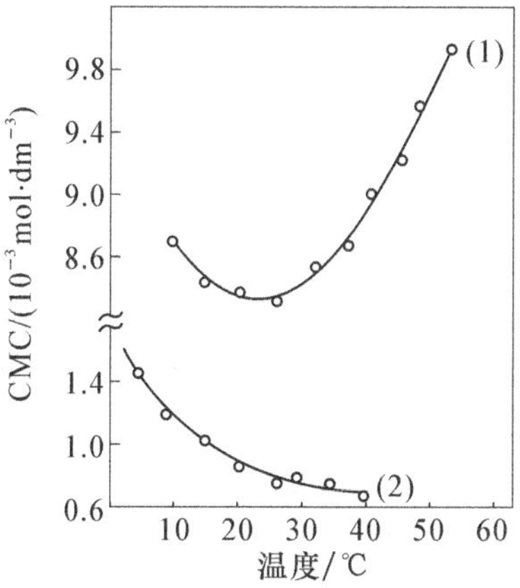


**图5-9 温度对十二烷基硫酸钠(1)及$C_{10}H_{21}(C_2H_4O)_3OH$(2)的CMC影响**

**4. 其他因素的影响**

在水溶液中添加电解质会导致CMC下降。电解质对离子型表面活性剂CMC的影响较大，对两性表面活性剂影响次之，对非离子型表面活性剂影响较小。电解质使离子型表面活性剂CMC下降的原因主要是反电荷离子作用。电解质的正离子与阴离子表面活性剂的作用、电解质的负离子与阳离子表面活性剂的作用降低了表面活性剂离子间的相互作用，因而使CMC值下降。

少量有机物的加入能导致表面活性剂水溶液CMC很大的变化。如脂肪醇的加入使离子型表面活性剂的CMC值直线下降(见图5-10)。脂肪醇能降低CMC值是由于它参与胶束的形成，插入胶束外层表面活性剂之间，从而减少它们之间的排斥力，使胶束易于形成。

但是加入醇或其他有机物并非总使CMC降低。如一些碳原子数较少，水溶性很强的醇，在浓度很小时可使CMC减小，但在高浓度则会使CMC增大。减少和增大的程度随醇分子大小和结构而异。另一些添加剂(如$N$-甲基乙酰胺、乙二醇等)能使表面活性剂，尤其

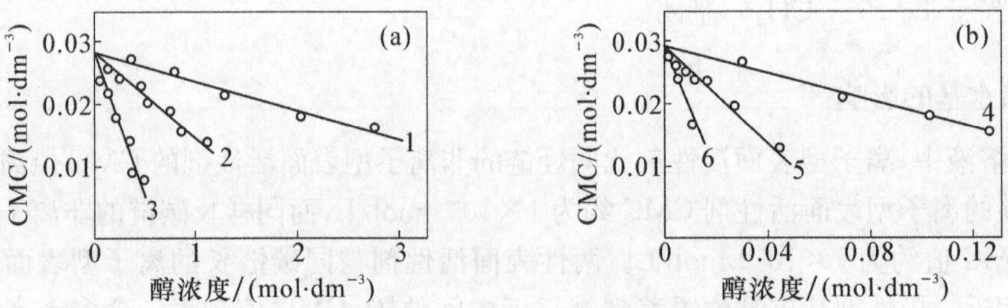


**图 5-10 脂肪醇对 $C_{11}H_{23}COOK$ 水溶液 CMC 的影响**

1—$C_2H_5OH$; 2—$C_3H_7OH$; 3—$C_4H_9OH$;

4—$i$-$C_5H_{11}OH$; 5—$C_6H_{13}OH$; 6—$C_7H_{15}OH$

是聚氧乙烯型非离子表面活性剂的 CMC 增大。

### 5.3.4 表面活性剂的溶解度

表面活性剂大多在水溶液中使用,因而溶解性成为表面活性剂的一个基本性质。表面活性剂的溶解度和温度的关系与通常的化合物不同,而在表面活性剂中,离子型表面活性剂与非离子型表面活性剂又有很大差别。现分别加以讨论。

#### 1. Krafft 点

图 5-11 是离子型表面活性剂的溶解度随温度变化的曲线,其特点是,在足够低的温度下,溶解度随温度升高而慢慢增大,当温度达到某一定值后,溶解度会突然增大。这种现象称为 Krafft 现象,溶解度开始突然增大的温度称为 Krafft 温度或 K. P 点。在图 5-11 中,$S_1(T)$线为单分子表面活性剂的溶解度曲线;CMC 曲线为胶束的溶解度曲线;$S(T)$则为总溶解度曲线,包括单分子和胶束的溶解度。当温度超过 K. P 点后,溶解度之所以急剧增加是由于表面活性剂以胶束形式溶解,K. P 点实际上是分子溶解和胶束溶解的分界点。温度低于 K. P 点不形成胶束,只有温度高于 K. P 点才形成胶束。因此,K. P 点相应溶液的浓度即为 CMC 值,K. P 点也可认为是表面活性剂在溶液中的溶解度等于它的 CMC 值时的温度。

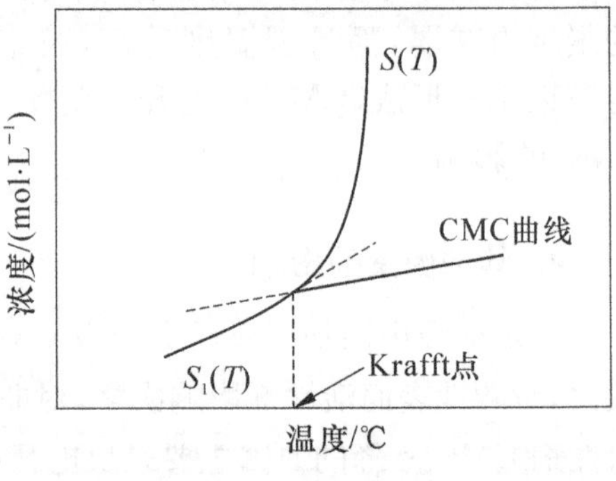


**图 5-11 离子型表面活性剂溶解度曲线及 K. P 点**

K. P 点与离子型表面活性剂的烃链长度密切相关。图 5-12 是烷基硫酸钠的烃链长度与 K. P 点之间的关系,可见烃链越长,K. P 点越高,CMC 值越小,在同一温度下的溶解度越低。

由于 K. P 点是形成胶束所需的最低温度,而表面活性剂有许多重要作用都是通过胶束的形成来实现的。只有温度在 K. P 点以上才能使离子型表面活性剂形成胶束,发挥其最佳效能。表面活性剂的 K. P 点越低,越有利于实现这一目的。一些离子型表面活性剂的 K. P 点见表 5-12。

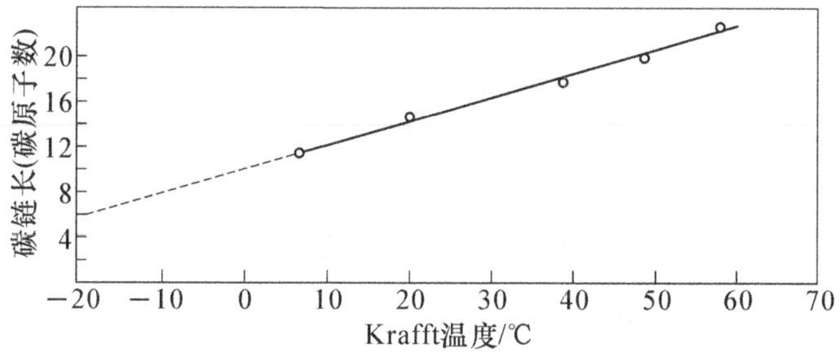


**图 5－12　烷基硫酸钠烃链长度与 K.P 点之间的关系**

**表 5－12　一些离子型表面活性剂的 K.P 点**

| 表面活性剂 | K.P 点/℃ | 表面活性剂 | K.P 点/℃ |
|---|---|---|---|
| $C_{12}H_{25}SO_4Na$ | 9 | $(C_{12}H_{25}SO_4)_2Pb$ | 52 |
| $C_{12}H_{25}SO_4K$ | 34 | $(C_{12}H_{25}SO_4)_2Ba$ | 105 |
| $(C_{12}H_{25}SO_4)_2Zn$ | 11 | $C_{14}H_{29}SO_4Na$ | 26 |
| $(C_{12}H_{25}SO_4)_2Mn$ | 16 | $(C_{14}H_{29}SO_4)_2Mn$ | 29 |
| $(C_{12}H_{25}SO_4)_2Cu$ | 19 | $(C_{14}H_{29}SO_4)_2Co$ | 29 |
| $(C_{12}H_{25}SO_4)_2Co$ | 23 | $(C_{14}H_{29}SO_4)_2Zn$ | 32 |
| $(C_{12}H_{25}SO_4)_2Mg$ | 25 | $(C_{14}H_{29}SO_4)_2Mg$ | 38.5 |
| $(C_{12}H_{25}SO_4)_2Ca$ | 50 | $(C_{14}H_{29}SO_4)_2Cu$ | 40 |
| $(C_{14}H_{29}SO_4)_2Ca$ | 71 | $[C_{12}H_{25}(OCH_2CH_2)SO_4]_2Ca$ | 0 |
| $C_{12}H_{25}OCH_2CH_2SO_4Na$ | 5 | $C_{16}H_{33}N(CH_3)_3Br$ | 25 |
| $C_{12}H_{25}(OCH_2CH_2)_2SO_4Na$ | −1 | $C_{16}H_{33}N(CH_3)_3I$ | 41 |
| $(C_{12}H_{25}OCH_2CH_2SO_4)_2Ca$ | 15 | | |
| $n-C_7F_{15}SO_3Na$ | 56.5 | $n-C_7F_{15}COONa$ | 8 |
| $n-C_8F_{17}SO_3Li$ | 0以下 | $n-C_7F_{15}COOK$ | 25.6 |
| $n-C_8F_{17}SO_3Na$ | 75 | $n-C_7F_{15}COORb$ | 20.2 |
| $n-C_8F_{17}SO_3K$ | 80 | $n-C_7F_{15}COOCs$ | 0以下 |
| $n-C_8F_{17}SO_3NH_4$ | 41 | $n-C_7F_{15}COOH$ | 20 |
| $n-C_8F_{17}SO_3H$ | 0以下 | $n-C_7F_{15}COONH_4$ | 2.5 |
| $n-C_8F_{17}SO_3NH_3C_2H_4OH$ | 0以下 | $(CF_3)_2CF(CF_2)_4COOK$ | 0以下 |
| $(n-C_9F_{19}SO_3)_2Mg \cdot 2H_2O$ | 41 | $(CF_3)_2CF(CF_2)_4COONa$ | 0以下 |
| $(n-C_{11}F_{23}SO_3)_2Mg \cdot 2H_2O$ | 90±5 | $(CF_3)_2CF(CF_2)_4COOH$ | 0以下 |
| $n-C_7F_{15}COOLi$ | 0以下 | $(CF_3)_2CF(CF_2)_4CH{=}CHCH_2COOK$ | 0以下 |

### 2. 浊点

非离子型表面活性剂溶液的溶解度随温度升高而下降,当温度升到一定值时,溶液突然变成浑浊,此时的温度称为浊点,即C.P点。以聚氧乙烯型非离子表面活性剂为例,如前所述,其分子形状在无水状态为锯齿形,在水溶液中是曲折形的。亲水性的氧原子被置于链的外侧,疏水性的—$CH_2$—基位于内侧,醚键中的氧原子与水分子中的氢以微弱的化学结合力形成氢键,因而增大了在水中的溶解度(见图5-13)。

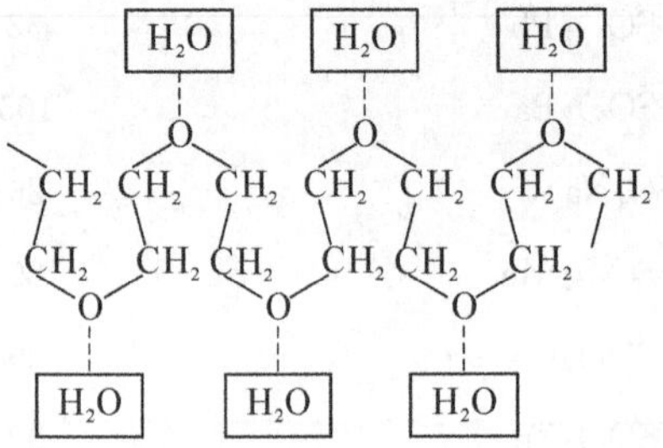

**图5-13 聚氧乙烯链中氧与水分子的氢形成氢键**

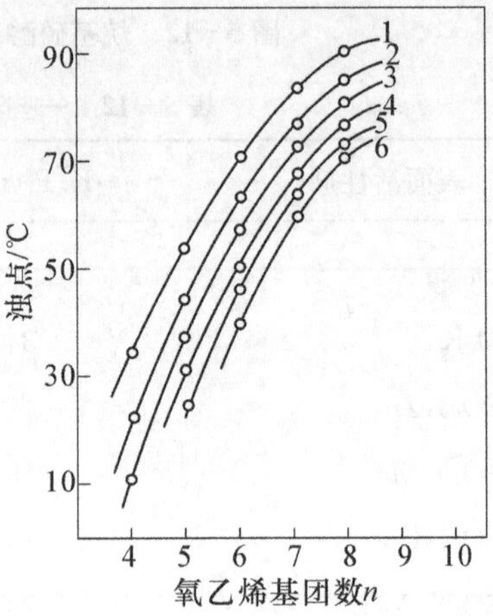


**图5-14 聚氧乙烯型非离子表面活性剂**

由图可知,$C_mH_{2m+1}O(CH_2CH_2O)_nH$ 烃链长为 $C_9$~$C_{14}$ 时氧乙烯基团数 $n$ 对浊点影响,1~6曲线的 $m$ 值分别为9、10、11、12、13和14。

由于氢键的键能较低,因而醚键氧原子与水分子的结合不是很牢靠。当温度上升时,氢键被削弱,升到一定温度,氢键断裂,表面活性剂从溶液中析出,使溶液突然变浊。浊点是非离子型表面活性剂的重要参数。表面活性剂在浊点以下溶于水,在浊点以上则不溶于水。

表面活性剂的结构决定其浊点大小,如图5-14所示,对具有相同极性基的同系物,烃链较短者具有较高的浊点;如果烃链长度相同,则浊点随氧乙烯基团数 $n$ 的增高而升高。

溶液浓度对浊点的影响很小,如非离子型表面活性剂TritonX-100水溶液的浓度(质量分数)从0.25%~10%,浊点仅从64℃升高到66℃。

浊点还受电解质、离子型表面活性剂等添加剂的影响。有的使浊点升高,有的使浊点降低,比较复杂。读者若有兴趣可参阅专著。

## 5.3.5 表面活性剂在溶液表面上的吸附

物质自体相内部富集于界面上的现象称为吸附。当少量表面活性剂溶解在水中时,表面活性剂将富集在水溶液表面,以亲水端朝向水中,以憎水端朝向空气,使水的表面张力显著下降。这种表面活性剂在表面层中的浓度高于本体溶液中浓度的现象叫做“正吸附”,反之若溶质在表面层中的浓度低于本体溶液中的浓度则称为“负吸附”。

随着表面活性剂浓度的增大，溶液的表面张力继续减小，当表面活性剂分子恰铺满溶液表面，即实现单分子层吸附时，表面张力达到最低值，此时表面活性剂的浓度即为临界胶束浓度 CMC。表面活性剂浓度在 CMC 以上，溶液的表面张力不再下降，增加的表面活性剂分子主要在溶液内部形成胶束。

对于非离子型表面活性剂，通常十分强烈地吸附在水溶液表面上，它们的 CMC 值很小，约为 $10^{-5}$ mol/L 数量级。其表面张力随浓度的变化率与表面吸附量之间的关系，可用 Gibbs 等温吸附公式来描述：

$$\Gamma_2 = -\frac{c}{RT}\frac{\mathrm{d}\sigma}{\mathrm{d}c} \tag{5-9}$$

式中，$\Gamma_2$ 是溶质的表面层吸附量，即单位面积表面层所含溶质的摩尔数比同量溶剂在本体溶液中所含溶质摩尔数的超出量，单位为 $\mathrm{mol/m^2}$；$c$ 是溶液的本体浓度；$\sigma$ 是溶液表面张力；$T$ 是绝对温度；$R$ 是气体常数，取值 8.314 J/(mol · K)。

通常测定表面张力 $\sigma$ 随浓度 $c$ 的变化，由 $\sigma-c$ 曲线求出一定浓度的$\frac{\mathrm{d}\sigma}{\mathrm{d}c}$值，即可求出表面吸附量 $\Gamma$ 值。$\Gamma$ 值表示表面过剩量，但是对表面活性剂而言，浓度很稀时，表面过剩量与溶液内部浓度相比，$\Gamma$ 值要大得多，因此吸附量可近似地看作是表面浓度。

应用 Gibbs 公式从 $\sigma-c$ 曲线计算出相应的 $\Gamma$ 值，即可绘制出 $\Gamma-c$ 曲线，即吸附等温线。水溶液表面的 $\Gamma-c$ 曲线形状如图 5-15 所示。吸附量有一极限值 $\Gamma_\infty$，即饱和吸附量，该值可反映表面活性剂在溶液表面的吸附能力。

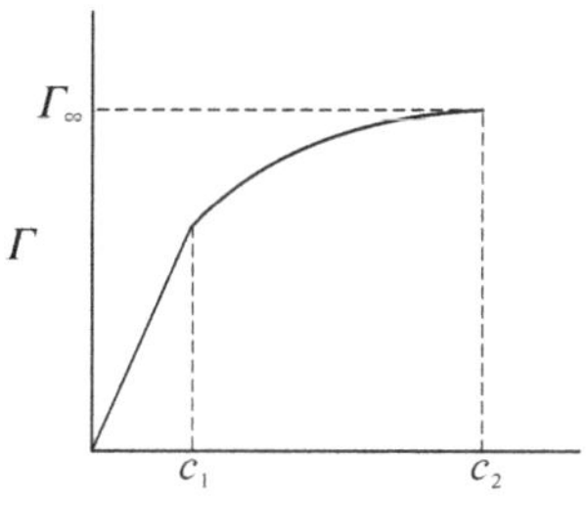


**图 5-15 $\Gamma-c$ 曲线图**

图 5-15 的形状与 Langmuir 单分子层吸附等温线相似，因此，也可用 Langmuir 公式表示溶液的表面吸附量与溶液浓度的关系：

$$\Gamma = \frac{\Gamma_\infty Kc}{1+Kc} \tag{5-10}$$

式中，$\Gamma_\infty$ 为单分子层饱和吸附量；$K$ 是常数，与溶液性质有关。当浓度很稀时，$1+Kc$ 接近于 1，上式简化为：

$$\Gamma = \Gamma_\infty Kc \tag{5-11}$$

这时吸附量与浓度呈直线关系，如图 5-15 中浓度小于 $c_1$ 的范围。当浓度很大时，$1+Kc$ 接近于 $Kc$，式(5-10)简化为：

$$\Gamma = \Gamma_\infty \tag{5-12}$$

此时吸附量与浓度无关，是恒定值。

应用 $\Gamma_\infty$ 可计算饱和吸附时每个吸附分子所占的面积 $S_\infty$：

$$S_\infty = \frac{1}{\Gamma_\infty N_A} \tag{5-13}$$

式中，$N_A$ 是阿伏伽德罗常量。

实验结果表明,对直链脂肪酸、醇和胺来说,只要疏水基的碳原子数不大于 8,不管碳链长度如何,同系物的 $\Gamma_\infty$ 值总是接近的,由此求得醇类的 $S_\infty = 0.274 \sim 0.289\ nm^2$,RCOOH 的 $S_\infty = 0.302 \sim 0.310\ nm^2$,$RNH_2$ 的 $S_\infty = 0.270\ nm^2$。这些结果表明,达到饱和时,表面上的直链脂肪酸、醇和胺吸附分子应该是垂直定向排列的,否则就无法解释不管碳链长度如何、而每个分子所占面积都相同这一事实。

表 5-13 和表 5-14 列出了 $C_{12}H_{25}O(C_2H_4O)_nH$ 与 $C_{16}H_{33}O(C_2H_4O)_nH$ 系列化合物的最大吸附量 $\Gamma_\infty$ 与吸附剂分子最小占有面积 $S_\infty$。由表可见,最小分子面积 $S_\infty$ 是随氧乙烯基数 $n$ 的增大而变大的。由此可判断,氧乙烯型非离子型表面活性剂不是在表面上垂直定向吸附的,这可能与聚氧乙烯链有伸直与卷曲两种构象有关,一般聚合度较大的聚氧乙烯链具有卷曲的构象。

**表 5-13 $C_{12}H_{25}O(C_2H_4O)_nH$ 的最大吸附量与最小分子占有面积(55℃)**

| $n$ | $\Gamma_\infty \times 10^6/(mol \cdot m^{-2})$ | $S_\infty/nm^2$ | $n$ | $\Gamma_\infty \times 10^6/(mol \cdot m^{-2})$ | $S_\infty/nm^2$ |
|---|---|---|---|---|---|
| 4 | 5.20 | 0.32 | 23 | 2.07 | 0.80 |
| 7 | 3.86 | 0.43 | 30 | 1.79 | 0.93 |
| 14 | 2.82 | 0.59 | | | |

**表 5-14 $C_{16}H_{33}O(C_2H_4O)_nH$ 的最大吸附量与最小分子占有面积(25℃)**

| $n$ | $\Gamma_\infty \times 10^6/(mol \cdot m^{-2})$ | $S_\infty/nm^2$ | $n$ | $\Gamma_\infty \times 10^6/(mol \cdot m^{-2})$ | $S_\infty/nm^2$ |
|---|---|---|---|---|---|
| 6 | 4.4 | 0.38 | 12 | 2.3 | 0.72 |
| 7 | 3.8 | 0.44 | 15 | 2.1 | 0.81 |
| 9 | 3.1 | 0.53 | 21 | 1.4 | 1.20 |

对于离子型表面活性剂情况比较复杂,离子型表面活性剂会电离成正、负离子并与水分子同时存在,以 1-1 型离子型表面活性剂 NaA 为例,若在水溶液中完全电离为离子:$NaA = Na^+ + A^-$。$A^-$ 为表面活性离子。若溶液很稀,则吸附等温式为:

$$\Gamma_2 = -\frac{1}{2RT}\frac{\partial\sigma}{\partial \ln c(NaA)} \tag{5-14}$$

即 Gibbs 吸附等温式用于离子型表面活性剂时,在 $RT$ 前面加了系数 2。

当溶液中存在过量无机盐(如 NaX)时,NaA 完全不电离,则式(5-14)改为:

$$\Gamma_\infty = -\frac{1}{RT}\frac{\partial\sigma}{\partial \ln c(NaA)} \tag{5-15}$$

上式表明不水解的 1-1 型表面活性剂在水中吸附于表面时,Gibbs 吸附等温式的 $RT$ 前系数与有无加盐有关,无盐时为 $2RT$,加过量盐时为 $1RT$。若加入的盐不过量,则 $RT$ 前的系数介于 1 与 2 之间,即:

$$-d\sigma = yRT\Gamma_\infty d\ln c(NaA) \tag{5-16}$$

式中，$y$ 值在 1 与 2 之间。

从离子型表面活性剂的分子表面占有面积可以研究其在溶液表面的分子状态。以十二烷基硫酸酯钠盐为例，其在 0.1 mol/L NaCl 溶液中的表面吸附量见图 5-16。从图可见，浓度稀时，吸附量小；随浓度的增加，吸附量急剧增大；浓度达到一定程度，吸附量趋于恒定，此值即为饱和吸附量 $\Gamma_{\infty}$。根据浓度变化，求出表面吸附分子的平均面积见表 5-15。

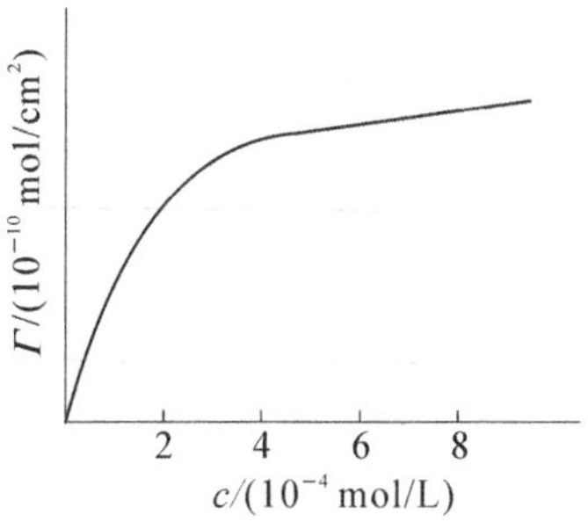


图 5-16 $C_{12}H_{25}OSO_3Na$ 的溶液表面的吸附等温线（25℃）

十二烷基硫酸酯钠盐的表面活性离子 $C_{12}H_{25}OSO_3^-$ 的分子结构是一棒状分子，长约2.10 nm，最大宽度约0.50 nm，若分子“平躺”，所占面积 1 $nm^2$。对照表 5-15 的尺寸可知，当浓度大于$3.2\times10^{-5}$ mol/L时，$C_{12}H_{25}OSO_3^-$ 已不能平躺，浓度接近 $8.0\times10^{-4}$mol/L 时，表面吸附分子已成为较为紧密的直立状态，没有多少活动余地。所以只有无限稀释时的表面活性剂分子才可能“平躺”在表面上。

表 5-15 十二烷基硫酸酯钠盐表面吸附分子面积（25℃）

| | | | | | |
|---|---|---|---|---|---|
| 浓度/(mol/L) | $5.0\times10^{-6}$ | $1.26\times10^{-5}$ | $3.2\times10^{-5}$ | $5.0\times10^{-5}$ | $8.0\times10^{-5}$ |
| 分子面积/$nm^2$ | 4.75 | 1.75 | 1.00 | 0.72 | 0.58 |
| 浓度/(mol/L) | $2.0\times10^{-4}$ | $4.0\times10^{-4}$ | $6.0\times10^{-4}$ | $8.0\times10^{-4}$ | |
| 分子面积/$nm^2$ | 0.45 | 0.39 | 0.365 | 0.36 | |

## 5.3.6 胶束的结构、形状和大小

表面活性剂达到一定浓度后就在溶液中形成了胶束。胶束是由许多表面活性剂分子或离子缔合而成，其大小一般在胶体分散的范围内（1～100 nm）。自 20 世纪 20 年代 McBain 提出胶束以来，不少科学家对胶束的结构进行了研究。现对胶束结构已有了比较深入的认识，但至今仍未弄清胶束的精确结构。

### 1. 胶束的结构

离子型表面活性剂胶束的示意图见图 5-17。

离子型表面活性剂所构成的胶束基本呈球形，其内核近于液态的碳氢链，内核外部是与极性基相连或相近的 $CH_2$ 基，周围有渗入形成结构的水分子存在，故与内核的 $CH_2$ 不同，不再具有液态烃的性质。紧接此层的是由极性头构成的胶束表面，离子型胶束的表面极性头是离子及与极性头结合的反离子和水合水，共同组成了双电层的束缚层。胶束的表面不是光滑的，因分子热运动变化不定，高低不平，犹如变形虫。在此表面之外还有一个由反离子组成的扩散层，扩散层也是双电层的一个组成部分，但未与胶束极性头离子紧密结合。

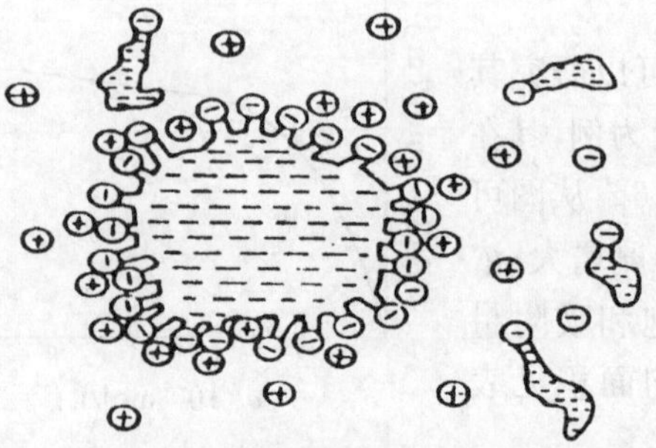

图 5-17　水溶液中离子型表面活性剂胶束的结构示意图

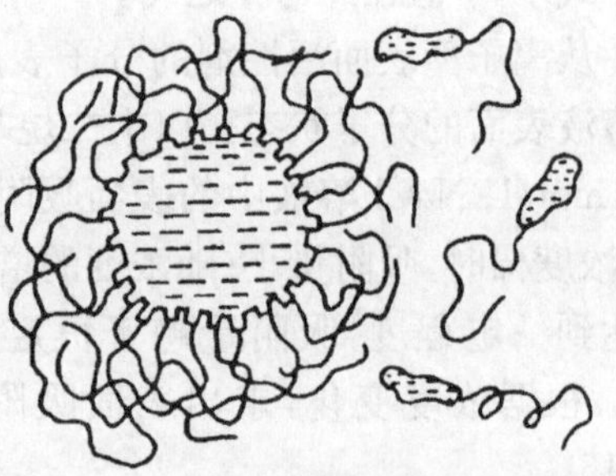

图 5-18　水溶液中聚氧乙烯型非离子型胶束的结构示意图

对于非离子型表面活性剂形成的胶束,其结构不像离子型那么复杂。以聚氧乙烯型非离子表面活性剂为例,其内核与离子型表面活性剂一样,具有与液烃相似的性质,其表面由聚氧乙烯和醚键氧原子相结合的水构成,没有双电层结构,其表面厚度往往超过内核尺寸,如图 5-18 所示。

在非水的烃类介质中,胶束具有类似的结构,但又恰好相反,即由亲水的极性头构成内核,疏水基与烃构成外层。由于胶束的极性头较少,相应的缔合数也较少。这类与水溶液中形成的胶束结构相反的胶束称为逆胶束,逆胶束的形成一般受两个因素制约:一是胶束核心离子对的偶极子间相互吸引或极性头之间的相互作用,促使活性剂分子聚集成胶束;二是疏水基的烃分子间的空间障碍,限制胶束的形成。事实上这也是逆胶束的聚集数不大的一个原因。

**2. 胶束的形状**

讲到胶束的形状首先不能认为胶束是刚体,胶束的内核与液烃相似,表面是粗糙不平具有蠕变性的。一般认为,在 CMC 以上的一定范围内,胶束是呈对称的球形的,而且聚集数也不变。胶束呈对称球状,是指表面活性剂浓度超过 CMC 不多且在没有其他添加剂的溶液中。若在浓度较高或有添加剂的情况下,胶束的形状可是不对称的扁圆状或盘状的。

在十倍于 CMC 甚至更浓的溶液中,胶束一般是非球状的。Debye 根据光散射实验结果提出了棒状胶束的模型(见图 5-19)。这种模型的特点是表面活性剂分子的碳氢链与水接触面积大大缩小,由疏水的碳氢链构成内核,亲水的极性头构成棒状胶束的表面,因而具有更高的热力学稳定性。这种棒状胶束在溶液中有相当的柔顺性,可以像蚯蚓那样运动。

表面活性剂浓度继续增大时,棒状聚集成束,如图 5-19 的六角束。浓度再增大就形成更大的层状胶束。水溶液中如有其他物质存在也会影响胶束的形状,例如,在水溶液中加入无机盐,即使表面活性剂在溶液中的浓度不大,胶束的形状已成为不对称棒状。若在表面活性剂的水溶液中加入适量的油或一些助剂(如脂肪醇类),则可能形成逆胶束,甚至形成微乳状液。图 5-19 显示了表面活性剂在溶液中形成的各种结构状态。

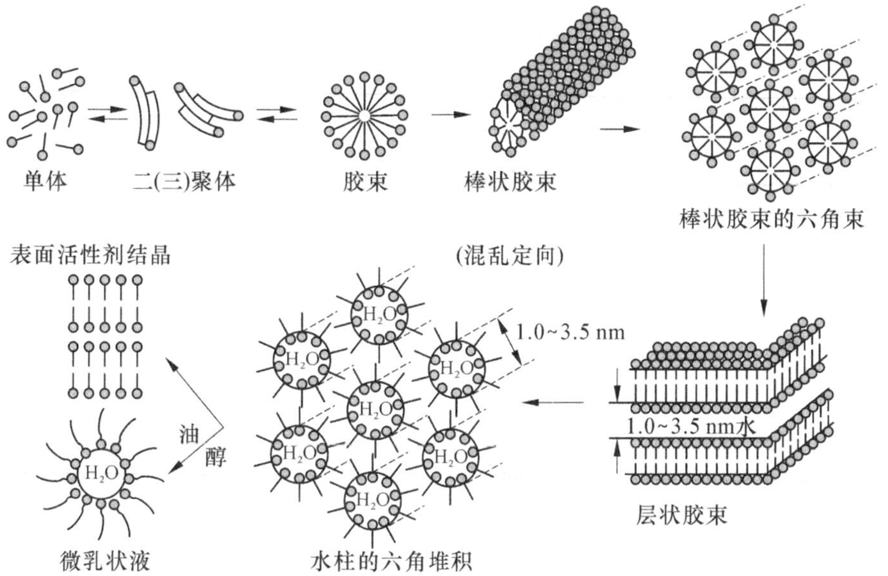


**图 5-19 表面活性剂溶液中形成的胶束结构**

### 3. 胶束的大小

胶束的大小可以用两个物理量来描述，一是胶束表观相对分子质量 $M_n$，另一个是胶束的平均聚集数 $n$，即平均每个胶束聚集的表面活性剂的分子数。设表面活性剂的相对分子质量为 $M_0$，则：

$$N = M_n/M_0 \tag{5-17}$$

影响表面活性剂胶束大小的因素有以下几种。

(1) *表面活性剂分子结构的影响*

表面活性剂分子中含有疏水性的烃链及亲水性基团，其对胶束大小的影响有这样一个普遍规律，即在水溶液中，表面活性剂与溶剂的不相似性越大，则形成胶束的聚集数也越大。例如，在水溶液中，若表面活性剂的烃链增长，即碳原子数增加，则表面活性剂分子与溶剂水分子的不相似性增大，胶束的聚集数 $n$ 增大，特别是非离子表面活性剂，$n$ 的增加趋势更大。表 5-16 揭示了这种变化规律。同样对聚氧乙烯型非离子表面活性剂，在相同烃链长度下，聚氧乙烯链增长，对溶剂水的亲和性增大，聚集数 $n$ 减小。

**表 5-16 25℃下烷基硫酸钠同系物的聚集数 $n$、分布宽度 $\sigma$ 及 $\sigma/n$ 值**

| 表面活性剂 | 聚集数 $n$ | 分布宽度 $\sigma$ | $\sigma/n$ |
|---|---|---|---|
| $C_6H_{13}SO_4Na$ | 17 | 6 | 0.353 |
| $C_7H_{15}SO_4Na$ | 22 | 10 | 0.454 |
| $C_8H_{17}SO_4Na$ | 27 | — | — |
| $C_9H_{19}SO_4Na$ | 33 | — | — |

续 表

| 表面活性剂 | 聚集数 $n$ | 分布宽度 $\sigma$ | $\sigma/n$ |
|---|---|---|---|
| $C_{10}H_{21}SO_4Na$ | 41 | — | — |
| $C_{11}H_{23}SO_4Na$ | 52 | — | — |
| $C_{12}H_{25}SO_4Na$ | 64 | 13 | 0.203 |
| $C_{14}H_{29}SO_4Na$ | 80 | 16.5 | 0.206 |
| $C_{16}H_{33}SO_4Na$ | 100 | 11 | 0.110 |

(2) 电解质的影响

加入电解质到离子型表面活性剂溶液中会使胶束的聚集数增加。这是因为电解质离子会压缩双电层,减少表面活性剂离子间的排斥作用,从而使更多表面活性剂离子进入胶束。电解质对聚氧乙烯型非离子表面活性剂胶束聚集数的影响无一定规律,有时增加聚集数,有时减少聚集数,但总的来说影响不大。

(3) 有机添加剂的影响

有机物的加入能使表面活性剂水溶液胶束聚集数增加。因为有机物进入胶束内核产生增溶现象,从而使胶束胀大,胶束的聚集数也就增加。表 5-17 的数据说明了这一现象。

**表 5-17 有机添加剂对胶束大小的影响**

| 表面活性剂 | 介 质 | 温度/℃ | 聚集数 |
|---|---|---|---|
| $C_{10}H_{21}O(C_2H_4O)_8CH_3$ | $H_2O$ | 30 | 83 |
| $C_{10}H_{21}O(C_2H_4O)_8CH_3$ | $H_2O$+2.3%正癸烷 | 30 | 90 |
| $C_{10}H_{21}O(C_2H_4O)_8CH_3$ | $H_2O$+4.9%正癸烷 | 30 | 105 |
| $C_{10}H_{21}O(C_2H_4O)_8CH_3$ | $H_2O$+8.5%正癸醇 | 30 | 109 |
| $C_{10}H_{21}O(C_2H_4O)_8CH_3$ | $H_2O$+16.6%正癸醇 | 30 | 351 |

(4) 温度的影响

在离子型表面活性剂水溶液中,温度升高会导致胶束聚集数降低,但影响不太大。对非离子型表面活性剂,温度升高,聚集数急剧增大,尤其在浊点附近。表 5-18 的数据表明了这一变化。

**表 5-18 温度对 $C_7H_{15}COO(CH_2CH_2O)_{7.6}CH_3$ 胶束量及聚集数的影响**

| 温度/℃ | 胶束量 $M_n\times10^{-4}$ | 聚集数 $n$ | 温度/℃ | 胶束量 $M_n\times10^{-4}$ | 聚集数 $n$ |
|---|---|---|---|---|---|
| 10 | 16 | 32 | 38 | 7.10 | 144 |
| 25 | 2.55 | 52 | 43 | 18.4 | 372 |

注:$C_7H_{15}COO(CH_2CH_2O)_{7.6}CH_3$ 的相对分子质量 $M_0=492.4$。

最后要指出的是,关于胶束的细致结构,至今尚不清楚,仍是表面科学中一个值得探索的课题。

# 习 题

1. 什么是表面活性剂？表面活性剂的分子结构有什么特点？

2. 表面活性剂的浓度对溶液的表面张力有怎样的影响？为什么有这样的影响？

3. 表面活性剂按亲水剂类型可怎样分类？

4. 何谓 HLB 值？HLB 值对表面活性剂的选用有何指导意义？

5. 试求表面活性剂十二烷基苯磺酸钠的 HLB 值。

6. 什么是相转移温度？用 PIT 表示表面活性剂的亲水、亲油性较 HLB 值有什么优点？

7. 什么是 CMC 浓度？试讨论影响 CMC 的因素。请设计一种实验测定 CMC 的方法。

8. 怎样根据 Gibbs 方程，通过溶液表面张力随表面活性剂浓度变化曲线的测定，求得表面活性剂溶液的饱和表面吸附量以及表面活性剂分子在溶液表面上的占有面积？

9. 温度对离子型表面活性剂和非离子型表面活性剂溶解度的影响有什么不同？为什么离子型表面活性剂在 K.P 点以上溶解度迅速增大，而非离子型表面活性剂在 C.P 点变成浑浊？

# 第 6 章　高分子材料的表面张力

高分子材料是国民经济各行各业广为使用的主要材料之一，其体积产量已超过金属而居材料之首。合成纤维、合成塑料、合成橡胶、涂料、粘接剂等高分子材料与国计民生密切相关，其重要性越来越受到世界各国的重视。

高分子材料的表界面特性有着极其重要的意义。合成纤维表面的染色，塑料表面的喷金，塑料薄膜的印刷，涂料对金属或木材表面的涂覆，高聚物对其他材料的粘接，橡胶轮胎与其他材料接触时的摩擦和磨损，聚合物合金中不同类聚合物的界面相容性，复合材料中聚合物与其他材料的相界面相互作用，聚合物表面的静电现象，医用高分子材料与生物体的相容性等，无不与高分子材料的表界面特性密切有关。因此研究高分子材料的表界面特性，无论在理论上还是在实际应用上都有重要的意义。

表面张力是材料表界面的最基本性能之一。对于小分子液体，表面张力的测定已由经典物理化学研究建立了各种测试方法。对于黏稠的高分子溶液或熔体，虽然其分子仍具有一定的流动性，但要达到热力学的平衡往往需要很长的时间，这就给表面性能的测试带来了很大的困难。对于固态高分子材料，由于其表面分子几乎没有流动性，其表面张力的测试没有直接的方法，只能通过间接的方法或估算的方法来求取。

## 6.1　表面张力与温度的关系

表面张力的本质是分子间的相互作用。因为分子间的相互作用力因温度的上升而变弱，所以一般来讲，表面张力随温度的上升而下降。高聚物液体或熔体的表面张力与小分子液体一样，随温度的升高而降低，表面张力随温度变化也呈线性关系，其 $-(\mathrm{d}\sigma/\mathrm{d}T)$ 值约为 0.05 mN/m。因为 $-(\mathrm{d}\sigma/\mathrm{d}T)$ 是表面熵，所以高聚物的 $-(\mathrm{d}\sigma/\mathrm{d}T)$ 值较小的原因是大分子链的构象受阻，一些聚合物的表面张力与温度关系如图 6-1 所示。

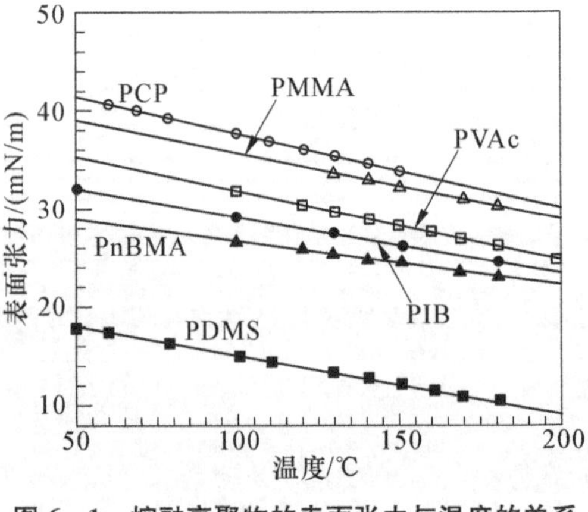

图 6-1　熔融高聚物的表面张力与温度的关系

Guggenheim 曾提出表面张力与温度的关系的经验式：

$$\sigma = \sigma_0\left(1-\frac{T}{T_c}\right)^{\frac{11}{9}} \qquad (6-1)$$

式中，$\sigma_0$ 为 $T=0\,\mathrm{K}$ 时的表面张力；$T_c$ 为临界温度。虽然此式是由小分子液体导出，但发现它也适用于高聚物体系。

若以 $\sigma$ 对 $T$ 微分，可得：

$$-\frac{\mathrm{d}\sigma}{\mathrm{d}T}=\frac{11}{9}\frac{\sigma_0}{T_c}\left(1-\frac{T}{T_c}\right)^{\frac{2}{9}} \tag{6-2}$$

当温度远低于 $T_c$ 时，$T/T_c \ll 1$，$-(\mathrm{d}\sigma/\mathrm{d}T)$ 近似为一常数。这就是说在正常温度范围内，表面张力与温度的关系呈直线关系。表 6-1 列出了一些聚合物的 $\sigma_0$ 和 $T_c$ 值，可见高聚物的临界温度一般为 600～900℃，因此在 0～200℃内，$-(\mathrm{d}\sigma/\mathrm{d}T)$ 实际上为常数。

**表 6-1　一些高聚物的 $\sigma_0$ 和 $T_c$ 值**

| 聚 合 物 | $\sigma_0$/(mN/m) | $T_c$/K | 聚 合 物 | $\sigma_0$/(mN/m) | $T_c$/K |
|---|---|---|---|---|---|
| 聚乙烯(线型) | 53.71 | 1 032(1 028) | 聚四氟乙烯 | 43.96 | 823(828) |
| 聚乙烯(交链型) | 56.38 | 921 | 聚氯丁烯 | 70.95 | 892 |
| 聚丙烯 | 47.16 | 914 | 聚醋酸乙烯 | 57.37 | 948 |
| 聚异丁烯 | 53.74 | 918 | 聚甲基丙烯酸甲酯 | 65.09 | 935 |
| 聚苯乙烯 | 63.31 | 967 | 聚二甲基硅氧烷 | 35.31 | 776 |

注：括号中的 $T_c$ 值是由气态和液态同系物的值外推得到。

利用表面张力与温度的线性关系，可间接地测试固态聚合物的表面张力。虽然固态聚合物的表面张力不能直接测定，但是熔融聚合物的表面张力还是可以测定的。在高温下使固态聚合物熔融，测定不同温度 $T$ 下熔融聚合物的表面张力 $\sigma$，以 $\sigma$ 对 $T$ 作图可得一直线，外推该直线到室温，即求出固态聚合物的表面张力(见图 6-2)。

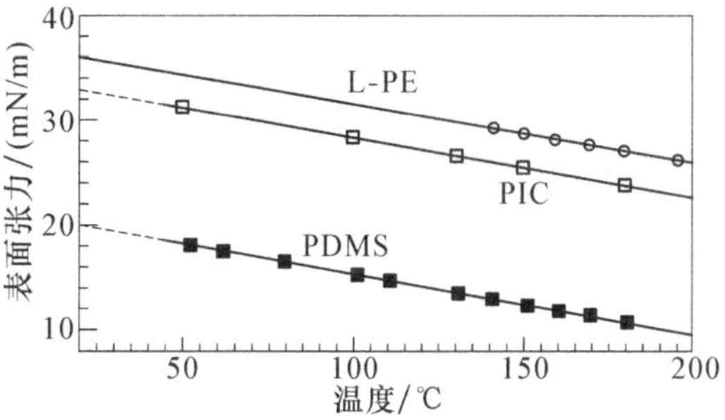


**图 6-2　由 $\sigma$-$T$ 作图外推求固体聚合物的表面张力**

该方法在外推时没有考虑聚合物相变的影响。随着温度的升高，非晶态的聚合物可以从玻璃态转变为高弹态，晶态高聚物可从结晶态转变为熔融态。在相变的过程必然会影响到表面张力的变化。晶体的熔化是一级相变，玻璃化转变是二级相变，一般来讲，一级相变可引起表面张力发生突变，而二级相变的玻璃化转变对表面张力的影响较小，可不必考虑。

另外，聚合物熔体黏度大，不易达到平衡；聚合物在高温下会发生氧化、热降解、热聚合等反应，即使在惰性气氛中也难以完全避免，这都可能影响测试的结果。所以应尽可能避免在过高的温度下测试，防止热降解的发生。基于高分子熔体表面张力测试技术上的困难，测试的结果肯定不如小分子液体那样可靠，而且不同方法测试的结果可能会有较大差别。

描述表面张力与温度关系还有 Macleod 方程：

$$\sigma=\sigma_0\rho^n \tag{6-3}$$

式中，$\rho$ 为密度；$\sigma_0$ 和 $n$ 均为与温度无关的常数。Macleod 方程虽未出现温度，但温度的影响隐含在密度 $\rho$ 中，因为密度一般随温度升高而下降。Macleod 方程同样表明表面张力随温度升高而下降。

Macleod 方程是从小分子液体导出的，但同样适用于高聚物。对未缔合的小分子液体，Macleod 指数 $n=4$。对聚合物来说，$n$ 值从 3.0 变化到 4.4，可近似取 4。表 6-2 给出了一些高聚物的 Macleod 指数。图 6-3 是聚乙烯(PE)和聚醋酸乙烯酯(PVAc)的 Macleod 曲线，由图可见，$\lg\sigma$ 与 $\lg\rho$ 呈线性关系。

**表 6-2　某些聚合物的 Macleod 指数**

| 高聚物 | Macleod 指数 $n$ | 高聚物 | Macleod 指数 $n$ |
|---|---|---|---|
| 聚氯丁烯 | 4.2 | 聚异丁烯 | 4.1 |
| 聚甲基丙烯酸甲酯 | 4.2 | 聚丙烯 | 3.2 |
| 聚正丁基丙烯酸甲酯 | 4.2 | 聚乙烯(直线型) | 3.2 |
| 聚苯乙烯 | 4.4 | 聚乙烯(支链型) | 3.3 |
| 聚醋酸乙烯 | 3.4 | 聚二甲基硅氧烷 | 3.5 |
| 聚氯乙烯 | 3.0 | | |

式(6-3)对温度 $T$ 求微分：

$$\mathrm{d}\sigma/\mathrm{d}T = n\sigma_0\rho^{n-1}\mathrm{d}\rho/\mathrm{d}T = n\sigma_0\rho^n\mathrm{d}\rho/\rho\mathrm{d}T$$

注意到：

$$\rho=\frac{1}{V},\ \alpha=\frac{1}{V}(\partial V/\partial T)_p$$

可将上式化简为：

$$-\frac{\mathrm{d}\sigma}{\mathrm{d}T}=n\alpha\sigma \qquad (6-4)$$

式中，$\alpha$ 为等压热膨胀系数。

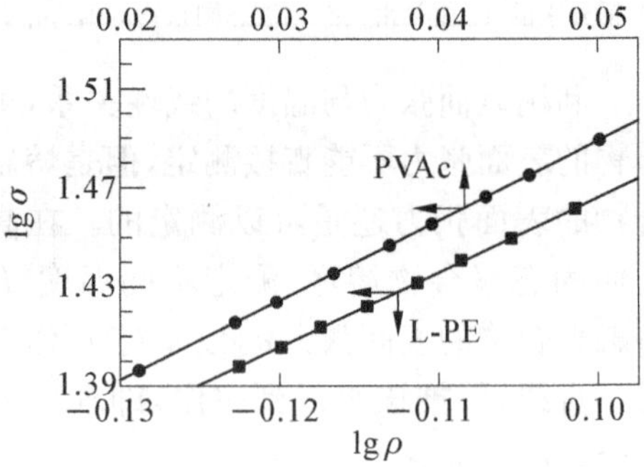


**图 6-3　PVAc 和 L-PE 的 Macleod 曲线**

## 6.2　表面形态对表面张力的影响

高分子聚合物往往是晶态与非晶态共存的。由于晶态的密度高于非晶态，因此晶态的表面张力高于非晶态。这就使得非晶态相迁移到表面，使得半晶态聚合物表面覆盖上一层非晶态的表面层，以降低体系的能量。

高聚物熔体冷却固化时，通常表面生成非晶态高聚物，本体则富集晶态高聚物。如果使高聚物熔体在具有不同成核活性的表面上冷却，可得到结晶度不同的表面，这类表面具有不同的表面张力。如聚乙烯，非晶态时的表面张力为 35.7 mN/m(20°C)，晶态时表面张力为

66.8 mN/m(20℃)。将聚乙烯熔体在不同的成核活性表面上冷却，控制不同的表面结晶度，聚乙烯的表面张力见表 6-3。

**表 6-3　在不同成核活性表面上形成聚乙烯表面的结晶度和表面张力**

| 成核表面 | 表面结晶度 /% | 表面张力 /(mN/m) | 成核表面 | 表面结晶度 /% | 表面张力 /(mN/m) |
| --- | --- | --- | --- | --- | --- |
| 氮 | 0 | 36.2 | 铬 | 66.2 | 56.1 |
| 聚四氟乙烯 | 0 | 36.2 | 汞 | 86.4 | 64.8 |
| 对苯二甲酸乙二酯 | 0 | 36.2 | 金 | 96.3 | 69.6 |
| 铜 | 5.1 | 37.4 | 钛 | 78.5 | 61.4 |
| 镍 | 53.3 | 51.3 | NaCl | 86.4 | 64.8 |
| 锡 | 60.1 | 53.8 | KBr | 86.4 | 64.8 |
| 铝 | 63.2 | 54.9 | KCl | 86.4 | 64.8 |
| 玻璃 | 63.2 | 54.9 | $CaF_2$ | 91.4 | 67.3 |

由表 6-3 可见，在聚四氟乙烯等低能表面上冷却，聚乙烯的表面结晶度为零，表面全为非晶态聚合物覆盖，表面张力与非晶态聚乙烯相当；而在金属、盐类等表面上冷却时，表面结晶度大大提高，晶态聚合物在表面富集，表面张力也就接近于晶态聚乙烯的表面张力了。

## 6.3　表面张力与相对分子质量的关系

高聚物的性能，如玻璃化转变温度、比热容、热膨胀系数、折射率、拉伸强度等，与相对分子质量之间存在如下的关系：

$$X_b = X_{b\infty} - \frac{K_b}{M_n} \tag{6-5}$$

式中，$X_b$ 表示聚合物的某种性能；$X_{b\infty}$是相对分子质量无穷大时的性能；$K_b$ 为常数；$M_n$ 为高聚物的数均相对分子质量。

按式(6-5)，性能 $X_b$ 值随相对分子质量的增长而增大，当相对分子质量达到某一定值 $M_c$ 时，$X_b$ 实际上与相对分子质量无关，达到了恒值。该相对分子质量 $M_c$ 称为临界相对分子质量。

高聚物表面张力与相对分子质量之间是否存在式(6-5)的关系呢？研究表明，同系高聚物的表面张力也随相对分子质量的增加而增加。但是，表面张力 $\sigma$ 不是与相对分子质量的 $M^{-1}$ 而是与 $M^{-2/3}$ 呈线性关系，即：

$$\sigma = \sigma_\infty - \frac{K_e}{M_n^{2/3}} \tag{6-6}$$

式中，$\sigma_\infty$ 为相对分子质量无穷大时的表面张力；$K_e$ 为常数。图 6-4 是正烷烃的

$\sigma - M^{-2/3}$ 图。

表面张力与相对分子质量的另一个有用的关系式是：

$$\sigma^{1/4} = \sigma_{\infty}^{1/4} - \frac{K_s}{M_n} \qquad (6-7)$$

式中，$K_s$ 为常数。以 $\sigma^{1/4}$ 对 $M_n^{-1}$ 作图，也应得直线(见图 6-4)。

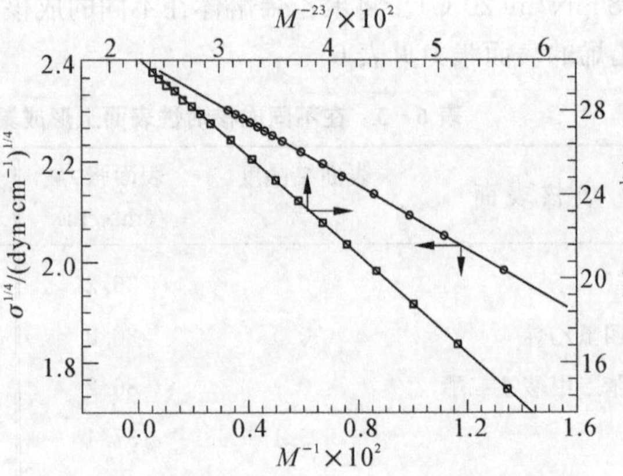


**图 6-4 表面张力与相对分子质量关系图**

用式(6-6)和式(6-7)，可以间接测定固态聚合物的表面张力。虽然固态高聚物的表面张力不能直接测定，但可以测量其一系列液体同系物的表面张力，以 $\sigma - M^{-2/3}$ 或 $\sigma^{1/4} - M^{-1}$ 作图，并外推到高相对分子质量区域，即可间接得到固态高聚物的表面张力。一些聚合物的表面张力与相对分子质量关系常数见表 6-4。

**表 6-4 相对分子质量与表面张力的关系常数**

| 聚合物 | 温度/℃ | $\sigma^{1/4}-M^{-1}$ | | | $\sigma-M^{-2/3}$ | | |
|---|---|---|---|---|---|---|---|
| | | $\sigma_\infty$ /(mN/m) | $K_S$ | 标准差 /(mN/m) | $\sigma_\infty$ /(mN/m) | $K_e$ | 标准差 /(mN/m) |
| 正烷烃 | 20 | 34.75 | 30.69 | 0.04 | 37.81 | 385.9 | 0.03 |
| 聚丁二烯 | 24 | 34.50 | 46.15 | 0.19 | 35.62 | 382.7 | 0.34 |
| 聚二甲基硅氧烷 | 20 | 20.33 | 22.22 | 0.15 | 21.26 | 166.1 | 0.09 |
| 全氟烷烃 | 20 | 23.94 | 12.21 | 0.29 | 25.85 | 682.8 | 0.30 |
| 聚苯乙烯 | 176 | 29.50 | 75.42 | 0.01 | 29.97 | 372.7 | 0.08 |

根据表 6-4 的 $K_e$ 和 $K_s$ 值，当相对分子质量大于 3 000 时，$\sigma_\infty$ 与 $\sigma$ 之间的差已小于1 mN/m。当相对分子质量达到一定数值，表面张力实际上与相对分子质量无关。如聚醋酸乙烯酯，其相对分子质量在 11 000～120 000，表面张力相同。

已发现聚乙二醇甚至在低聚物范围内，表面张力与相对分子质量已无关，如图6-5所示。这是因为聚乙二醇分子端基上的羟基之间发生氢键缔合作用，结果使低聚物的性能变得像相对分子质量无穷大一样。若

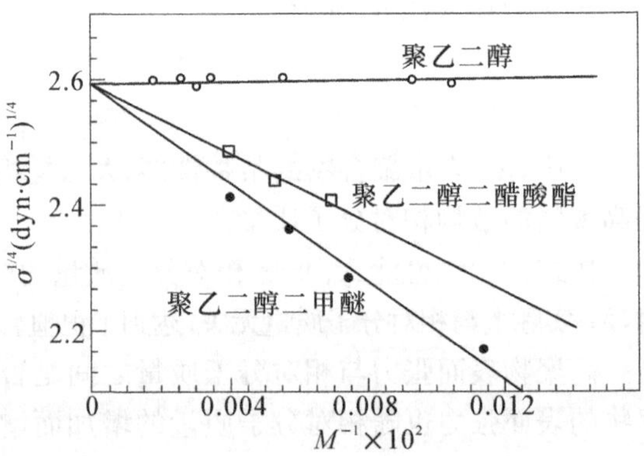


**图 6-5 氢键缔合对表面张力的影响**

* 1 dyn·cm$^{-1}$=$10^{-3}$N/m。

将聚乙二醇的端羟基醚化或酯化，使其不能形成氢键，其表面张力与相对分子质量关系就显示出来。

## 6.4　表面张力与分子结构的关系

聚合物的表面张力与其分子结构有密切的关系。对小分子化合物，表面张力与等张比容有如下的关系：

$$\sigma = (P/V)^4 \tag{6-8}$$

式中，$V$ 为摩尔体积；$P$ 为等张比容。

对于高聚物，式(6-8)修正为：

$$\sigma = (P/V)^n \tag{6-9}$$

式中，$n$ 为 Macleod 指数，可近似取 4。

从式(6-8)和式(6-9)可知，表面张力与等张比容和摩尔体积有关。等张比容是与物质的分子结构密切相关的量，摩尔体积与物质的密度相关，因而也与温度有关。因此，影响表面张力的两个重要因素是温度和分子结构。

聚合物的摩尔体积是容易测量的物理量，也可从有关手册中查到。表 6-5 列出了一些聚合物的摩尔体积。

**表 6-5　一些聚合物的摩尔体积(25℃)**

| 聚合物 | $V/(cm^3 \cdot mol^{-1})$ | 聚合物 | $V/(cm^3 \cdot mol^{-1})$ |
|---|---|---|---|
| 聚乙烯 | 32.9 | 聚三氟氯乙烯 | 61.8 |
| 聚丙烯 | 49.1 | 聚乙烯醇 | 35.0 |
| 聚异丁烯 | 66.8 | 聚醋酸乙烯酯 | 61.8 |
| 聚氯乙烯 | 45.2 | 聚苯乙烯 | 98.0 |
| 聚偏氯乙烯 | 58.0 | 聚甲基丙烯酸甲酯 | 86.5 |
| 聚四氟乙烯 | 49.5 | 聚丙烯酸甲酯 | 70.1 |

等张比容具有严格的加和性，即物体的等张比容等于组成该物质分子的原子或原子团及结构因素的等张比容($P_i$)之和，它的数值几乎不受温度的影响：

$$P = \sum_i P_i \tag{6-10}$$

Sugden 给出的一些原子和原子团的等张比容见表 6-6。

若聚合物单元组成明确，则可由等张比容估算其表面张力。

**表 6-6　一些原子和原子团的等张比容 $(cm^3/mol)\times(mJ/m^2)^{1/4}$**

| 结　构 | $P_i$ | 结　构 | $P_i$ |
|---|---|---|---|
| $>C<$ | 4.8 | 六元环 | 6.1 |
| —H | 17.1 | $>$C—H | 21.9 |
| —O— | 20.0 | —$CH_2$— | 39.0 |
| —$O_2$—(酯中) | 60.0 | —$CH_3$ | 56.1 |
| N | 12.5 | —$C_2H_5$ | 95.1 |
| S | 48.2 | —$CH(CH_3)$— | 78.0 |
| F | 25.7 | —$CH(C_6H_5)$— | 211.9 |
| Cl | 54.3 | —$C(CH_3)_2$— | 117.0 |
| Br | 68.0 | —CH═CH— | 67.0 |
| I | 91.0 | —CH═$C(CH_3)$— | 106.0 |
| 双键 | 23.2 |  | 172.6 |
| 三键 | 46.4 | 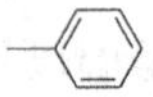 | 190.0 |
| 三元环 | 16.7 | —CN | 63.7 |
| 四元环 | 11.6 | —CHCl— | 76.2 |
| 五元环 | 8.5 | —C(═O)—O— | 64.8 |

**例题**　求聚甲基丙烯酸甲酯(PMMA)的表面张力。

**解**　查表 6-5,PMMA 的摩尔体积 $V=86.5\ cm^3/mol$,

PMMA 的结构单元为:—$CH_2$—$C(CH_3)(COOCH_3)$—

查表 6-6:

| | | |
|---|---|---|
| 2 个—$CH_3$ | | 56.1×2=112.2 |
| 1 个—C(═O)—O— | | 64.8 |
| 1 个—$CH_2$— | | 39.0 |
| 1 个 $>C<$ | | 4.8 |

$$\sum P_i = 220.8$$

$$\sigma=(P/V)^4=(220.8/86.5)^4=42.8(mN/m)$$

实验值为 40.2 mN/m。

一些聚合物的表面张力计算值和实验值比较如表 6－7。

**表 6－7　聚合物的等张比容和表面张力(mN/m)**

| 聚 合 物 | 重复单元<br>等张比容($P$) | $\rho$(20℃)<br>/($g\cdot cm^{-3}$) | $\sigma$(20℃)<br>计算值 | $\sigma$(20℃)<br>熔体外推 |
|---|---|---|---|---|
| 聚氧化乙烯 | 99.8 | 1.142 | 44.7 | 42.8 |
| 线性聚乙烯 | 80.0 | 0.855 | 35.4 | 35.3 |
| 无规聚丙烯 | 116.3 | 0.861 | 32.0 | 29.5 |
| 聚二甲基硅氧烷 | 154.4 | 0.975 | 17.0 | 20.6 |

## 6.5　表面张力与内聚能密度

内聚能是表征物质分子间相互作用力强弱的一个物理量，摩尔内聚能定义为消除 1 摩尔物质全部分子间作用力时其内能的增加，即：

$$E_{coh}=\Delta U=\Delta H-RT \tag{6-11}$$

式中，$E_{coh}$为摩尔内聚能；$\Delta H$ 为汽化热(液体)或升华热(固体)；$R$ 为气体常数；$T$ 为温度。

单位体积的内聚能定义为内聚物密度，记作 CED，即：

$$\mathrm{CED}=E_{coh}/V \tag{6-12}$$

式中，$V$ 为摩尔体积。

内聚能密度的平方根称为溶解度参数 $\delta$，即：

$$\delta=(\mathrm{CED})^{1/2}=(E_{coh}/V)^{1/2} \tag{6-13}$$

溶解度参数 $\delta$ 是确定高聚物与溶剂的溶解性和聚合物之间相容性的重要参数。·

表面张力和内聚能密度都是与分子间相互作用密切相关的物理量，它们之间必定存在一定的联系。

对于小分子，Hildebrand 和 Scott 提出了如下的表面张力和内聚能密度间的关系式：

$$\delta^2=16.8(\sigma/V^{1/3})^{0.86} \tag{6-14}$$

此式适用于非缔合小分子液体，从内聚能密度计算表面张力与实验测定结果基本一致，但对有氢键的液体不太适合。

式(6－14)对高聚物却不适用。Lieng-Huang Lee 对高聚物提出如下关系式：

$$\sigma_c^{0.43}=K\delta\phi V^{0.14} \tag{6-15}$$

式中，$K$ 为常数，对液体和类似液体的高聚物为 0.24；$\phi$ 为分子相互作用参数。

Wu 利用 Small 色散力，提出了如下的经验式：

$$\sigma_c = 0.327\left[\frac{(\sum F)_s}{n_s}\right]^{1.85}\left(\frac{n_s}{V}\right)^{1.52} \tag{6-16}$$

式中,$n_s$ 为高聚物重复单元的原子数;$V$ 为重复单元摩尔体积;$(\sum F)_s$ 为重复单元 Small 色散力的加和。

各种结构单元的 Small 色散力见表 6-8,由表 6-8 可根据聚合物的分子结构计算出表面张力。

**表 6-8　结构单元 Small 色散力**

| 结构单元 | $F/(4.18\ J/cm^3)$ | 结构单元 | $F/(4.18\ J/cm^3)$ |
|---|---|---|---|
| $—CH_3$ | 214 | Cl(平均) | 260 |
| $—CH_2—$ | 133 | Cl(单个) | 270 |
| >CH— | 28 | Cl(—CCl) | 260 |
| >C< (单键结合) | −93 | Br(单个) | 340 |
| $CH_2=$ | 190 | I(单个) | 425 |
| —CH=(双键结合) | 110 | $—CF_2—$ | 150 |
| >C= | 19 | $—CF_3$ | 274 |
| —C≡C— | 222 | —S—(硫醚) | 225 |
| 苯基 | 735 | —SH(硫醇) | 315 |
| 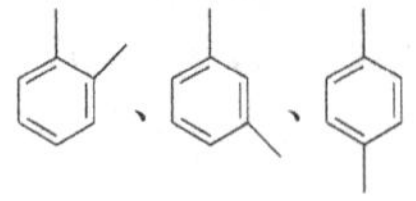 | 658 | $—ONO_2$(硝酸酯) | 440 |
| 萘基 | 1 146 | $—NO_2$(脂肪系硝化物) | 440 |
| 五元环 | 105~115 | $—PO_4$(有机磷酸盐) | 500 |
| 六元环 | 95~105 | $—SO_2—$ | 663 |
| 共轭 | 20~30 | | |
| —H(可变的) | 80~100 | | |
| —O—(醚) | 70 | $—NH_2$ | 342 |
| —CO—(酮) | 275 | —N< | 122 |
| —COO—(酯) | 310 | —C(=O)—OH | 576 |
| —C≡N | 410 | | |

**例题**　计算聚四氟乙烯(PTFE)的表面张力,已知 $V_{PTFE}=45.5\ cm^3/mol$。

**解**　重复单元结构$—CF_2CF_2—$

$$2\text{个}—CF_2—\qquad \sum F_s = 2\times150=300$$

$$n_s = 6$$

$$\sigma_{PTFE}=0.327\left[\frac{300}{6}\right]^{1.85}\left(\frac{6}{45.5}\right)^{1.52}=21(\mathrm{mN/m})$$

实验值 $18.4\times10^{-3}$ N/m，计算结果比实验值大些。

Wu 用式(6－17)计算了一系列高聚物的表面张力并与实验值作了比较，结果见表 6－9。计算结果比较令人满意。

**表 6－9　聚合物的 $\sigma_c$ 计算值和实验值对比（20℃）**

| 聚　合　物 | 重复单元摩尔体积 /($cm^3\cdot mol^{-1}$) | $\sigma_c$(mN/m) | | |
|---|---|---|---|---|
| | | 计算值 | 实验值 | 偏　差 |
| 聚四氟乙烯 | 45.5 | 21 | 18.4 | +2.5 |
| 聚二甲基硅氧烷 | 65.0 | 23 | 24 | −1 |
| 聚偏二氟乙烯 | 36.4 | 26 | 25 | +1 |
| 聚 1，2-丁二烯 | 56.4 | 29 | 25 | +4 |
| 聚 2-甲基丙烯 | 63.0 | 24 | 27 | −3 |
| 聚氟乙烯 | 32.0 | 29 | 28 | +1 |
| 聚甲基醚乙烯基 | 55.6 | 27 | 29 | −2 |
| 聚丙烯 | 46.2 | 27 | 29 | −2 |
| 聚 4-叔丁基苯乙烯 | 169 | 28 | 29 | −1 |
| 聚 2-甲基-1，3-丁二烯 | 72.4 | 31 | 30 | +1 |
| 聚反 2-甲基-1，3-丁二烯 | 75.0 | 29 | 31 | −2 |
| 聚三氟氯乙烯 | 56.2 | 31 | 31 | 0 |
| 线型聚乙烯 | 29.5 | 32 | 31 | +1 |
| 支化聚乙烯 | 30.8 | 30 | 31 | −1 |
| 聚顺 1，3-丁二烯 | 58.2 | 30 | 31 | −1 |
| 聚反 1，3-丁二烯 | 60.1 | 29 | 32 | −3 |
| 聚氧化丙烯 | 58.6 | 28 | 32 | −4 |
| 聚甲基丙烯酸正丁酯 | 134 | 32 | 32 | 0 |
| 聚甲基丙烯酸乙烯酯 | 103 | 33 | 33 | 0 |
| 聚苯乙烯 | 100 | 36 | 33 | +3 |
| 聚丙烯酸乙酯 | 91.0 | 35 | 35 | 0 |
| 聚甲醛 | 21.0 | 38 | 36 | +2 |
| 聚乙酸乙烯酯 | 72.4 | 36 | 36 | 0 |
| 聚乙烯醇 | 34.2 | 37 | 37 | 0 |
| 聚 2-氯-1，3-丁二烯 | 72.0 | 38 | 38 | 0 |
| 聚甲基丙烯腈 | 57.3 | 39 | 39 | 0 |
| 聚氧乙烯 | 44.6 | 43 | 39 | +4 |

续 表

| 聚 合 物 | 重复单元摩尔体积 /($cm^3 \cdot mol^{-1}$) | $\sigma_c$(mN/m) | | |
|---|---|---|---|---|
| | | 计算值 | 实验值 | 偏 差 |
| 聚甲基丙烯酸甲酯 | 84.1 | 36 | 39 | −3 |
| 聚偏二氯乙烯 | 58.0 | 40 | 40 | 0 |
| 聚丙烯酸甲酯 | 70.5 | 40 | 41 | −1 |
| 聚碳酸酯(双酚A型) | 212 | 40 | 42 | −2 |
| 聚2-氯苯乙烯 | 111 | 42 | 42 | 0 |
| 尼龙6 | 100 | 40 | 42 | −2 |
| 聚丙烯腈 | 45.4 | 44 | 44 | 0 |
| 尼龙66 | 182 | 46 | 46 | 0 |
| 脲醛树脂 | 40.5 | 64 | 61 | +3 |

## 6.6 共聚和共混对表面张力的影响

共聚和共混使聚合物形成了多元体系。对多元体系,表面张力低的组分优先被吸附在表面,有使整个体系表面能降低的倾向。

### 6.6.1 无规共聚

无规共聚物的表面张力一般符合线性加和规则:

$$\sigma = \sigma_1 x_1 + \sigma_2 x_2 \tag{6-17}$$

式中,$\sigma$ 为无规共聚物的表面张力;$\sigma_1$ 和 $\sigma_2$ 分别为组分1和组分2的表面张力;$x_1$、$x_2$ 分别为组分1、组分2的摩尔分数。

对氧化乙烯(EO)-氧化丙烯(PO)的无规共聚物的实验结果见图6-6。由图可见,该体系符合线性加和规则。无规共聚物之所以没有发生表面张力降低现象,是因为受到聚合物构象限制,使低表面能的链段不能优先移动到表面上。

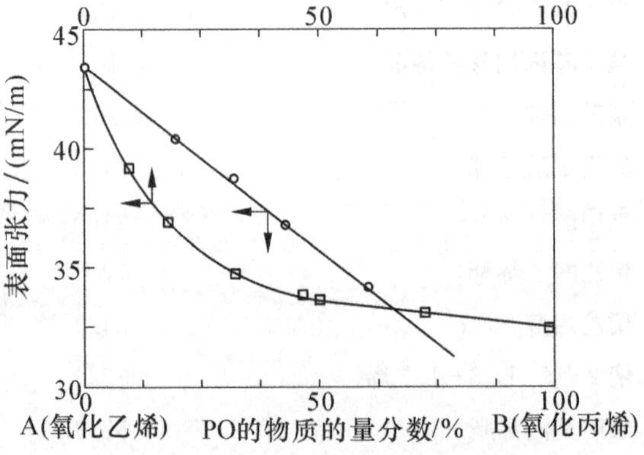


图6-6 氧化乙烯-氧化丙烯共聚物的表面张力

### 6.6.2　嵌段与接枝共聚

对于嵌段共聚物，若 A 嵌段有高表面能，B 嵌段有低表面能，则在形成共聚物时，B 嵌段优先被吸附到表面上，使体系的表面张力明显下降。

以氧化乙烯（高表面能）和氧化丙烯（低表面能）的共聚物为例，在 ABA 嵌段共聚中，随着 B 嵌段含量的增加，表面张力显著下降。B 嵌段的聚合度增加也能明显地降低表面张力。当聚合度在 56 以上时，B 嵌段达 20%（质量分数），体系的表面张力已下降到 B 嵌段均聚物的水平（见图 6－7）。高表面能 A 嵌段聚醚和低表面能 B 嵌段的二甲基硅氧烷组成 ABA 嵌段共聚物。当 B 嵌段聚合度达 20 以上时，共聚物的表面张力就下降到聚二甲基硅氧烷的表面张力水平。

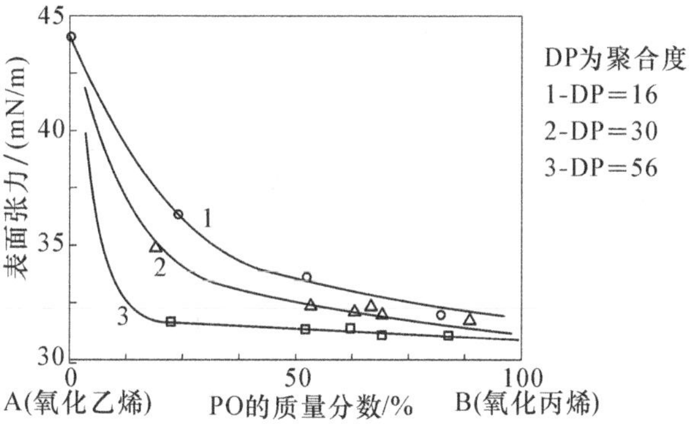


**图 6－7　嵌段共聚物组成对表面张力的影响**

接枝共聚物情况与嵌段共聚物相似，但表面张力减小的程度则轻一些。

### 6.6.3　共混

在均聚物共混中，低表面能的组分在表面上被优先吸附，使体系表面张力下降。氧化乙烯和氧化丙烯均聚物的共混结果如图 6－6 所示，随低表面能氧化丙烯均聚物的增加，共混体系的表面能明显下降，而且这种行为随相对分子质量的增加而加剧。

## 6.7　界面张力

界面张力是界面上两相分子间的相互作用而产生的，必然与各相本身的表面张力有一定的关系。许多学者对界面张力进行了研究，试图从各相的表面张力求出两相间的界面张力。但是，由于界面的复杂性，至今尚未能从理论上完全解决这一问题，还只能经验地或半经验地从单一相的表面张力来求取相与相间的界面张力。对界面张力的研究为间接测定固体聚合物的表面张力提供了方法。

### 6.7.1　Antoff 规则

Antoff 最早提出界面张力与两相表面张力的关系式为：

$$\sigma_{12} = \sigma_2 - \sigma_1 \quad (\sigma_2 \gg \sigma_1) \tag{6-18}$$

式中，$\sigma_{12}$表示相 1 和相 2 间的界面张力；$\sigma_1$ 和 $\sigma_2$ 为各相的表面张力。

此式仅适用于相 1 在相 2 上的接触角 $\theta = 0$，即铺展的情况，且两相之间处于蒸气吸附平衡的饱和状态。显然，对聚合物而言，此式不太适用。聚合物的界面张力：

$$\sigma_{12} \leqslant \sigma_2 - \sigma_1 \tag{6-19}$$

### 6.7.2 Good-Girifalco 理论

两相之间的界面张力与黏附功 $W_a$ 有以下关系：

$$\sigma_{12} = \sigma_1 + \sigma_2 - W_a \tag{6-20}$$

Good 和 Girifalco 认为，黏附功可用各相的内聚能表示：

$$W_a = \phi(W_{c1} W_{c2})^{1/2} \tag{6-21}$$

式中，$\phi$ 为两相分子之间的相互作用参数；$W_{ci}$为 $i$ 相的内聚能。由于：

$$W_{c1} = 2\sigma_1 \tag{6-22}$$
$$W_{c2} = 2\sigma_2$$

将式(6-21)，式(6-22)代入式(6-20)，整理得到：

$$\sigma_{12} = \sigma_1 + \sigma_2 - 2\phi(\sigma_1\sigma_2)^{1/2} \tag{6-23}$$

上式表明，从已知的 $\sigma_1$、$\sigma_2$ 值和 $\phi$ 值即可求出两相间的界面张力。

分子间的相互作用参数 $\phi$ 很难确定。分子结构理论指出，$\phi$ 可用分子结构参数表示为：

$$\phi = \phi_V \phi_A \tag{6-24}$$

其中：

$$\phi_V = \frac{4V_1^{1/3}\,V_2^{1/3}}{(V_1^{1/3} + V_2^{1/3})^2} \tag{6-25}$$

$$\phi_A = \frac{\frac{3}{4}\alpha_1\alpha_2\left(\frac{2I_1 I_2}{I_1 + I_2}\right) + \alpha_1\mu_2^2 + \alpha_2\mu_1^2 + \frac{2}{3}\left(\frac{\mu_1^2\,\mu_2^2}{KT}\right)}{\left[\left(\frac{3}{4}\alpha_1^2\,I_1 + 2\alpha_1\mu_1^2 + \frac{2\mu_1^4}{3KT}\right)\left(\frac{3}{4}\alpha_2^2\,I_2 + 2\alpha_2\mu_2^2 + \frac{2\mu_2^4}{3KT}\right)\right]^{1/2}} \tag{6-26}$$

式(6-25)中 $V$ 为相互作用单元的摩尔体积，若各相的摩尔体积已知，$\phi_V$ 可以求得。

在式(6-26)中，$\alpha$ 为极化度，$I$ 为电离势，$\mu$ 为永久偶极，$K$ 为玻耳兹曼常数，$T$ 为绝对温度。理论上只要分子结构参数 $\alpha$、$I$、$\mu$ 已知，$\phi_A$ 即可求出。显然，对聚合物来说，这些参数不易得到，因此要得到 $\phi_A$ 值是困难的。可以证明，当两相极性完全相同时，$\phi_A$ 具有最大值为 1。随着两相间极性差异增大，$\phi_A$ 值随之减小。若两相均为非极性，则 $\mu_1 = \mu_2 = 0$。

$$\phi_A = \frac{2(I_1 I_2)^{1/2}}{I_1 + I_2} \tag{6-27}$$

当 $I_1 = I_2$ 时，$\phi_A$ 达最大值1。

一些小分子液体间的 $\phi$ 值见表6－10。一些聚合物对之间的界面张力见表6－11。对小分子液体，$\phi$ 值从烷烃与水之间的0.55到醇的1.09。对高聚物，其 $\phi$ 值从聚乙烯和聚醋酸乙烯之间的0.80到聚甲基丙烯酸甲酯和聚甲基丙烯酸正丁酯之间的0.97。从表6－11还可看到，$\phi$ 与温度无关，即：

$$\mathrm{d}\phi/\mathrm{d}t = 0 \tag{6-28}$$

**表6－10 某些液体对在20℃时的相互作用参数 $\phi$**

| 液　体　对 | $\sigma_1$/(mN/m) | $\sigma_{12}$/(mN/m) | $\phi$ |
|---|---|---|---|
| (1) 有机液体(标记1)对水(标记2) | | | |
| 正丁醇 | 24.6 | 1.8 | 1.13 |
| 环己醇 | 32.7 | 3.9 | 1.04 |
| 油酸 | 32.5 | 15.7 | 0.92 |
| 甲基正丁基酮 | 25.0 | 9.6 | 1.03 |
| 异戊酸乙酯 | 23.7 | 18.4 | 0.94 |
| 丁腈 | 28.1 | 10.4 | 1.00 |
| 硝基苯 | 43.9 | 25.7 | 0.81 |
| 正己烷 | 18.4 | 51.1 | 0.55 |
| 正辛烷 | 21.8 | 50.8 | 0.55 |
| 正十四烷 | 25.6 | 52.2 | 0.53 |
| 环己烷 | 25.5 | 50.2 | 0.55 |
| 十氢化萘 | 29.9 | 51.4 | 0.55 |
| 甲苯 | 28.5 | 36.1 | 0.71 |
| 四氯化碳 | 27.0 | 48.0 | 0.61 |
| $\alpha$-溴代萘 | 44.6 | 42.1 | 0.66 |
| 二硫化碳 | 32.3 | 48.4 | 0.58 |
| 全氟二丁基醚 | 12.2 | 51.9 | 0.55 |
| 全氟三丁基胺 | 16.8 | 25.6 | 0.95 |
| (2) 碳氟化合物(标记1)对苯(标记2) | | | |
| 全氟二丁基醚 | 12.2 | 5.7 | 0.96 |
| 全氟三丁基胺 | 16.8 | 6.4 | 0.89 |
| (3) 碳氟化合物(标记1)对正庚烷(标记2) | | | |
| 全氟二丁基醚 | 12.2 | 3.6 | 0.95 |
| 全氟三丁基胺 | 16.8 | 1.6 | 0.96 |

续 表

| 液 体 对 | $\sigma_1$/(mN/m) | $\sigma_{12}$/(mN/m) | $\phi$ |
|---|---|---|---|
| (4) 各种液体(标记 1)对汞(标记 2) | | | |
| 正己烷 | 18.4 | 378 | 0.62 |
| 甲苯 | 28.5 | 361 | 0.61 |
| 四氯化碳 | 27.0 | 359 | 0.64 |
| 硝基苯 | 43.9 | 350 | 0.59 |
| 乙酸丁酯 | 25.0 | 375 | 0.58 |
| 乙醇 | 22.8 | 389 | 0.53 |
| 正辛醇 | 27.5 | 352 | 0.70 |
| 油酸 | 32.5 | 322 | 0.75 |
| 水 | 72.8 | 428 | 0.32 |

**表 6-11 某些聚合物对的相互作用参数 $\phi$ 值**

| 聚 合 物 对 | $\phi$ 值 | | |
|---|---|---|---|
| | 20℃ | 140℃ | 180℃ |
| PVAc/L-PE | 0.798 | 0.804 | 0.798 |
| PVAc/PIB | 0.860 | 0.864 | 0.865 |
| PMMA/L-PE | 0.845 | 0.841 | 0.838 |
| PnBMA/L-PE | 0.896 | 0.903 | 0.906 |
| PS/L-PE | 0.893 | 0.905 | 0.907 |
| PMMA/PS | 0.962 | 0.974 | 0.976 |
| PnBMA/PVAc | 0.941 | 0.950 | 0.950 |
| PMMA/PnBMA | 0.960 | 0.975 | 0.982 |
| PCP/B-PE | 0.947 | 0.943 | 0.942 |
| PCP/PDMS | 0.958 | 0.944 | 0.937 |
| PVAc/PDMS | 0.891 | 0.880 | 0.837 |

已知 Young 方程：

$$\sigma_{SV} = \sigma_{SL} + \sigma_{LV}\cos\theta \tag{6-29}$$

若式(6-23)中，1 相为 S 相，2 相为 L 相，则可改写为：

$$\sigma_{SL} = \sigma_{SV} + \sigma_{LV} - 2\phi(\sigma_{SV}\sigma_{LV})^{1/2} \tag{6-30}$$

将式(6-29)与式(6-30)结合，可得：

$$\sigma_{SV} = \sigma_{LV}\frac{(1+\cos\theta)^2}{4\phi^2} \tag{6-31}$$

或

$$\cos\theta = 2\phi\left(\frac{\sigma_{SV}}{\sigma_{LV}}\right)^{1/2} - 1 \tag{6-32}$$

在固液相互作用参数 $\phi$ 已知的前提下，由式(6－31)，若用已知 $\sigma_{LV}$ 的液体测出其在固体表面的接触角为 $\theta$，可以间接求出固体的表面张力 $\sigma_{SV}$；反之由式(6－32)，若 $\sigma_{SV}$、$\sigma_{LV}$ 已知，可推算出液体对固体的接触角 $\theta$。

### 6.7.3　几何平均法

如上所述，两相间的界面张力与黏附功之间有如下关系：

$$\sigma_{12} = \sigma_1 + \sigma_2 - W_a$$

假定黏附功可用各相内聚能的几何平均值表示，即：

$$W_a = (W_1 W_2)^{1/2} \tag{6-33}$$

将式(6－22)和式(6－33)代入式(6－20)可以得到：

$$\sigma_{12} = \sigma_1 + \sigma_2 - 2(\sigma_1\sigma_2)^{1/2} \tag{6-34}$$

或

$$\sigma_{12} = (\sigma_1^{1/2} - \sigma_2^{1/2})^2 \tag{6-35}$$

上式称为 Fowkes 方程，实质上是 Good-Girifalco 理论在 $\phi = 1$ 下的特殊情况。上式仅对没有氢键的物质才是正确的。对于包括氢键和极性力的分子，表面张力可表示为各种分子间力贡献的总和：

$$\sigma = \sigma^d + \sigma^p \tag{6-36}$$

上标 d 表示色散力，p 表示包括氢键的各种极性力。根据这种假设，Owens 和 Wendt 提出了界面张力表达式的一般形式：

$$\sigma_{12} = \sigma_1 + \sigma_2 - 2(\sigma_1^d\sigma_2^d)^{1/2} - 2(\sigma_1^p\sigma_2^p)^{1/2} \tag{6-37}$$

或

$$\sigma_{12} = [(\sigma_1^d)^{1/2} - (\sigma_2^d)^{1/2}]^2 + [(\sigma_1^p)^{1/2} - (\sigma_2^p)^{1/2}]^2 \tag{6-38}$$

由式(6－37)可见，界面张力可由组成界面两相的表面张力的几何平均值来估算。

设 1 相为 S 相，2 相为 L 相，将式(6－37)与 Young 方程结合，并将 $\sigma_{SV}$ 简作 $\sigma_S$，$\sigma_{LV}$ 简作 $\sigma_L$，则可得到：

$$1 + \cos\theta = 2\left[\frac{(\sigma_S^d)^{\frac{1}{2}}(\sigma_L^d)^{\frac{1}{2}}}{\sigma_L} + \frac{(\sigma_S^p)^{\frac{1}{2}}(\sigma_L^p)^{\frac{1}{2}}}{\sigma_L}\right] \tag{6-39}$$

假如用两种已知 $\sigma_L$、$\sigma_L^d$ 和 $\sigma_L^p$ 的液体，分别测出其对固体的接触角，则由式(6－39)解联立方程可以求出固体的表面张力 $\sigma_S$ 及其分量 $\sigma_S^d$ 和 $\sigma_S^p$。

**例题** 估算 PVC 的 $\sigma_S$，已知水对 PVC 的接触角 $\theta_1 = 87°$，二碘甲烷对 PVC 的接触角 $\theta_2 = 36°$。

**解** 查得表面张力数据为(单位：mN/m)：

水：$\sigma_1 = 72.8$，$\sigma_1^d = 21.8$

二碘甲烷：$\sigma_2 = 50.8$，$\sigma_2^d = 49.5$

$$\sigma_1^p = 72.8 - 21.8 = 51.0 \qquad \cos\theta_1 = \cos 87° = 0.052$$

$$\sigma_2^p = 50.8 - 49.5 = 1.3 \qquad \cos\theta_2 = \cos 36° = 0.809$$

代入式(6-39)得：

$$1 + 0.052 = 2\left[\frac{(\sigma_S^d)^{\frac{1}{2}}(21.8)^{\frac{1}{2}}}{72.8} + \frac{(\sigma_S^p)^{\frac{1}{2}}(51.0)^{\frac{1}{2}}}{72.8}\right]$$

$$1 + 0.809 = 2\left[\frac{(\sigma_S^d)^{\frac{1}{2}}(49.5)^{\frac{1}{2}}}{50.8} + \frac{(\sigma_S^p)^{\frac{1}{2}}(1.3)^{\frac{1}{2}}}{50.8}\right]$$

解联立方程得：

$$\sigma_S^d = 40.0,\ \sigma_S^p = 1.5$$

$$\sigma_S = \sigma_S^d + \sigma_S^p = 41.5(\text{mN/m})$$

### 6.7.4 调和平均法

在上面的讨论中，对界面张力与黏附功的表达式作了几何平均处理：

$$\begin{aligned}\sigma_{12} &= \sigma_1 + \sigma_2 - W_a \\ &= \sigma_1 + \sigma_2 - W_a^d - W_a^p\end{aligned} \tag{6-40}$$

对相 1 与相 2 极性相似时，我们还可将黏附功用各相内聚能的调和平均值表示：

$$W_a^d = \frac{2W_{c1}^d W_{c2}^d}{W_{c1}^d + W_{c2}^d} \qquad W_a^p = \frac{2W_{c1}^p W_{c2}^p}{W_{c1}^p + W_{c2}^p}$$

即：

$$W_a^d = \frac{4\sigma_1^d \sigma_2^d}{\sigma_1^d + \sigma_2^d} \qquad W_a^p = \frac{4\sigma_1^p \sigma_2^p}{\sigma_1^p + \sigma_2^p} \tag{6-41}$$

代入式(6-40)得：

$$\sigma_{12} = \sigma_1 + \sigma_2 - \frac{4\sigma_1^d \sigma_2^d}{\sigma_1^d + \sigma_2^d} - \frac{4\sigma_1^p \sigma_2^p}{\sigma_1^p + \sigma_2^p} \tag{6-42}$$

上式即为调和平均方程。

令 1 相为 S 相，2 相为 L 相，将式(6-42)与 Young 方程结合，得：

$$\sigma_L(1 + \cos\theta) = \frac{4\sigma_S^d \sigma_L^d}{\sigma_L^d + \sigma_S^d} + \frac{4\sigma_S^p \sigma_L^p}{\sigma_S^p + \sigma_L^p} \tag{6-43}$$

按式(6－43)，若用$\sigma_L^d$和$\sigma_L^p$已知的两种液体，分别测定其在固体上的接触角$\theta$，则可求出固体的表面张力及其分量。

一般来讲，调和平均方程主要适用于低能物质(如聚合物、有机液体、水等)之间的界面张力。而几何平均方程主要适用于低能和高能物质(如汞、硅、金属氧化物等)之间的界面。表6－11列出了一些物质的表面张力及其分量，表6－12对用调和平均法和几何平均法得到的某些材料的表面张力和极性与熔融法的结果进行了比较。结果表明，调和平均法的结果比较令人满意，几何平均法得到的表面张力和极性往往偏低。

**表6－11 物质的表面张力$\sigma$及其$\sigma^d$、$\sigma^p$值**

| 物　质 | 温度/℃ | $\sigma$/(mN/m) | $\sigma^d$/(mN/m) | $\sigma^p$/(mN/m) |
|---|---|---|---|---|
| 水 | 20 | 72.8 | 21.8 | 51.0 |
| 甘油 | 20 | 63.4 | 37.0 | 26.4 |
| 甲酰胺 | 20 | 58.2 | 39.5 | 18.7 |
| 二碘甲烷 | 20 | 50.8 | 49.5 | 1.3 |
| $\alpha$-溴萘 | 20 | 44.6 | 44.6 | 0 |
| 汞 | 20 | 484 | 200 | 284 |
| 乙二醇 | 20 | 48.3 | 29.3 | 19.0 |
| 硅酮 | 20 | 19.0 | 16.3 | 2.1 |
| 已烷 | 20 | 18.4 | 18.4 | 0 |
| 1-甲基萘 | 20 | 36.4 | 36.4 | 0 |
| 磷酸三甲酯 | 20 | 40.9 | 39.2 | 1.7 |
| 聚乙烯 | 20 | 33.2 | 33.2 | 0 |
| 聚偏二氯乙烯 | 20 | 45.0 | 42.0 | 3.0 |
| 聚氟乙烯 | 20 | 36.7 | 31.3 | 5.4 |
| 聚偏二氟乙烯 | 20 | 30.3 | 23.2 | 7.1 |
| 聚三氟乙烯 | 20 | 23.9 | 19.9 | 40 |
| 聚氯乙烯 | 20 | 41.5 | 40.0 | 1.5 |
| 聚四氟乙烯 | 20 | 19.1 | 18.6 | 0.5 |
| 聚对苯二甲酸乙二醇酯 | 20 | 47.3 | 43.2 | 4.1 |
| 聚甲基丙烯酸甲酯 | 20 | 40.2 | 35.9 | 4.3 |
| 尼龙66 | 20 | 47.0 | 40.8 | 6.2 |
| 聚苯乙烯 | 20 | 42.0 | 41.4 | 0.6 |
| 石墨 | 20 | | 123 | |
| 聚氯丁烯 | 140 | 33.2 | 29.6 | 3.6 |
| 聚甲基丙烯酸正丁酯 | 140 | 24.1 | 20.3 | 3.8 |
| 聚甲基丙烯酸异丁酯 | 140 | 23.7 | 20.4 | 3.3 |
| 聚甲基丙烯酸叔丁酯 | 140 | 23.3 | 20.5 | 2.8 |
| 聚四氢呋喃 | 140 | 24.6 | 21.1 | 3.5 |
| 聚二甲基硅氧烷 | 140 | 14.1 | 13.5 | 0.6 |

表 6-12　界面张力理论计算值和实验值比较(140℃)

| 聚合物对* | 界面张力(mN/m) | | |
| --- | --- | --- | --- |
| | 测定值 | 式(6-43)计算值 | 式(6-39)计算值 |
| PEO/PDMS | 9.9 | 10.7 | 4.8 |
| PTMO/PDMS | 6.3 | 3.8 | 1.5 |
| PVAc/PDMS | 7.4 | 8.5 | 3.6 |
| PCP/PDMS | 6.5 | 8.2 | 4.1 |
| PnBMA/PDMS | 3.8 | 3.7 | 1.4 |
| PtBMA/PDMS | 3.3 | 2.9 | 1.2 |
| PCP/PnBMA | 1.6 | 1.7 | 0.9 |
| PCP/PS | 0.5 | 0.5 | 0.4 |
| PVAc/PS | 3.7 | 2.3 | 1.2 |
| PVAc/PnBMA | 2.9 | 2.4 | 1.2 |
| PMMA/PnBMA | 1.9 | 2.2 | 1.0 |
| PMMA/PtBMA | 2.3 | 3.4 | 1.6 |
| PMMA/PS | 1.7 | 1.2 | 0.5 |
| PEO/PTMO | 3.9 | 3.1 | 1.4 |
| PVAc/PTMO | 4.6 | 2.8 | 1.6 |
| PMA/PEA | 1.4 | 0.8 | 0.4 |
| PMA/PnBA | 3.1 | 2.9 | 1.6 |
| PMA/PEHA | 5.8 | 6.4 | 3.3 |
| PEA/PnBA | 1.4 | 0.8 | 0.5 |
| PEA/PEHA | 3.3 | 3.3 | 1.5 |
| PnBA/PEHA | 1.2 | 1.2 | 0.5 |

* PEO 聚氧乙烯,PDMS 聚二甲基硅氧烷,PTMO 聚四亚甲基氧,PCP 聚氯丁烯,PnBMA 聚甲基丙烯酸正丁酯,PtBMA 聚甲基丙烯酸叔丁酯,PS 聚苯乙烯,PMMA 聚甲基丙烯酸甲酯,PMA 聚丙烯酸甲酯,PEA 聚丙烯酸乙酯,PnBA 聚丙烯酸正丁酯,PEHA 聚 2-乙基己基丙烯酸酯。

虽然几何平均和调和平均法求得的物质表面张力可能有较大的差别,并且它们都是在假定 $\phi=1$ 的条件下展开讨论的,而在实际研究中,往往不一定需要知道材料表面张力的确切数值,但是对材料表面张力的相对变化的了解却是十分重要的。事实上固体材料表面张力的真实值是很难确知的。譬如对聚乙烯这样的非极性材料,常常要对其进行表面改性,在其表面引进极性基团,知道聚乙烯改性前后表面张力的变化就显得非常重要。经改性以后,聚乙烯的表面张力是否增大?其中极性分量所占的比例是否有增加?能够测定改性前后聚乙烯的表面张力及其分量的变化,对于判断聚乙烯的表面结构和形貌、探明表面改性的机理是有帮助的。不管采用什么方法来测定表面张力,只要对改性前后的材料在相同的条件下用同一种方法进行测试,虽然测试的结果可能有差别,但其反映出改性前后表面张力的变化趋势应该是相同的。

## 6.8　临界表面张力

临界表面张力的概念最早是由 Zisman 提出的。实验发现，一系列测试液在某固体表面上 $\cos\theta$ 与 $\sigma_{LV}$ 之间存在着线性关系。若测试液是同系物，则 $\cos\theta$ 对 $\sigma_{LV}$ 呈直线，此直线与 $\cos\theta=1$ 的交点的横坐标即为临界表面张力 $\sigma_C$。若测试液不是同系物，则往往得到一条离散的直带或一条曲线，直带中最低的那根线与 $\cos\theta=1$ 的交点的横坐标定义为临界表面张力。临界表面张力是固体表面性能的一个重要参数。图 6－8 是 $\cos\theta-\sigma_{LV}$ 的 Zisman 图。

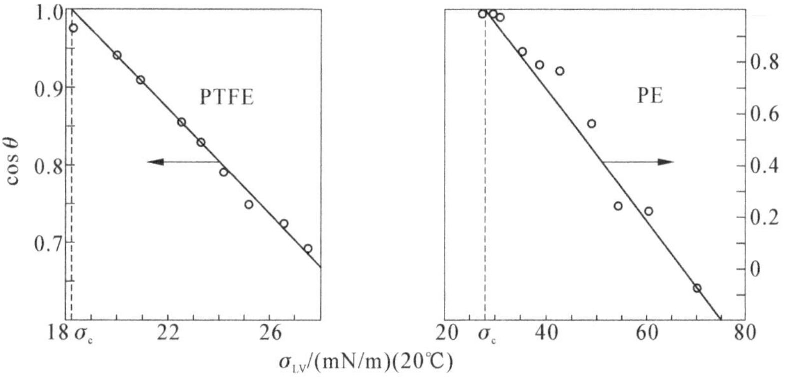


左：用正烷烃同系物作测试液，PTFE
右：用非同系物作测试液，PE

**图 6－8　临界表面张力 Zisman 图**

由临界表面张力的定义可知，固体的临界表面张力等于对该固体接触角恰好为零的液体的表面张力，即：

$$\sigma_c=\lim_{\theta\to 0}\sigma_{LV}=\sigma_{SV}-\sigma_{SL}=\sigma_S-\sigma_{SL}-\pi_e \tag{6-44}$$

由此可见，临界表面张力总是比固体表面张力 $\sigma_S$ 小 $\sigma_{SL}-\pi_e$。由于界面张力 $\sigma_{SL}$ 随不同测试液而变化，$\pi_e$ 也随测试液而变，因此，临界表面张力 $\sigma_c$ 可能随选用的测试液而变化，在选用 $\sigma_c$ 时需特别小心。

## 6.9　状态方程

由 Young 方程、Good-Girifalco 方程和 Zisman 的临界表面张力可导出如下的方程：

$$\cos\theta=2(\sigma_{c,\phi}/\sigma_{LV})^{1/2}-1 \tag{6-45}$$

此式称为状态方程。式(6-45)在$\sigma_{c,\phi}$为临界表面张力,之所以用下标$\phi$,是强调临界表面张力与相互作用参数$\phi$有关。上式可改写为:

$$\sigma_{c,\phi}=\frac{1}{4}(1+\cos\theta)^2\sigma_{LV} \quad (6-46)$$

状态方程提供了一种测试固体表面张力的方法。若选定一系列表面张力已知的测试液,测定其在固体表面上的接触角,则由式(6-46)可以计算出一个临界表面张力谱。以$\sigma_{c,\phi}$对测试液的$\sigma_{LV}$作图,可得到一条光滑的曲线,该曲线上的$\sigma_{c,\phi}$最大值即为固体的表面张力$\sigma_S$。

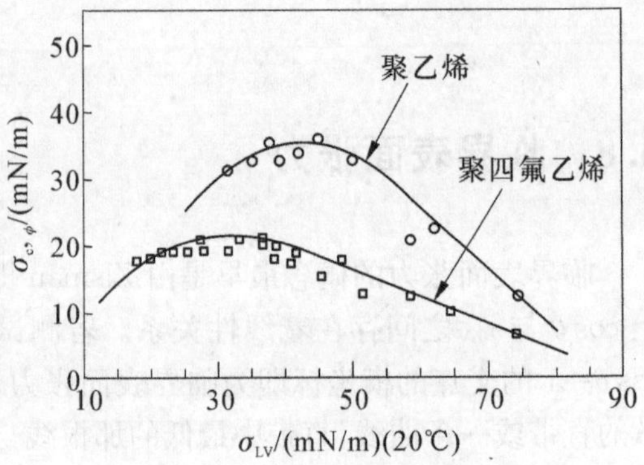


**图6-9 聚乙烯和聚四氟乙烯的$\sigma_{c,\phi}$对$\sigma_{LV}$图**

图6-9是聚乙烯和聚四氟乙烯的$\sigma_{c,\phi}$对$\sigma_{LV}$图。

## 6.10 固体聚合物表面张力的测试方法

由上面讨论知道固体聚合物表面张力的测试或估算方法。现总结如下:由熔融聚合物的表面张力-温度关系外推;由表面张力与相对分子质量关系,以$\sigma^{1/4}-M_n^{-1}$或$\sigma-M_n^{-2/3}$作图外推;由等张比容法估算;由表面张力与内聚能关系估算;测定液体对聚合物的接触角,由方程式(6-31)求取$\sigma_{SV}$;用两种已知$\sigma^d$和$\sigma^p$的液体测定其对高聚物的接触角,由几何平均法或调和平均法,按式(6-39)或式(6-43)求出高聚物的表面张力及其分量;用同系列液体测出其对高聚物的接触角,以$\cos\theta-\sigma_{LV}$作图,求临界表面张力$\sigma_c$;按状态方程法,用一系列已知$\sigma_{LV}$的液体测定其对高聚物的接触角$\theta$,由式(6-46)求出$\sigma_{c,\phi}$,以$\sigma_{c,\phi}$对$\sigma_{LV}$作图,求得$\sigma_S$。

原则上,上面用来测试高聚物表面张力的方法也可用来测定一般固体材料的表面张力及其分量。

## 习　　题

1. 怎样用表面张力与温度或相对分子质量的关系间接测定高分子材料的表面张力?

2. 分别用等张比容和内聚能密度法估算下列高分子化合物的表面张力。

(1) 聚苯乙烯　(2) 聚乙二醇(聚氧化乙烯)

3. 怎样用几何平均法和调和平均法来测定聚合物的表面张力及其分量?对本章几何平均法的例题,请用调和平均法进行计算。

4. 有人将二甲基硅氧烷齐聚物接枝到聚苯乙烯大分子链上,发现接枝聚合物的表面张力随接枝率增高而下降，当接枝率达到一定值后，高聚物的表面张力接近于聚二甲基硅氧烷，试分析其原因。

5. 怎样测定固体材料的临界表面张力？临界表面张力是否等于固体的表面张力？为什么？

6. 总结固体聚合物表面张力的测试方法。

# 第 7 章　聚合物的表面改性

聚合物表面因表面能低、化学惰性、表面污染及存在弱边界层等原因，往往难以润湿和黏合，因此，常常要对聚合物进行表面改性。表面改性的目的是：改变表面化学组成，引进带有反应性的功能团；清除杂质或弱边界层等；改变界面的物理形态；提高表面能，改进聚合物表面的润湿性和黏结性；通过表面接枝反应，设计界面过渡层。

聚合物的表面改性方法有多种，如电晕、火焰、化学改性、等离子改性、辐照、光化学改性等。这些方法一般只引起 $10^{-8}$～$10^{-4}$ m 厚表面层的物理或化学变化，不影响其整体性质。

聚合物经表面处理后，其表面层的化学组成、物理结构发生了变化，但是由于表面层很薄，对表面层变化的表征往往比较困难。表面物理性能一般通过接触角和表面能的测试进行表征，表面的形貌可用电镜进行观察，表面化学组成可由光电子能谱(ESCA)表征，表面处理的效果往往由材料使用的性能直接评估，如粘接强度的提高、印刷性能的改进、染色性的改善等。

本章简述高聚物的各种表面处理方法。

## 7.1　电晕放电处理

聚乙烯、聚丙烯等聚烯烃是非极性材料，有高度的结晶性，其表面的印刷、粘接、涂层非常困难。电晕放电因简便易行，处理效果较好，是聚烯烃薄膜中最常用的表面处理方法。

电晕放电处理装置示意图见图 7－1。

在绝缘电极和感应辊之间接有高频发生器，塑料薄膜在电极和感应辊之间通过。当施加高压电时，局部发光放电，产生电子、正离子、负离子等高能离子。电子的冲突电离作用使电子、离子增殖，产生的正离子、光子又发生二次电离而持续放电，结果在阳极和阴极之间产生电晕。这些高能粒子与聚合物表面作用，使聚合物表面产生自由基和离子，在空气中氧的作用下，聚合物表面可形成各种极性基团，因而改善了聚合物的黏结性和润湿性。

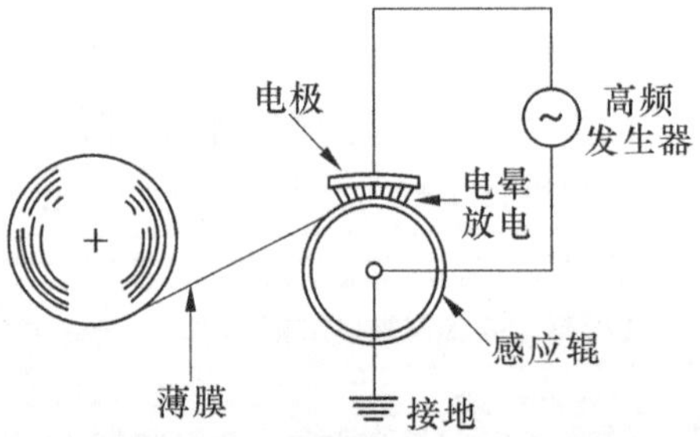


**图 7－1　电晕放电处理装置示意图**

电晕处理可使薄膜的润湿性提高，对印刷油墨的附着力显著改善。图 7－2 是电晕处理后低密度聚乙烯(LDPE)表面张力的变化，由图可见，一开始表面张力随电晕处理的电流增大而显著提高，但电流超过 100 mA 后，表面张力的增大趋缓。

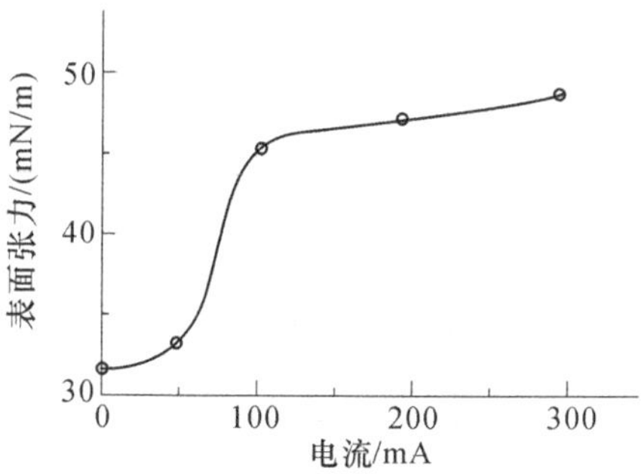


图 7-2 电晕放电对表面张力的影响
（薄膜 LDPE，厚度 70 μm）

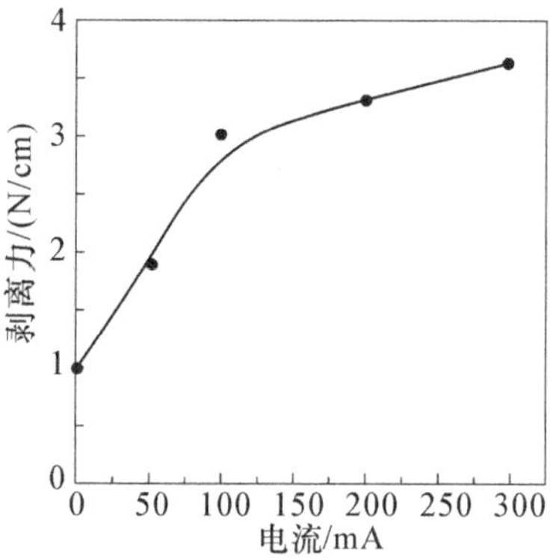


图 7-3 电晕放电对剥离力的影响

图 7-3 显示了电晕处理对 LDPE 剥离力的影响。由图可见，经电晕处理后，LDPE 剥离力随电流的变化与表面张力相似，即一开始剥离力明显增加，当电流超过 100 mA 后，剥离力的增加速度趋缓。

用 ESCA 检测 LDPE 经电晕处理后表面元素的变化如图 7-4 所示。图中虚线表示未处理 LDPE 薄膜，实线表示经电晕处理的 LDPE 薄膜。未处理薄膜的 $O_{1s}$峰很小，而 $C_{1s}$峰很高。经电晕处理后，$O_{1s}$峰明显增高，$C_{1s}$峰相应减小，表明经电晕处理后，LDPE 薄膜表面的含氧量增加，含碳量减少。若以 ESCA 图谱中 $O_{1s}$和 $C_{1s}$峰的相对面积计算表面 O/C 元素含量比，结果见图 7-5。有趣的是 O/C 比与电流的关系与上述表面张力和剥离力类似，可见 LDPE 表面张力的增大和剥离力的提高与表面含氧量的增加有密切的关系。

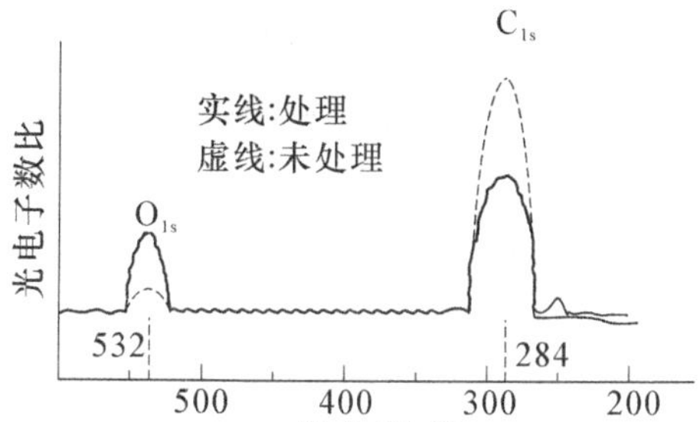


图 7-4 电晕放电引起 $O_{1s}$的变化
（薄膜 LDPE，厚度 70 μm）

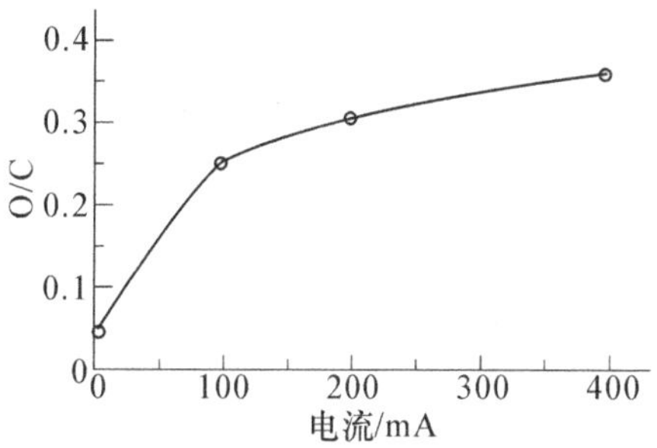


图 7-5 电晕放电引起 O/C 比的变化

## 7.2 火焰处理和热处理

火焰处理是用可燃性气体的热氧化焰对聚合物表面进行瞬时高温燃烧，使其表面发生氧化反应而达到处理的目的。可燃性气体通常采用焦炉煤气或甲烷、丙烷、丁烷、天然气和一定比例的空气或氧气。聚乙烯、聚丙烯的薄膜、薄片，吹塑的瓶、罐、桶等常用火焰处理来提高其表面的印刷性和黏结性。例如,聚丙烯制作的汽车保险杠,用火焰处理来提高其表面的可漆性。

火焰燃烧的温度可达 1 000～2 700℃,因此火焰处理的时间极短,在 0.01～0.1 s 内,以避免工件受高温影响而发生变形、软化甚至熔化。火焰中含有许多激活的自由基、离子、电子和中子,如激发态的 O、NO、OH 和 NH 等,可夺取聚合物表面的氢,随后按自由基机理进行表面氧化反应,使聚合物表面生成羰基、羧基、羟基等含氧活性基团和不饱和双键,从而提高聚合物的表面活性。

研究表明,聚乙烯表面经火焰处理后,表面的含氧量可达 16.6%,且表面含氧量随火焰强度的增加而增多。火焰的氧化深度大于 12 nm,火焰处理后表面出现 C—O、C＝O、COO—等基团,表面能增大,与水的接触角减小,与环氧树脂的黏结强度从 4.2 MPa 提高到 14.9 MPa。

热处理是把聚合物暴露在热空气中进行氧化反应,使其表面引进羰基、羧基以及某些胺基和过氧化物,从而获得可润湿性和黏结性。热处理的温度只有几百摄氏度,远低于火焰处理的温度,因而处理时间较长。

需要指出的是,聚合物中常常加有抗氧剂。抗氧剂对火焰氧化没有影响,对热氧化却有很大影响。热氧化是按自由基机理进行的,引发阶段是通过热活化慢速产生高聚物自由基:$RH \xrightarrow{\text{热活化}} R^{\cdot} + H^{\cdot}$ 或 $R_1^{\cdot} + R_2^{\cdot}$。热氧化时自由基的产生速度是决定步骤。抗氧剂可消除热氧化产生的聚合物自由基而使整个氧化反应猝灭,因而阻止热氧化的进行。火焰氧化是由存在于火焰中的自由基引发的,虽然抗氧剂也能消除聚合物自由基,但由于火焰中的自由基快速产生,大量存在,聚合物自由基的产生已不是速度决定步骤,所以抗氧剂对火焰氧化没有影响。

火焰处理和热处理的优点是设备要求不高,工艺简单,处理成本低,处理效果好,工业上应用较广。但处理大型或结构复杂的制品比较困难,高温下稍有不慎,制品易发生变形。

## 7.3 化学处理

这里所述的化学处理是指用化学试剂浸洗聚合物使其表面发生化学和物理变化的方法。化学处理方法工艺简单,设备投资小,因而应用广泛。

### 7.3.1 含氟聚合物

含氟聚合物,如聚四氟乙烯(PTFE)、氟化乙烯-丙烯共聚物(FEP)和聚三氟乙烯(PTFE)等,具有优良的化学稳定性、电性能、自润滑性以及耐高、低温性能,并有较高的机械强度,在化学、电子工业和医学方面有广泛应用。但是含氟聚合物的表面能很低,是润湿性最差、粘接最难的聚合物,使其应用受到限制。因此必须进行表面改性。

化学改性的方法是用钠氨或钠萘溶液处理含氟聚合物。以钠萘溶液为例,处理液的配置是将23 g金属钠加到含128 g萘的1 L四氢呋喃中，搅拌反应2 h，至溶液完全变成暗棕色。将含氟聚合物浸泡在钠萘溶液中1～5 min，使聚合物表面变黑，取出用丙酮洗，继之用蒸馏水洗，烘干即可。处理后含氟聚合物的表面张力、极化度、可润湿性都显著提高。

表7-1显示，FEP经钠-萘溶液处理后，其表面张力从20.0 mN/m增大到50 mN/m左右，黏附功和断裂能也显著增加。

**表7-1 钠-萘处理FEP的表面性能***

| | 表面张力/(mN/m) | | | 黏附功 ($\times10^{-7}$ J/cm$^2$) | 特征断裂能 ($\times10^{-7}$ J/cm$^2$) |
|---|---|---|---|---|---|
| | $\sigma^d$ | $\sigma^P$ | $\sigma$ | | |
| FEP(未处理) | 19.6 | 0.4 | 20.0 | 48.4 | 21.9 |
| 经钠-萘处理 | — | — | — | — | — |
| 10 s | 35.4 | 5.3 | 40.7 | 68.0 | 851 |
| 20 s | 36.6 | 7.7 | 44.3 | 70.2 | 1 170 |
| 60 s | 33.8 | 13.4 | 47.2 | 69.8 | 1 290 |
| 90 s | 34.9 | 14.5 | 49.4 | 71.1 | 1 620 |
| 120 s | 34.4 | 15.9 | 50.3 | 71.1 | 1 780 |
| 500 s | 34.2 | 15.7 | 49.9 | 72.2 | 2 420 |
| 1 000 s | 35.4 | 15.1 | 50.5 | 71.8 | 1 990 |

* 黏合剂为SB橡胶黏合剂，苯乙烯-丁二烯以40∶60的质量比的共聚物。

表7-2和图7-6则表明，FEP经$Na/NH_3$溶液处理，对水的接触角变小，光电子能谱显示的$F_{1s}$峰已完全消失，出现了一个强$O_{1s}$峰。而$C_{1s}$峰向低能方向移动。这说明表面处理的深度达到5～10 nm，在此范围内氟已完全被除去并发生碳化作用，还引进了大量的C═C双键以及羰基和羧基。溴水实验表明，每平方厘米表面有$2\times10^{-6}$ mol C═C双键，为乙烯基单体的接枝提供了活性点。

**表7-2 表面处理后FEP的表面性能及表面元素组成**

| FEP膜 | 剥离强度* /(N/cm) | 水接触角/度 | | 光电子能谱结合能(eV)及强度(数目/秒) | | | |
|---|---|---|---|---|---|---|---|
| | | $\theta_a$ | $\theta_r$ | 295 eV C(F) | 629 eV F | 286 eV C(H, O) | 532 eV O |
| 未处理 | 0 | 109 | 93 | 17 000 | 140 000 | 0 | 0 |
| $Na/NH_3$浸蚀 | 14.9 | 52 | 16 | 0 | 3 000 | 17 500 | 17 500 |
| 200℃老化96 h | 4.37 | 101 | 74 | 10 000 | 120 000 | 10 000 | 6 500 |
| 紫外光照100 h | 0 | 91 | 36 | 12 500 | 102 000 | 5 000 | 5 500 |
| 沸水中放16天 | 8.75 | 54 | 0 | 0 | 2 000 | 28 000 | 130 000 |

* 剥离强度实验的试样是用丙烯酸黏结剂将FEP薄膜粘在两块铝板之间。

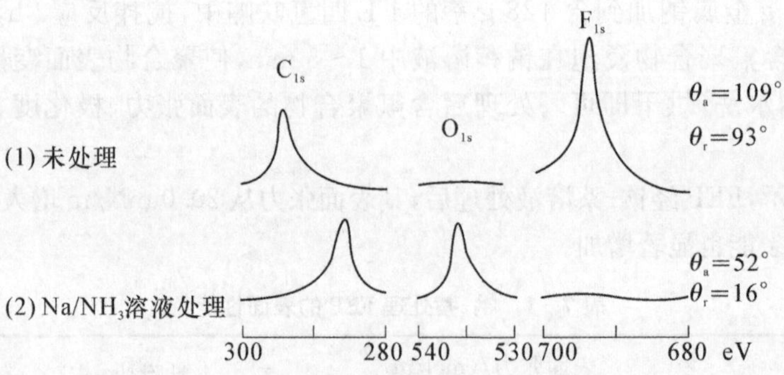


图 7-6 FEP 的光电子能谱

## 7.3.2 聚烯烃的液态氧化处理

聚乙烯和聚丙烯是大品种通用高分子材料，但它们的表面能低，如聚乙烯的表面能只有 31 mJ/m$^2$。为提高聚烯烃的表面活性，通常需要对它们进行表面改性。液态氧化是聚烯烃的表面改性方法之一。

酸氧化法是聚烯烃最常用的表面处理方法之一。常用的氧化液体系有重铬酸盐/硫酸、硫酸铵/硫酸银溶液、铬酸/醋酸、高锰酸钾/硝酸、双氧水、氯磺酸、王水等，其中重铬酸盐/硫酸是最重要的液态氧化体系，处理液的参考配方为：重铬酸钠(钾)5 份、蒸馏水 8 份、浓硫酸 100 份。将聚烯烃在处理液中室温下浸泡 1～1.5 h，66～71℃条件下浸泡 1～5 min，80～85℃浸泡几秒钟。

光电子能谱、紫外光谱和红外光谱的研究表明，在铬酸酸蚀过的聚烯烃表面上检测出了羟基、羧基、磺酸基和不饱和双键，这些极性基团是氧化的产物。经酸蚀后聚烯烃的表面张力增加，如铬酸处理后的支链聚乙烯表面张力从 34.2 mN/m 增加到 52.3 mN/m，其与各种液体的接触角也明显减少(表 7-3)，粘接性能大大提高(见图 7-7)。聚烯烃表面的弱边界层被酸处理液溶解破坏，表面形成密密麻麻的凹穴，表面粗糙度增加。

表 7-3 铬酸处理前后支链聚乙烯的表面性能

| 试 液 | $\sigma_{LV}$ /(mN/m) | 接触角/度 | |
|---|---|---|---|
| | | 未处理 | 铬酸处理 (71℃, 15 min) |
| 水 | 72.8 | 94 | 46 |
| 甘油 | 63.4 | 79 | 52 |
| 甲酰胺 | 58.2 | 77 | 33 |
| 液态环氧乙烷 | 48.3 | 61 | 29 |
| 聚乙二醇 | 44.5 | 49 | 20 |
| 亚磷酸三甲苯酯 | 40.9 | 34 | 8 |
| $\sigma_s$/(mN/m) | — | 34.2 | 52.3 |

注：表面张力用状态方程法求得。

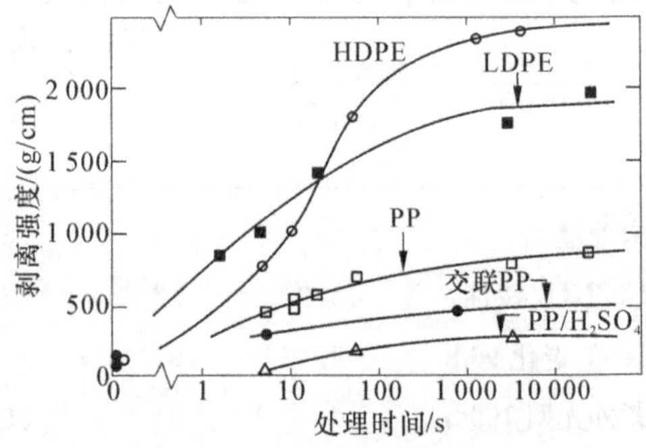


图 7-7 剥离强度与铬酸酸蚀时间的关系

虽然液态氧化处理有较好的结果，但有大量酸废液产生，污染严重，限制了其广泛使用。

## 7.4　臭氧氧化

臭氧有很强的氧化能力。臭氧氧化工艺简单，臭氧发生器的价格低廉，因而用臭氧氧化法对聚合物进行表面改性引起了人们广泛的注意。

臭氧氧化法对聚丙烯及其共聚物的表面处理取得了良好的效果。其氧化过程的原理如下：

叔碳原子上的 H 被臭氧氧化，生成大分子自由基：

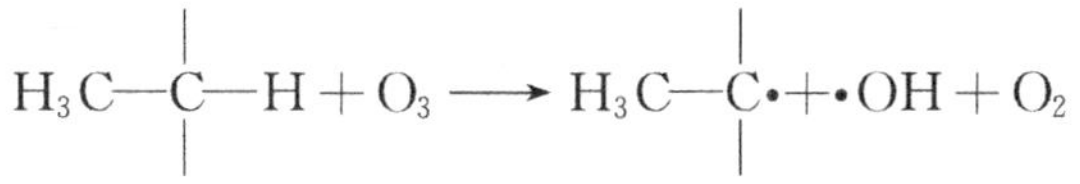

大分子自由基与氧反应，生成过氧化自由基：

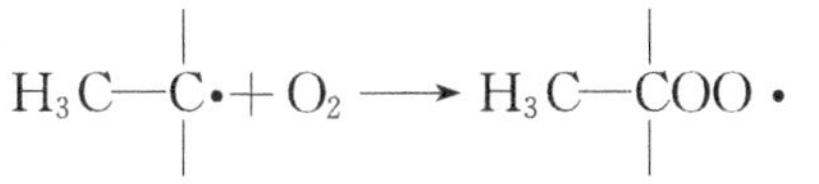

大分子自由基与 · OH 反应，生成羟基或碳碳双键：

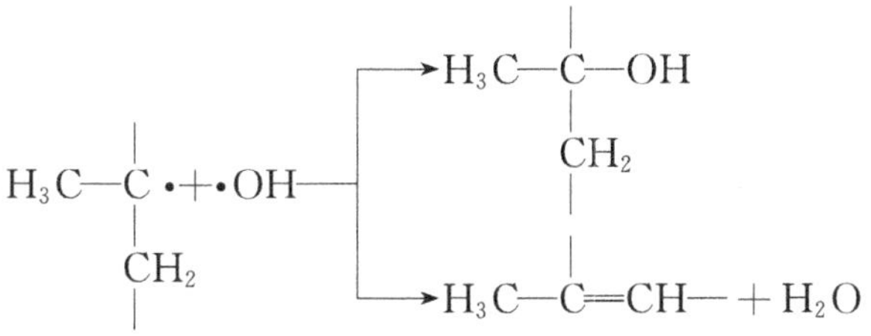

双键被臭氧氧化，生成羰基、羧基、醛基或酯键等含氧极性基团：

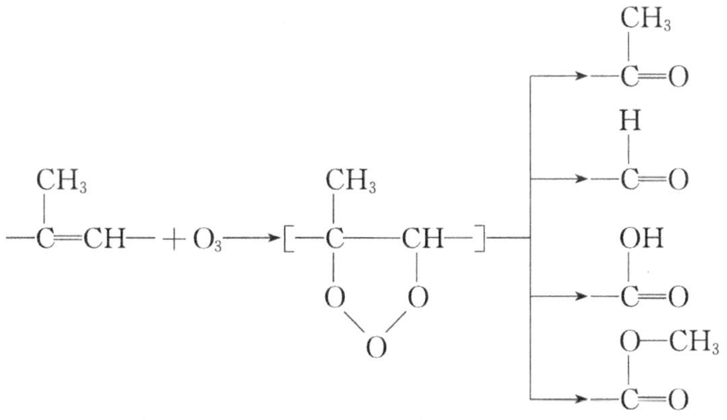

通过以上反应，聚丙烯表面引入了各种含氧极性基团，表面的物理性能和化学性能发生了很大变化，如表 7 - 4 所示。

**表 7-4 臭氧氧化前后聚丙烯表面性能的变化**

| 性 能 | 未处理 | 臭氧处理后 |
| --- | --- | --- |
| ATR-IR | | |
| 3 400 $cm^{-1}$羟基峰 | 无 | 有 |
| 1 710 $cm^{-1}$羰基峰 | 无 | 有 |
| 1 648 $cm^{-1}$—C═C—双键峰 | 无 | 有,臭氧浓度高时消失 |
| 与水接触角/度 | 97 | 67 |
| 临界表面张力/(mN/m) | 29.5 | 36.0 |
| 剥离强度/(N/m) | 20 | 367～520 |
| | | 1 000～1 255(进一步用溶剂处理) |

臭氧可以扩散到狭窄的间隙和细小的空穴中,用来处理形状复杂的试样特别有效。臭氧受紫外线照射会分解。若用臭氧和紫外线并用的技术,常可取得更好的效果,如臭氧和紫外线照射并用可提高聚丙烯薄膜与金属的黏结强度。

臭氧是对人有害的物质,$10^{-8}$浓度的臭氧就可被人感知。美国劳动环境法规定臭氧的许可浓度是$10^{-7}$以下。因此,采用臭氧处理时,必须采用严格措施防止臭氧泄漏。

## 7.5 低温等离子体处理

### 7.5.1 等离子体概述

等离子体是一种全部或部分电离了的气体状态物质,其中含有亚稳态和激发态的原子、分子、离子和电子,而正电荷类物质与负电荷类物质的含量大致相等,所以称为等离子体。等离子态被称为"物质的第四态"。

等离子体中的电离气体都是发光的、电中性的,由电晕放电、高频电磁振荡、激光、射频或微波、高能辐射(如 α 射线和 β 射线)以及其他方法产生出来的。等离子体产生的过程是:少数离子或电子在高频高压电场中被加速而得到较大动能,能量足够大的粒子碰到其他分子使其电离产生新的自由离子、电子、自由基等粒子,其中荷电粒子又被继续加速,再碰撞其他分子使之电离,如此循环反复形成等离子体。

等离子体共有三种:热(高温)等离子体、冷(低温)等离子体和混合等离子体。热等离子体是由大气电弧、电火花和火焰产生的,组成等离子体的分子、离子和电子都处于热平衡,温度高达几千度,也称为平衡态等离子体和高温等离子体。冷等离子体是在减压(1.33～1 330 Pa)和高频电场下发生辉光放电,少量气体分子被电离产生高温的电子,穿梭在常温或接近常温的气体中并发生碰撞,此时电子温度高达$10^4$～$10^5$ K,而气体的离子和分子的温度与环境相同,一般约$10^2$ K,远远低于电子的温度,是一种非平衡体系,也称为非平衡等离子体或低温等离子体。混合等离子体是在常压或略低于常压下,使用 5～50 kV 直流或交流高阻抗的电源，在电极间发生电晕放电或臭氧发生器产生的等离子体，一般也将其归入低温等离子体范畴。在聚合物表面改性中使用的一般是冷等离子体或低温等离子体。

低温等离子体中基本粒子的能量范围为：

| | |
|---|---|
| 电子 | 0～20 eV |
| 离子 | 0～2 eV |
| 亚稳态粒子 | 0～20 eV |
| 紫外光/可见光 | 3～40 eV |

一些聚合物中化学键的键能为：

| | | | | | |
|---|---|---|---|---|---|
| C—H | 4.3 eV | C═O | 8.0 eV | C—N | 2.9 eV |
| C—C | 3.4 eV | C—Cl | 3.4 eV | C═C | 6.1 eV |
| C—F | 4.4 eV | C≡C | 8.4 eV | | |

由此可见，冷等离子体中粒子的能量均略高于这些化学键能量，足以引起聚合物内化学键断裂或重新组合，使大分子降解，或使材料表面和外来的气体或单体在等离子体的作用下发生反应。

低温等离子体对聚合物的表面改性在反应性气体或非反应性气体的气氛中都能进行。反应性气体如氧、氮等，聚合物表面与氧等离子体发生的反应如下：

$$O_2 \xrightarrow{E} 2O\cdot$$
$$O\cdot + R—H \longrightarrow R\cdot + HO$$
$$O\cdot + R'—R'' \longrightarrow R' + R''—O\cdot$$
$$R_1—R_2 \xrightarrow{h\upsilon} R_1\cdot + R_2\cdot$$
$$R\cdot + O_2 \longrightarrow ROO\cdot$$
$$ROO\cdot + R'H \longrightarrow ROOH + R'\cdot$$
$$ROOH \longrightarrow RO\cdot + HO\cdot$$

可见，等离子体表面氧化反应是自由基连锁反应，反应不仅引入了大量的含氧基团（如羰基、羧基及羟基），而且对材料表面有刻蚀作用。

此外，$CO_2$、CO、$H_2O$ 及其他含氧的气体在等离子状态下可分解为原子氧，也具有氧等离子作用。

氮等离子体中有 N、$N^+$、$N^-$、$N^*$、$N_2^*$、$N^M$（亚稳态）等活性粒子，可与材料表面形成自由基，或与不饱和键反应，从而结合到大分子链上，使聚合物表面引入含氮的活性基团。

非反应性气体有 Ar、He 等。这些惰性气体的原子不直接与聚合物表面反应，结合到大分子链中，但是这些非反应性气体等离子体中的高能粒子轰击聚合物表面，可使材料表面产生大量自由基，使表面形成致密的交联结构。此外，若被处理聚合物结构中含有氧，则等离子体轰击使大分子链断裂分解产生活性氧，其效果类似于氧等离子处理。如果材料本身不含氧，则惰性等离子处理后的新生自由基，其半衰期可达 2～3 天，能与空气中氧作用，导致氧结合到大分子链上。因此，非活性等离子体处理也对聚合物表面有明显的改性效果。

### 7.5.2 等离子体处理对聚合物的表面的改性效果

**1. 表面交联**

等离子体轰击聚合物表面,可使聚合物表面产生自由基,表面交链是由聚合物自由基之间的重新组合而引起的。例如,聚乙烯、聚丙烯在 Ar 或 He 等离子处理中,发生如下交联反应:

$$—CH_2—CH_2— + He^+ \longrightarrow —CH_2—\dot{C}H— + H\cdot + He$$

$$2(—CH_2—\dot{C}H—) \longrightarrow \begin{array}{l} —CH_2—CH— \\ \qquad\quad\ \ | \\ —CH_2—CH— \end{array}$$

$$—CH_2—\dot{C}H— + H\cdot \longrightarrow —CH_2=CH— + H_2$$

可见,表面除发生交联结构外,还可能形成不饱和键。

用实验可证明交联层的存在。把一块用等离子处理过的聚乙烯和一块未处理的聚乙烯加热到熔点以上,未处理的试样熔融并流动,而处理过的试样仍保持方方正正的形状。研究还表明,聚乙烯经等离子处理后,其交联表面层厚度随处理时间的平方根而增长。

**2. 极性基团的引入**

等离子体处理可在聚合物表面引进各种极性基团。如 $NH_3$ 等离子体或 $N_2$ 与 $O_2$ 混合的等离子体处理可在高分子表面引入胺基、亚胺基或腈基等;氩等离子由于产生长寿命的自由基,可与氧反应形成羰基、羧基和羟基等;空气和氧的等离子体可引起大范围的表面氧化,引入丰富的极性基团。若表面极性基团的浓度足够高,则可用红外光谱检测出来。如图 7-8 所示,聚乙烯经氧等离子处理,红外光谱检测出羰基的特征吸收峰。

氩或氮等离子处理的聚乙烯和聚四氟乙烯表面的光电子能谱揭示,处理后 $C_{1s}$ 峰或 $F_{1s}$ 峰减弱,$O_{1s}$ 峰和 $N_{1s}$ 峰增强,表明表面含氧基团或含氮基团的增加(见图 7-9、图 7-10)。

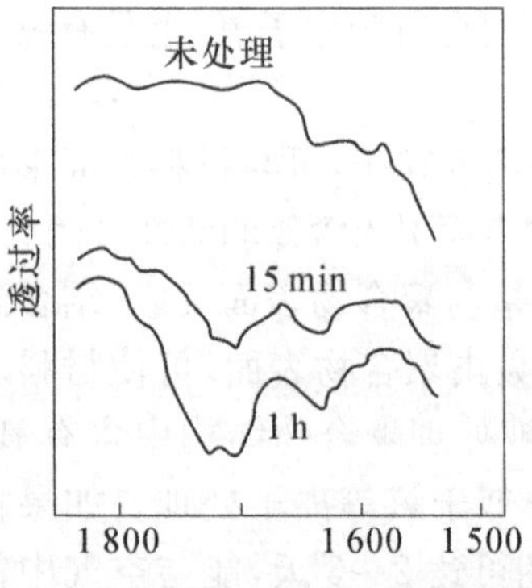


**图 7-8 聚乙烯的红外羰基吸收带($O_2$ 等离子体处理)**

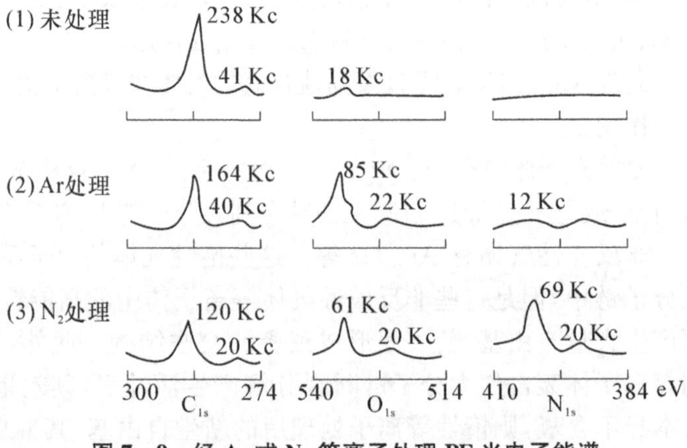


**图 7-9 经 Ar 或 $N_2$ 等离子处理 PE 光电子能谱**

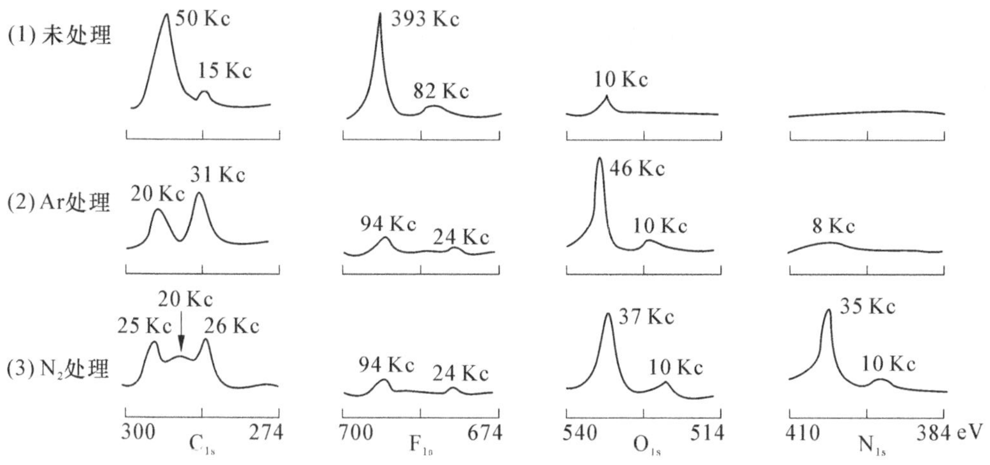


**图 7 - 10　经 Ar 或 $N_2$ 等离子处理的聚四氟乙烯光电子能谱**

利用等离子体处理在聚合物表面引入的各种官能基进行化学反应，可使聚合物表面引入其他的基团，如：

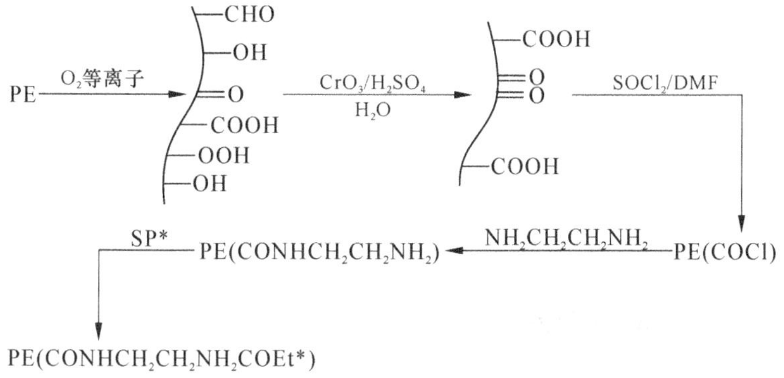


### 3. 对润湿性的影响

由于等离子体处理引入的极性基团结合在聚合物表面上，因此改善了表面的润湿性，使聚合物的表面张力增大，接触角变小。例如，经氩等离子处理，聚乙烯的表面张力从 34.2 mN/m 增加到 68.9 mN/m；聚二甲基硅氧烷的表面张力从 20.9 mN/m增加到71.6 mN/m。图 7 - 11是一些聚合物经氧等离子处理后对水的接触角的变化，经等离子处理后聚合物表面对水的接触角减小，亲水性提高。

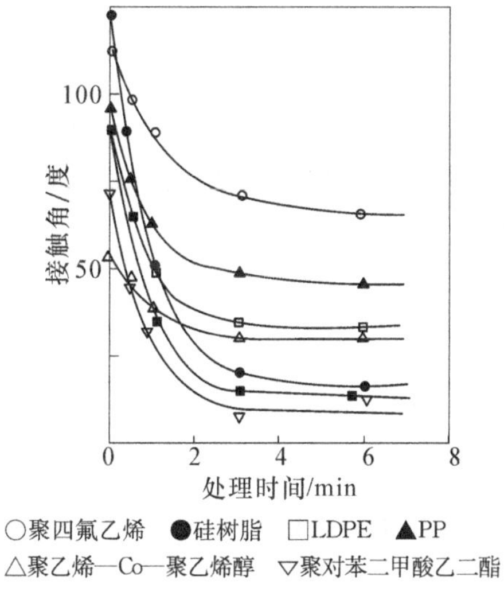


**图 7 - 11　Ar 等离子处理对接触角的影响**

### 4. 对黏结性的影响

经等离子体处理的聚合物，由于表面引进了极性基团,使其与其他材料的黏结强度大大增强。图 7-12 表明,聚乙烯/环氧黏结剂/铝的搭接剪切强度因 He 等离子处理而提高。黏结性提高的机理有几种可能:极性基团的产生;润湿性提高;弱边界层的强化;界面间的相互作用、相互扩散增加;氢键的作用;表面刻蚀的锚合作用等。

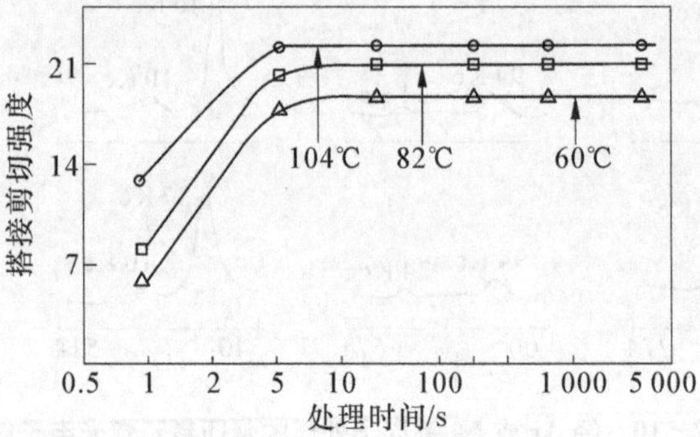


**图 7-12 铝/环氧黏结剂/PE 的搭接剪切强度随 He 等离子处理时间的变化**

**5. 其他作用**

等离子体处理可引起聚合物表面的链裂解作用,裂解的小分子产物被蒸发除去,引起聚合物失重,聚合物表面变得粗糙,或形成了小坑,对黏结性可能有利。裂解产物中的降解聚合物,与未降解比相对分子质量降低,玻璃化温度和黏度较低,因此可通过界面的流动性和相互扩散改善可黏结性。当然,聚合物的降解和失重会使其强度有所下降。

### 7.5.3 等离子体处理效果的退化效应

高聚物表面经冷等离子体改性后,其处理效果会随时间的推迟而减退,这一现象称为退化效应。如聚丙烯经 $O_2$ 等离子体处理后,其对水的接触角随存放时间而变大。对这种现象的解释,Vasuda 认为等离子体改性聚合物表面时,将极性基团引入表面,而这些极性基团是连接在分子链上的,它随分子链的自由旋转从表面潜入本体,因此表现出表面润湿性随时间的推迟而衰减。衰减速度、衰减程度与哪些因素有关目前尚不清楚,有待深入研究。

## 7.6 表面接枝

### 7.6.1 概述

表面接枝是在聚合物的表面生长出一层新的具有特殊性能的其他聚合物,从而使表面层的结构和性能与本体不同。接枝的聚合物层仅在表面,本体仍然保持原来的聚合物结构,所以不能看作是共聚物。由于表面接枝的聚合物层是可设计的,所以表面接枝是聚合物表面改性的有效方法,受到人们越来越大的重视。

表面接枝的方法可归为三类:表面接枝聚合、大分子偶合反应以及添加嵌段或接枝共聚物。

### 7.6.2 表面接枝聚合法

表面接枝聚合是通过某种特殊技术,使聚合物表面产生活性种,用该表面大分子活性种引发乙烯基单体在聚合物表面接枝聚合,如图7-13所示。通过表面接枝,聚合物表面生长出一层新的具有特殊性能的接枝聚合物层,从而达到显著的表面改性效果,而基质聚合物的本体性能不受影响。

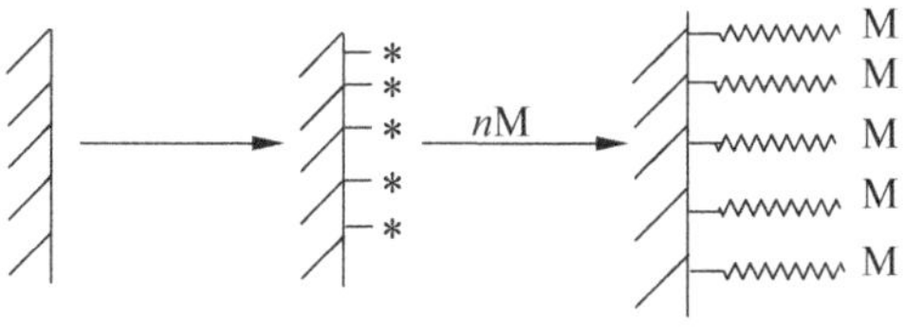


**图7-13 表面接枝聚合**

表面接枝聚合所用单体一般是乙烯基单体,活性中心绝大多数是自由基,通过自由基引发单体聚合。引入活性点的方法有光化学法、射线辐照法、紫外线法、等离子体法、化学接枝法等。

#### 1. 射线辐照法

一般所说的放射线指的是α射线、β射线、γ射线、加速电子束、X射线等高能电离性射线,其中在表面接枝聚合中使用的放射线是γ射线和加速电子束。$^{60}Co$作为放射线源的γ射线应用最广。这些放射线的能量非常大,在几十电子伏特到100电子伏特,较之低温等离子或光能从几电子伏特到几十电子伏特要大得多。因此用放射线照射高分子材料,可使材料中许多原子激发到高能态或离子化。

辐照接枝法按辐射与接枝程序的不同可分为同时照射法和前照射法。

(1) 同时照射法

同时照射法是将接枝聚合物A和乙烯基单体M充分接触,在辐照源中同时接受辐照,因此也称为共同辐照法或直接辐照法。单体M可以是气态、液态或溶液态,以便于与聚合物A保持良好的接触。

辐照接枝的原理是聚合物A在射线辐照下,表面分子链产生自由基,大分子自由基引发单体M,按自由基聚合原理进行聚合反应,把分子链M接枝到基材A的表面上,其过程如图7-14所示。

辐照接枝的常用单体有苯乙烯类、(甲基)丙烯酸酯类、丙烯腈类、丙烯酰胺、乙烯吡啶等,影响接枝的因素有单体对辐照的敏感度、单体浓度、辐照剂量、溶剂、温度等。氧容易与

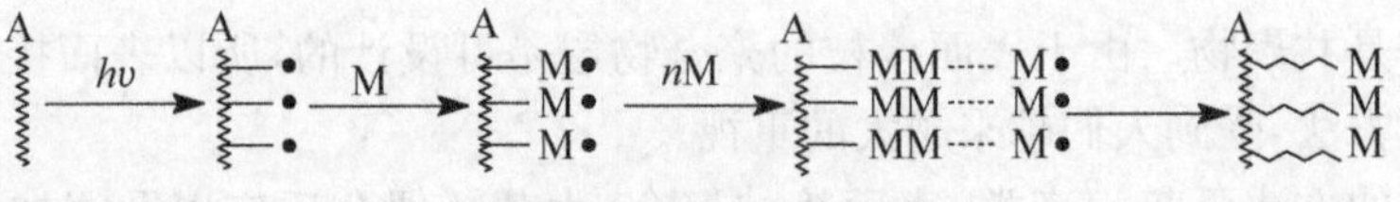


图 7-14　辐照接枝原理

活性自由基反应生成过氧化物，因而阻碍接枝聚合，降低接枝效率，所以接枝体系在辐照前应抽真空或通氮气除氧。

同时辐照的优点是辐照与接枝过程同时进行，操作比较简便。缺点是体系在发生接枝聚合的同时也会发生单体的均聚反应，降低了接枝效率，而且生成的均聚物黏附在聚合物基材上，去除困难。因此如何抑制均聚物、提高接枝效率是同时辐照法的重要研究课题。

(2) 前辐照法

前辐照法是先将聚合物 A 进行预辐照，使其表面产生活性中心，然后将其放入单体 M 中进行接枝聚合。由于辐照和接枝是分步进行的，因而大大减少了均聚物的生成。其缺点是由于产生的活性中心寿命不长，因此接枝效率较低。

前辐照法可分为无氧前辐照和有氧前辐照法。无氧前辐照是将聚合物在真空或惰性气氛中进行预辐照，使聚合物表面产生自由基，然后在同样无氧的条件下引入单体，在适当温度下，聚合物基材上的自由基引发单体反应形成接枝聚合物。有氧前辐照法是将聚合物基材在空气中进行预辐照，使基材表面生成过氧化物。这种过氧化物在室温下能保存几个月的时间。将辐照后的基材 A 与单体 M 共同加热，使基材表面大分子过氧化物的过氧键均裂，形成自由基，引发单体接枝聚合。其过程如图 7-15 所示。

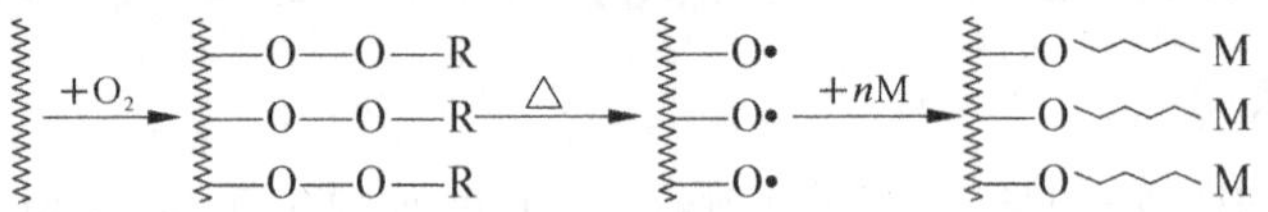


(R=H 或大分子链)

图 7-15　有氧前辐照接枝原理

以高密度聚乙烯和低密度聚乙烯膜的接枝聚合为例，接枝单体为丙烯酰胺，用空气中前照射法，$^{60}Co$ 的辐照强度为 $1.8\times10^{-4}$ rad · $h^{-1}$，丙烯酰胺浓度(质量分数)为 25%水溶液，结果如图 7-16 所示。图中纵坐标是对水的接触角，因接枝量少，接枝率很难测定，因此用接触角来判断接枝率的高低。未处理聚丙烯对水的接触角是 90°，随辐照量的增加，接触角降低，由此可推知，薄膜上接枝的聚丙烯酰胺量增多。由接触角变化可知，经接枝后，聚乙烯的疏水性表面渐变成亲水性表面。

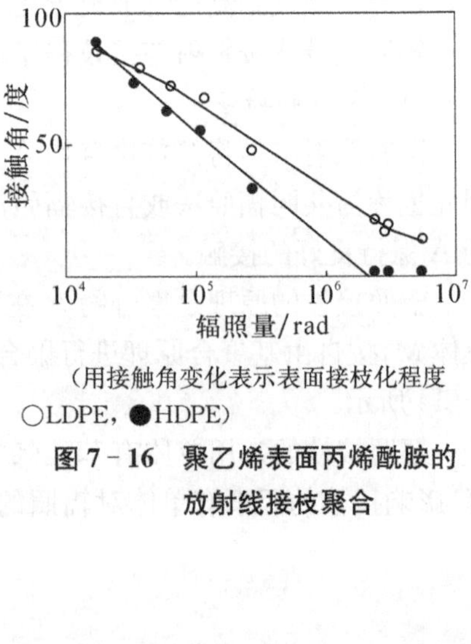


(用接触角变化表示表面接枝化程度 ○LDPE，●HDPE)

图 7-16　聚乙烯表面丙烯酰胺的放射线接枝聚合

放射线因能量大，可深入到聚合物内部，因而在接枝聚合中，活性种不仅产生在聚合物表面，也可能产生在表面附近的聚合物内部，强大的放射线还会损伤聚合物。在表面接枝聚合中，也可能引起均聚，均聚物的生成和除去是常遇到的问题。一般用 $Cu^{2+}$、$Fe^{2+}$ 等阻聚剂可抑制均聚反应。

## 2. 低温等离子法

如前所述，低温等离子流中存在着激发态或亚稳态的原子、分子、离子以及电子，这些粒子作用在聚合物基材表面上，足以使化学键断裂，在聚合物表面产生自由基。

$$P \begin{cases} \nearrow P\cdot + H\cdot \\ \searrow P_1\cdot + P_2\cdot \end{cases}$$

若在惰性等离子处理中引入乙烯基单体，基材表面的自由基就会引发单体进行接枝聚合反应：

$$P\cdot + nM \longrightarrow P \sim\sim M$$

若在有氧等离子处理中，大分子自由基与氧作用，生成过氧化物：

$$P\cdot + O_2 \longrightarrow POO\cdot$$
$$POO\cdot + PH \longrightarrow POOH + P\cdot$$
$$POO\cdot + P\cdot \longrightarrow POOP$$

在乙烯基单体存在下，过氧化物分解产生的自由基就会引发单体发生接枝聚合反应：

$$\text{热分解：} POOR \xrightarrow{\triangle} PO\cdot$$
$$\text{热聚合：} PO\cdot + nM \longrightarrow P—O—\sim\sim M$$

Banfood 对 HDPE 进行低温等离子处理，用顺磁共振(ESR)法证明放电处理聚合物表面上有自由基生成。在保持真空状态下通入丙烯腈，在 80℃进行聚合反应，结果如图 7-17 所示，等离子体处理后的聚乙烯表面接枝上了聚丙烯腈。

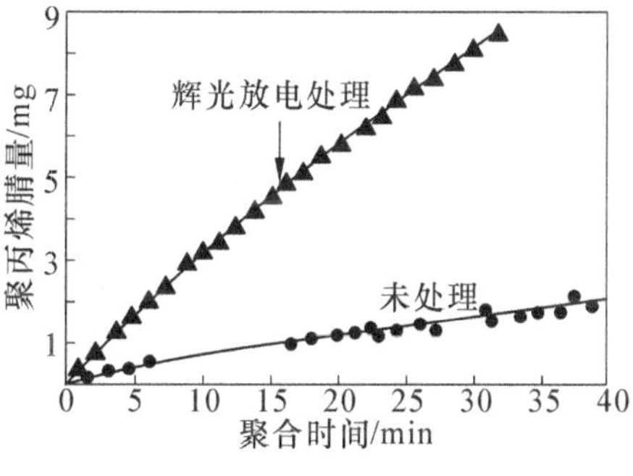


**图 7-17　等离子处理后 HDPE 的丙烯腈接枝聚合**

接枝率与等离子体处理的放电时间很有关系。铃木等对 HDPE 用氩等离子进行放电处理，压力为 5.33 Pa，放电后使聚合物与丙烯酰胺溶液反应，进行接枝聚合，结果发现接枝率与放电时间的图上出现一个极大值(见图 7-18)。

对聚合活性种的测量结果如图 7-19 所示。活性种浓度与放电时间曲线上也出现一个极大值。这一极大值出现被认为是等离子体处理时自由基生成速度与生成自由基的消失速度平衡的结果。

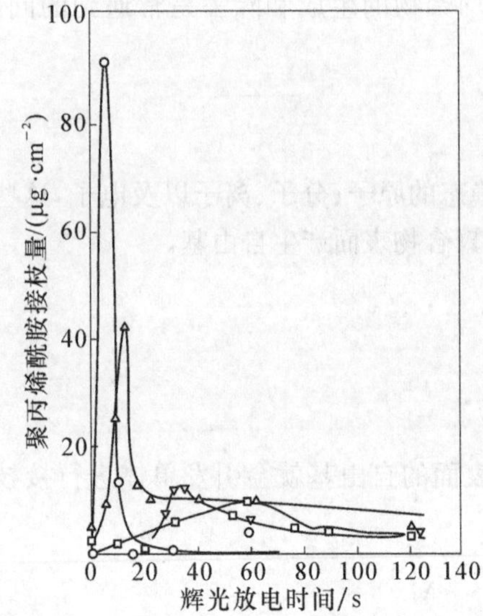


处理电压：○：24 W，△：1.5 W，▽：4.4 W，□：2.2 W

图 7-18　聚丙烯表面聚丙烯酰胺接枝量与辉光放电时间的关系

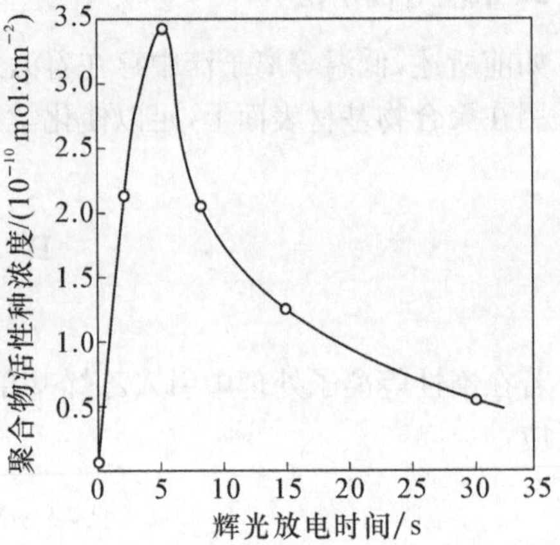


图 7-19　辉光放电时间与聚合活性种浓度的关系

### 3. 光化学接枝法

用紫外光照射聚合物表面，可引起聚合物发生链裂解、交联、氧化等反应，从而改进聚合物表面的润湿性和黏结性。例如，用 184 nm 的紫外光照射聚乙烯，可使聚乙烯表面发生交联，其黏结强度从原来的 1.75 MPa 提高到 15.4 MPa，而用 253.7 nm 波长的光照射则效果不佳。

用紫外光也可对聚合物表面进行光化学接枝改性。光化学接枝可在紫外光直接照射下引发接枝聚合，也可加入光敏剂再进行紫外接枝，以提高接枝效率。

(1) 直接光引发

用紫外光照射聚合物，可使聚合物表面吸收紫外光后直接产生自由基，引发单体接枝聚合。

采用这一方法，一般是先对聚合物进行预氧化处理，氧化方法可用低温等离子、臭氧、电晕放电等，使聚合物表面产生过氧化物，在紫外光照射下，过氧化物分解产生大分子自由基，引发单体接枝聚合：

$$P \xrightarrow{\text{氧化}} POOR (R = P \text{ 或 } H)$$

$$POOR \xrightarrow{h\upsilon} PO\cdot + \cdot OR$$

$$PO\cdot + nM \longrightarrow P—O—\sim\sim\sim M$$

(2) 光敏剂引发

加入光敏剂可提高光化学接枝的效率。光敏剂有两类，一类是光敏剂吸收光能后自身可分解为自由基，这种自由基再夺取聚合物中的氢，在聚合物表面产生大分子自由基，引发单体接枝聚合。这类光敏剂包括偶氮类化合物、过氧化物、亚硝基化合物以及安息香醚类化合物，其反应原理如下：

$$G \xrightarrow{UV} G\cdot$$（G表示光敏剂，G·表示光敏剂自由基）

$$G\cdot + PH \longrightarrow P\cdot + GH$$

$$P + nM \longrightarrow P \sim\sim M$$

另一种光敏剂吸收光能后，本身不直接形成自由基，而是产生激发态分子，激发态分子再和聚合物反应，在聚合物表面形成大分子自由基。这类光敏剂包括二苯甲酮、醌类及稠环化合物等。以二苯甲酮(B)为例，在紫外光照射下，迅速通过单线态 $B^1$ 转变成三线态 $B^3$，$B^3$ 夺取大分子中的氢，产生大分子自由基，引发单体M进行表面接枝聚合。在接枝聚合的同时也存在竞争的均聚反应。反应的原理如下：

引发反应：

$$B \xrightarrow{UV} B^1 \longrightarrow B^3$$

$$B^3 + PH \longrightarrow P\cdot + \cdot BH$$

$$B^3 + MH \longrightarrow M\cdot + \cdot BH$$

链增长：

接枝聚合　$P\cdot + nM \longrightarrow PMn\cdot$

均　　聚　$M\cdot + nM \longrightarrow MnM\cdot$

链终止：

$$PMn\cdot + R\cdot \longrightarrow PMnR$$（R·表示反应体系中的各种自由基）

$$MnM\cdot + R\cdot \longrightarrow MnMR$$

$$2R\cdot \longrightarrow R\text{—}R$$

在表面接枝过程中常伴有均聚反应，均聚和接枝共聚是相互竞争的过程。为有效地抑制均聚过程，应合理选择溶剂，并加入能抑制均聚反应的阻聚剂。例如，对氢过氧化物引发表面接枝聚合的场合，接枝和均聚分别按下式进行：

$$POOH \xrightarrow{h\upsilon} PO\cdot + \cdot OH$$

$$PO\cdot \xrightarrow{M} POM_n$$　接枝共聚

$$HO\cdot \xrightarrow{M} HOM_n$$　均聚

为了抑制均聚反应，必须阻止·OH自由基的生成，很多还原剂起这种作用，如 $FeSO_4 \cdot 7H_2O$，其阻聚机理如下：

$$POOH + Fe^{2+} \xrightarrow{K_1} PO\cdot + OH^- + Fe^{3+}$$

$$PO\cdot + Fe^{2+} \xrightarrow{K_2} PO^- + Fe^{3+}$$

$Fe^{2+}$ 把POOH还原成不能引发聚合的 $OH^-$，因而阻止了均聚物生成。同时 $Fe^{2+}$ 也能将引发接枝聚合反应的PO·还原成$PO^-$,只是$K_2<K_1$,总的结果是抑制了均聚反应。在实验中可观察到,接枝速率与$Fe^{2+}$的浓度关系有一个极大值,达到极大值后,增大$Fe^{2+}$浓度,接枝速率反而下降。其他可作抑制均聚的阻聚剂还有$Ce^{3+}$、$Fe^{2+}$、$Cu^+$、$Cr^{2+}$、$Co^{2+}$等。

### 7.6.3 偶合接枝法

偶合接枝法是利用高聚物基材表面的官能团A与带有活性官能团B的接枝聚合物反应,把聚合链B接枝到基材表面上,从而实现聚合物的表面改性。大分子偶合接枝见图7-20。

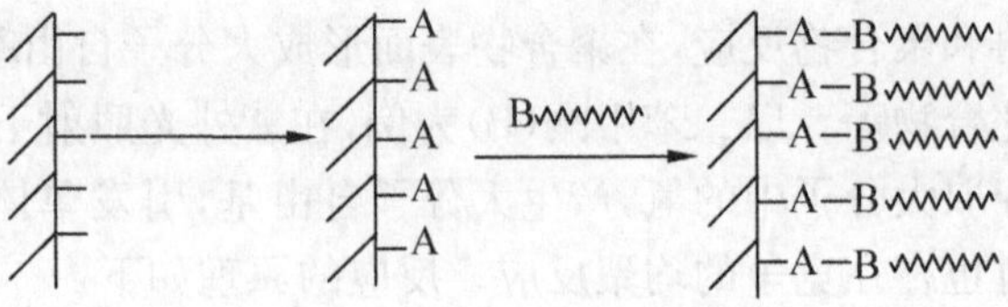

图7-20 大分子偶合接枝

以聚氨酯表面接枝肝磷脂为例,为赋予聚氨酯以血液亲和性,可利用—COOH+—$NH_2$ ⟶—CONH—这一反应接枝具有抗凝血功能的多糖类肝磷脂,见图7-21。

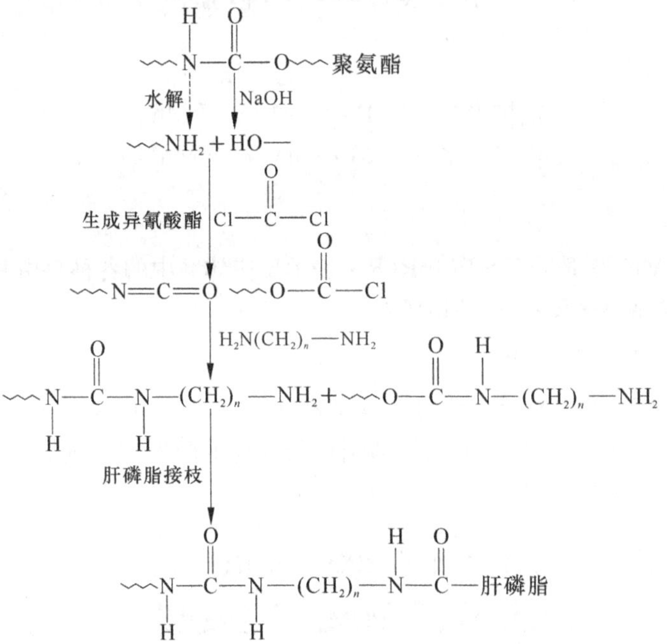


图7-21 肝磷脂接枝聚氨酯反应流程

聚氨酯表面原来是不存在可与肝磷脂反应的官能基的,先使聚氨酯表面的氨基甲酸酯键部分水解,产生胺基和羟基,再与光气反应,转换成有高反应活性的异氰酸酯基,然后与过量的脂肪族二胺反应,在聚氨酯表面引入了有间隔的胺基,再与肝磷脂中的羧基反应,就接枝上了以共价键结合的肝磷脂。

除生理活性物质的偶合接枝外,通常的聚合物表面也可用偶联接枝改性。将乙烯-乙烯醇共聚薄膜表面的羟基与过量的六次甲基二异氰酸酯反应,在膜表面引入异氰酸酯基后,再与水溶性多糖葡聚糖偶合，以改善薄膜的亲水性。其对水接触角的变化见图 7－22。由图可见，未接枝膜的接触角大，且接触角有明显滞后现象。用葡聚糖接枝后，接枝角减小，接触角的滞后也几乎消失。

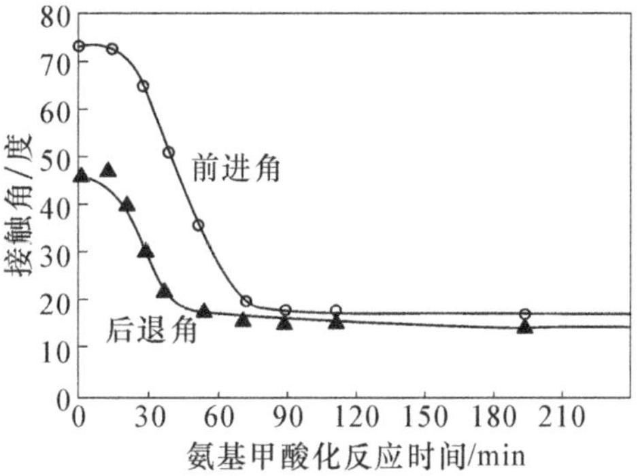


**图 7－22　乙烯-乙烯醇共聚物的接触角随氨基甲酸化反应时间的变化**

共聚物与六次甲基二异氰酸酯（HMDI）反应不同时间后，与葡聚糖反应 4 min 偶合接枝，测接触角变化。HMDI：10％甲苯溶液；葡聚糖：10％水溶液。

聚乙烯、聚丙烯等聚烯烃是非极性材料，其表面没有活性官能团，可采用某种技术使聚烯烃表面接枝上反应性官能团，然后再偶合接枝。例如，用过氧化物夺取聚丙烯分子链上的叔氢原子形成自由基，再与马来酸酐反应，就在聚丙烯分子侧链上接枝了具有反应活性的酸酐基团，利用酸酐与带羟基或胺基的聚合物反应，就可在聚丙烯表面实现偶合接枝（见图7－23）。

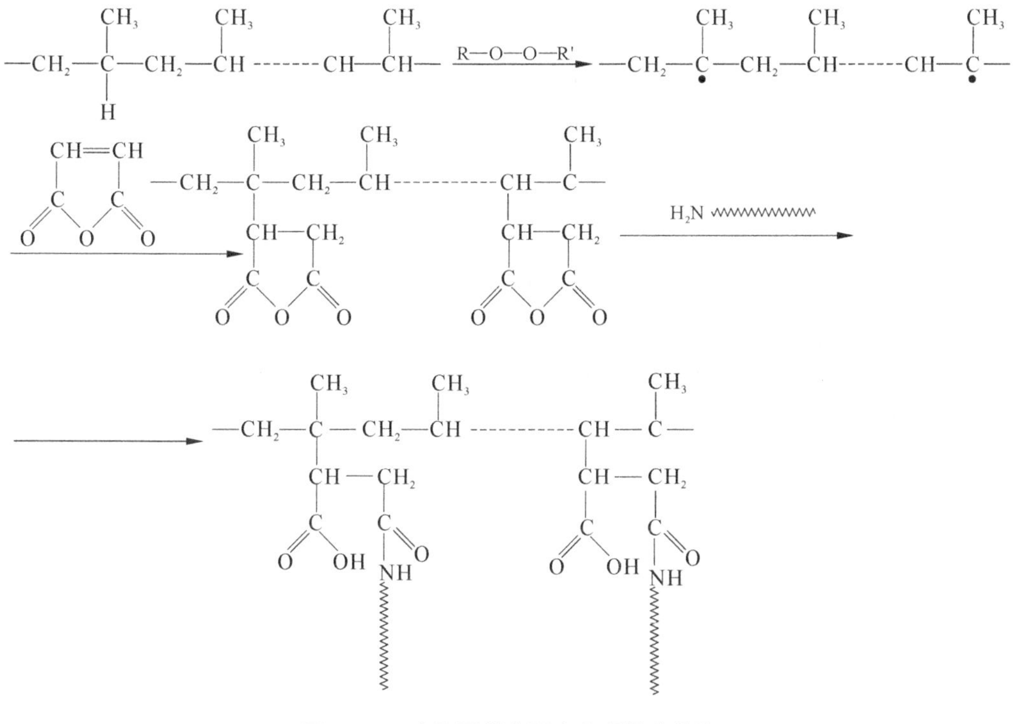


**图 7－23　在聚丙烯表面上实现偶合接枝**

## 7.6.4　添加接枝共聚物法

用由 A、B 两种链段组成的嵌段或接枝的共聚物加入到聚合物基材 A 中，由于高聚物中的 A 链段与基材 A 的结构组成相同，有很强的亲和性，高聚物的 A 链段就结合到基材 A 中。高聚物中的 B 链段与基材 A 的结构组成不同，两者之间有强烈的排斥性，B 链段就被排斥到基材A的表面,其效果相当于B链段被接枝到基材A的表面上。其原理如图7-24所示。

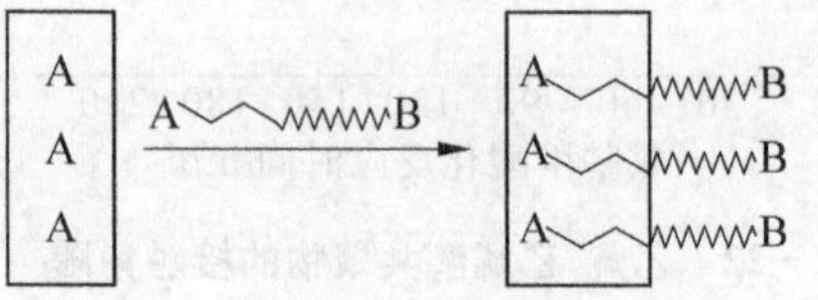


**图7-24　添加嵌段或接枝共聚物**

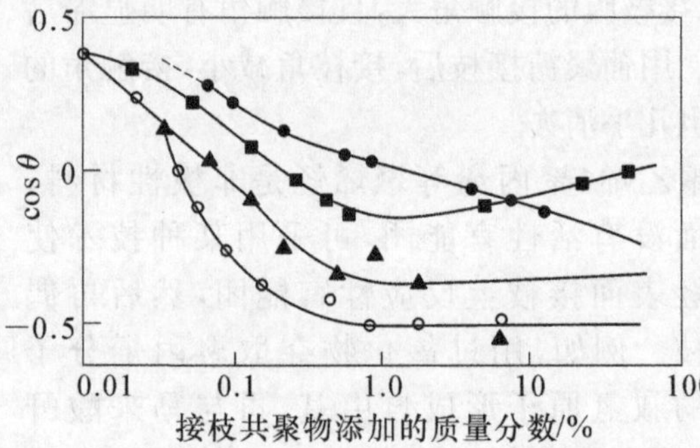


**图7-25　接枝共聚物在PMMA中添加量对接触角的影响**

图7-24是添加接枝高聚物的一个例子。接枝共聚物的干是聚甲基丙烯酸甲酯(PMMA),枝为丙烯酸全氟代烷基酯(FA)。将不同FA含量的4种接枝共聚物添加到PMMA中,测得接触角与添加量的关系如图7-25所示。由图可见,接枝共聚物的添加量即使在1.0%以下,就有改性效果。这种接枝方法极其简便,若使用中添加的共聚物没有溶出问题,则可成为工业上很有价值的改性方法。

## 习　题

1. 对聚合物进行表面处理的目的是什么?
2. 聚烯烃薄膜经电晕处理后表面性能可能发生怎样的变化?
3. 为什么抗氧剂对聚合物的高温热处理有较大影响而对火焰材料没有影响?
4. 试讨论用液态氧化法处理聚合物的优缺点。
5. 试讨论臭氧氧化处理在聚丙烯表面产生含氧极性基团的机理。
6. 低温等离子处理对聚合物的表面改性能产生些什么效果?
7. 聚合物表面接枝有哪些方法?其原理各是什么?

# 第 8 章　金属材料的表面

## 8.1　概述

从理论上讲，金属表面是指金属晶体从三维的规整点阵到体外空间之间的过渡区域。该过渡区只有数个原子层厚度。表面下数十个原子层称为“次表面”，次表面以下才是被称之为“体相”的正常基体金属。

### 8.1.1　清洁表面

以上定义的金属表面，在表面科学中被称之为“清洁表面”。金属的清洁表面并不平坦，用高倍的场离子扫描电镜观察时，可以发现金属的清洁表面是由许多高低不平的平台构成的。这些平台的形成归因于晶粒内部螺旋形位错至表面的延伸，其大小可以用表面上的原子密度和位错密度加以估算。一般认为平均每个平台含有 $10^7 \sim 10^9$ 个原子。除此之外，在金属的清洁表面上还存在大量的空位、离位原子、附着原子等。由低能电子衍射和场离子显微镜等方法测试结果显示，虽然金属表面的点阵形式与体相并不完全相同，但表面原子基本上仍保持有序排列。

### 8.1.2　真实表面

表面科学中定义的清洁表面是指在高真空中制备并存放在高真空中的表面。经深入观察可发现，实际的金属表面(在表面科学中称之为真实表面)其构造并非如此简单，而是如图 8-1 所示的那样，包括三个薄层：加工应变层、氧化层和吸附层，在这三层下面才是真正意义上的金属。

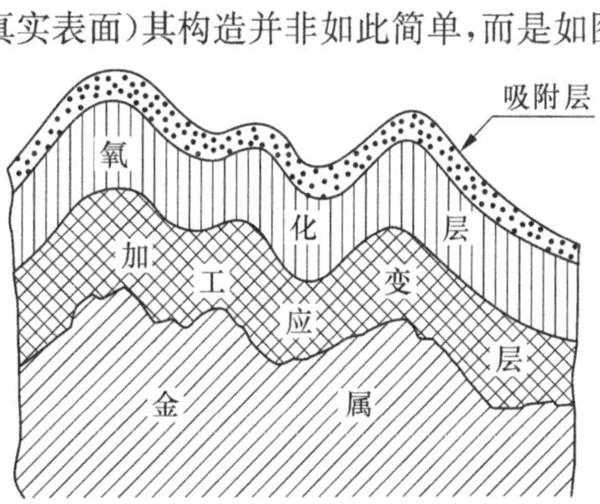

图 8-1　金属真实表面的结构示意图

加工应变层指在制备表面时所产生的应变区，其中位错等点阵缺陷密度很大，点阵畸变也增大，因而改变了金属的原有性能。加工应变层的厚度取决于金属的本性和加工情况，从十几个原子层到几十个原子层不等。氧化层指放置在大气中新制得的金属表面被氧化并形成金属氧化物的膜层，其厚度取决于金属的性能、介质的氧化能力和外界条件等。此外,在金属表面的氧化层上还将从周围介质中吸附各种分子、原子或离子等,由这些吸附物所构成的金属表面最外层即为吸附层。

金属表面上附有的上述各种膜层对金属的表面性能具有举足轻重的影响。换言之,对金属表面性能所做的各种实验,实际上都受到这些膜层的严重干扰。因此,金属表面的研究,首先要解决的就是如何获得不附有任何上述膜层的真正金属表面。

## 8.2 金属的表面反应

金属的表面反应是由吸附开始的,或者说与吸附同时进行。一般而言,金属表面的吸附质并不稳定,称不上是一种相,习惯上将其称之为吸附态。吸附态是讨论金属表面反应的基础。

### 8.2.1 超点阵

当金属表面吸附了吸附质粒子(可能是分子,也可能是离子)以后,在低能电子衍射(LEED)图谱上,除了清洁表面的衍射斑点外,还出现了由被吸附粒子所引起的衍射斑点,证明被吸附粒子有规律地排成了一种二维点阵,覆盖在金属表面点阵上。这种由被吸附粒子在金属表面形成的二维点阵被称为超点阵。通常采用 Wood 标注法来说明超点阵与金属表面点阵的相互关系,如图 8-2 所示。

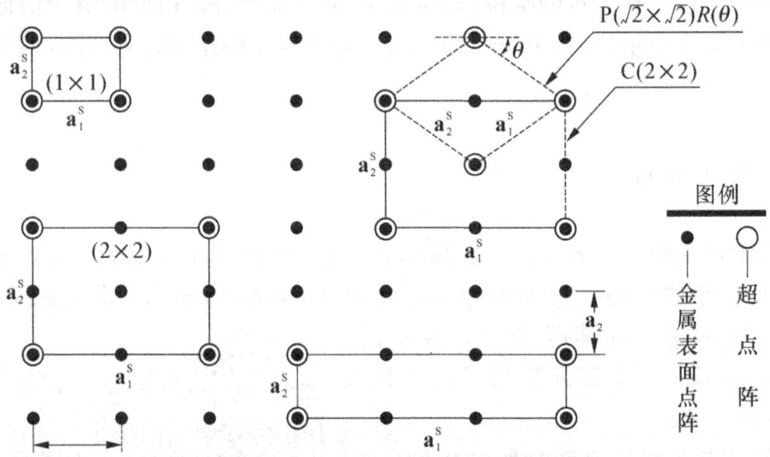


**图 8-2 Wood 标注法的一般规律**

Wood 标注法的核心部分是对超点阵单位基矢的标注。由图 8-2 可知,金属表面点阵为一简单正方点阵,基矢为 $\mathbf{a}_1$ 及 $\mathbf{a}_2$。如超点阵(外圆)的基矢为 $\mathbf{a}_1^S$ 及 $\mathbf{a}_2^S$,则此超点阵的单元基矢的标注方法应为($\mathbf{a}_1^S/\mathbf{a}_1\times\mathbf{a}_2^S/\mathbf{a}_2$)。按照这一规定,图中给出了标注为(1×1)、(2×2)、(3×1)等的超点阵示例。其中,右上方的超点阵按实线所画应标注为(2×2),与左下方超点阵的标注相同。为区分两者,将中心多了一个吸附粒子的右上方超点阵标注为C(2×2),而将左下方超点阵标注为P(2×2)。在实用中,P常省略不用,而C则必须标出。

此外,一个超点阵图样的Wood完整标注,还应包括吸附剂和吸附质的种类以及表面覆盖率,如下例所示:Ni(111)-C(2×2)-O(1/4)。

该标注说明,当氧在金属镍的(111)晶面上被吸附时,在表面覆盖率达到 $\theta = 1/4$(即0.25)的条件下,所得到的超点阵图样为C(2×2)型。显然只有在以上这三个因素确定后,超点阵单位基矢的标注才有意义。

### 8.2.2 吸附、扩散与脱附

金属表面超点阵的形成是吸附质粒子首先在金属表面某些活性最高的位点被吸附,然后沿金属表面发生迁移的结果。这种沿表面的原子(或离子)迁移,称为表面扩散或表面流动。值得注意的是,在进行表面扩散的同时,吸附仍将持续地进行下去。如果表面扩散进行得足够强烈,多数活性最高的表面位点差不多已空了出来,吸附将仍在这些高活性的表面位点上进行;反之,如果表面扩散不足,则吸附将依表面位点活性的强弱依次进行下去。

和在体相中进行扩散一样,被吸附粒子在表面的扩散也必须具有一定的能量。目前认为表面扩散激活能由两部分组成。第一部分激活能与体相中的扩散相似,源于表面上依然存在的周期性势场,其大小与被吸附粒子和表面原子间所构成吸附键的强弱成正比。第二部分激活能源于表面的不均匀性,这是由表面扩散不同于体相扩散的特点所决定的。众所周知,表面上众多位点所具有的能量并不等同,被吸附粒子在两个表面位点之间的位移往往需要额外的能量才能进行,这即是第二部分表面扩散激活能产生的原因。被吸附粒子能量的来源是原子的热振动和被吸附粒子间的相互作用。因此,被吸附粒子是否能够实现一次位点间的迁移,取决于被吸附粒子间的相互作用和温度所赋予该粒子的能量,视其是否足以超过表面扩散激活能。根据热力学的统计规律,被吸附粒子中势必有一些能完成这种迁移。温度越高或被吸附粒子之间的相互作用越强,完成这种迁移的被吸附粒子的数量也将越多。

脱附是指吸附粒子由于吸附键破裂而离开表面。脱附可以通过不同的方式来实现,其中热脱附是最常见的脱附现象。热脱附指在系统温度足够高的条件下,有相当一部分吸附粒子由于其能量高于麦克斯韦分布中的脱附能而离开表面。热脱附是一般的化学反应,其反应物之一是固体表面。在单粒子独立脱附的最简单的情况下,热脱附类似于单个分子的分解。当然也不排除更复杂的机理,如缔合、扩散和协同效应等。一般来说,对热脱附的分析类似于通常对化学动力学过程的分析,而对脱附过程的测量已被广泛用来确定吸附物的状态和度量吸附状态的占据数目。

### 8.2.3 表面吸附态结构

表面扩散的结果在表面上出现了超点阵。但表面扩散的驱动力之一,即被吸附粒子间的相互作用力,可能是引力,也可能是斥力,所以就出现了两种不同形式的超点阵结构:岛状结构和有序化超结构。如果被吸附粒子之间的引力很强,而吸附质粒子与吸附剂表面原子之间的吸附键又相对较弱时,则被吸附粒子通过表面扩散将在表面某一部位发生偏聚,形成所谓的岛状结构。一般认为,表面上若干不挥发的玷污物是岛状结构初始聚集的核心,而在岛状结构内部,被吸附粒子的排列依然有序。在整个表面上存在着多个岛状结构,在岛状结构之间的空隙表面,则为未被吸附质粒子覆盖的表面。随着表面覆盖率的增长,岛状结构逐渐长大,直到所有的岛外表面全部变为岛状结构,单层吸附达到饱和(表面覆盖率 $\theta=1$),吸附过程中止。岛状结构的出现将导致表面吸附热的变化,使表面的化学、物理性能和电性能发生改变。此外,岛状结构的周界边缘处一般活性较高,是优先吸附外来粒子的吸附位点。

与岛状结构的形成相反,当被吸附粒子间的作用力为斥力时,表面将出现有序化超结构。实验结果表明,被吸附粒子间的互斥作用一般并不很强。以单晶的实验结果为例,即使被吸附粒子的间距仅为表面原子间距的两倍,被吸附粒子间的相互排斥作用力仍小于 $4.2\times10^4$ J/mol,仅为一般化学吸附键键能的几分之一。然而正是这一相互排斥作用导致了金属表面被吸附粒子的有序化。只要被吸附粒子能进行一些表面迁移,则直到表面覆盖率 $\theta=0.5$ 时,被吸附粒子间仍将保持一定距离,而不使两个被吸附粒子紧邻接触,除非气相中被吸附气体的分压很大,迫使表面覆盖率进一步增加。已发现在金属表面的吸附体系中有为数不少的被吸附粒子间有相斥作用。例如,在金属镍、铜、钯的(100)界面上吸附一氧化碳以及在金属钨的(100)晶面上吸附氢和氮都属于这一类。

### 8.2.4 表面反应

如前所述,一般化学吸附态并不十分稳定,称不上是一种相。但如果金属表面的吸附质与表面原子之间的电负性相差很大,化学亲和力很强时,吸附结果不仅可以在金属表面形成具有强吸附键的化学吸附态,而且有可能形成表面化合物,或者说形成新相。这类反应最明显的例子是金属的氧化。在这类反应中,各种表面缺陷,包括台阶、扭折、表面空位、位错露头、杂质原子,尤其是晶界和相界的露头等,起着重要的作用。这些缺陷的延续或消亡(如台阶运动、位错延续、空位填充等)为表面反应所需的原子转移,包括表面成核及其逆向过程蒸发和溶解,提供了能量上较为有利的途径,并能在反应中起到杂质源的作用,后者对于金属氧化过程同样至关重要。表面化合物是由表面独特的成键条件形成的一种二维化合物,它只可能在表面上形成,也只可能存在于表面上。缺陷的存在导致了表面化合物的非化学计量组成(如 $Fe_{10}S_6$、$Cu_3S$ 等),但仍然保持确定的化合比。后者正是它与一般表面化学吸附态的不同之处。

金属表面吸附气相分子后形成了各种吸附态以及表面化合物,它们之间成键方式、键的性质、超点阵图样以及所表现出来的宏观性质都有明显差异,但在一定条件下,又可以互相转变。例如,一氧化碳在 Pd(100)晶面上吸附时,发现随表面覆盖率的变化,在某一临界值时,吸附结合能有不连续的跳跃变化(图 8-3),表明吸附键的性质发生了转变,也即在表面吸附态及表面化合物之间发生了转变。有人将这种转变称之为二维相变。在 20 世纪 70 年代 Tracy 曾建立了一氧化碳在 Ni(100)晶面上吸附时所形成的二维表面相图(如图 8-4 所示)。但需要说明的是,虽然陆续发现有关二维相变的实例(吸附态 $\Leftrightarrow$ 表面化合物),但尚未找到确切的证据表明二维相变属于一级相变,也难以找出这种转变的明晰界限。对二维相变的提法有待进一步研究。

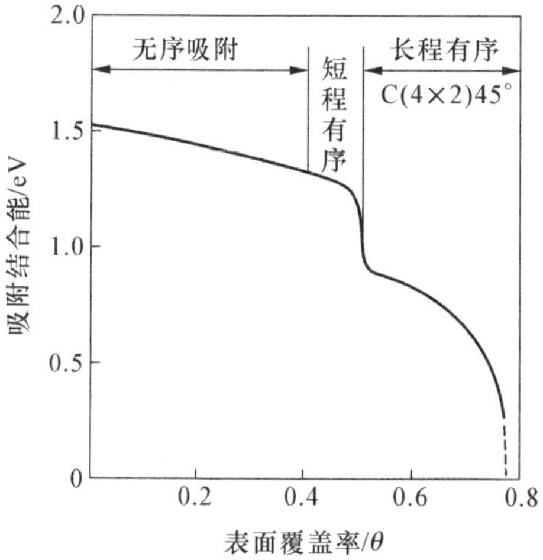


**图 8－3　一氧化碳在 Pd(100)晶面上的吸附结合能与表面覆盖率之间的关系**

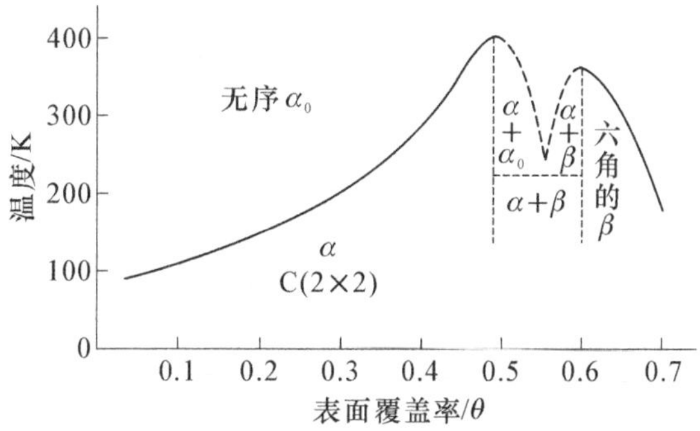


**图 8－4　一氧化碳在 Ni(100)晶面上吸附时所形成的二维表面相图**

### 8.2.5　真空中金属的表面反应

由于真空热处理、真空化学热处理以及大多数新兴的表面改性工艺都是在真空条件下进行的，所以探讨真空中金属的表面反应很有必要。从工业角度讲，真空是泛指压强低于一个标准大气压的气体状态，也可以说是指一种稀薄的气体状态。真空容器中残存气体的成分并不以空气为主，而以在抽真空前从大气中吸附的水蒸气居多。真空容器内温度的变化对残存气体成分有以下三方面的影响：温度的升高使脱附现象加强；温度的变化使气氛中各种气体的平衡关系改变；温度的升高使气体与固体表面的反应加剧。对于真空热处理和真空化学热处理来说，必须考虑残存气体组成的变化。

随着真空容器中压强的降低，即真空度的提高，容器中气体分子数逐渐减少。然而实验结果却出人意料，容器内气体分子的稀少并不意味着容器中固体表面上吸附的气体分子也一样稀少。相反，在真空条件下，表面被吸附的气体分子数量比气相中的分子多几千甚至几万倍。这个事实对真空化学热处理、真空中的抽气以及超高真空的制备十分重要。

实验结果还显示，在工程实用的真空条件下进行吸附，并不改变吸附键的性质，也不改变吸附相以及吸附过程的性质，但对吸附量、吸附速率，尤其对脱附产生重要影响。

所谓脱附，广义地讲，是指从固体表面逸入外空间气相中的一切物质，包括固体表面吸附态的脱附、固体内原有气体的排除以及固体本身表面原子的蒸发。后两者在常压条件下不需要考虑，而在真空条件下却是十分重要的因素。

一般认为，降低压强（或提高真空度），表面吸附态的脱附将更易于进行。这是因为，根据吸附相和气相之间存在的热力学平衡原理，当压强降低或真空度提高时，吸附相与气相间的平衡向导致容积增大的方向移动，由此促进了脱附的进行。

金属材料的出气包括残留在金属体相内的气体向金属表面的扩散及向体外空间的逸出这两个过程。一般而言，当温度较高而真空度较低时，表面气体分子的逸出（即脱附）是控制步骤;反之,即真空度足够高而温度较低时,气体在固体金属中的扩散是控制步骤。此外,在真空条件下,金属的除气还必然包括界面反应的内容,而且界面反应往往又是确定除气速率和除气程度的关键所在。

在真空条件下,尤其当加热到一定温度后,金属及合金表面的分子飞向体外空间形成蒸发,其蒸发速率与真空度及温度成正比,而与通入真空室中的惰性气体压强成反比。对于合金,由于各组元活度和蒸气压的差异,因而存在所谓的“合金选择蒸发现象”。至于脱附、除气、蒸发三者之间的相互关系,目前还不太清楚,有关这方面的问题有待进一步探讨。

## 8.3 常用气体在金属表面上的吸附

在金属表面的化学热处理中经常用到的气体包括氢、氮、氧、一氧化碳、二氧化碳以及各种碳氢化合物等。这些常用气体在金属表面的吸附特性如图 8-5 所示。

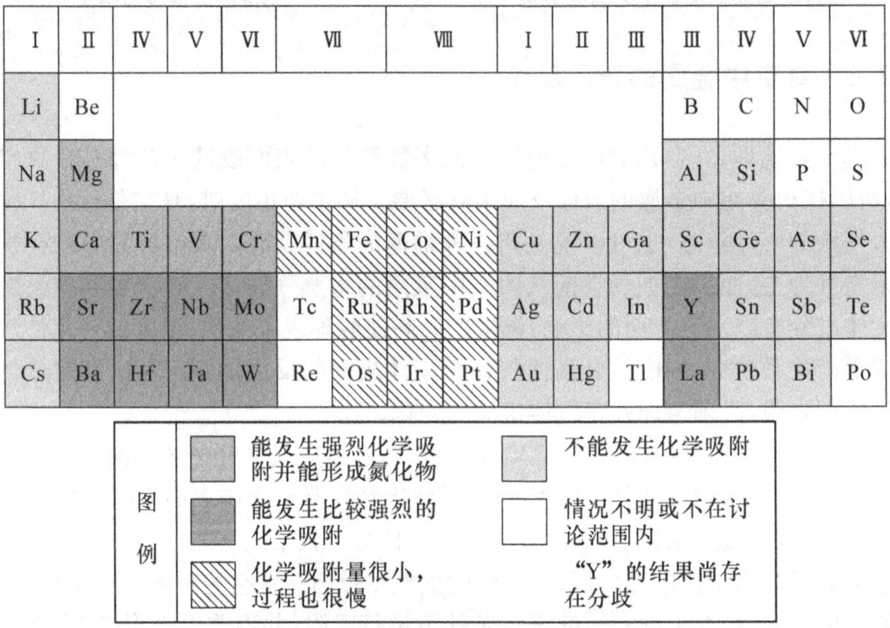


**图 8-5 常用气体在金属表面的吸附特性**

### 8.3.1 氢的吸附

氢可以在很多金属表面上进行化学吸附,并能和某些金属形成不同类型的化合物。氢在金属表面的吸附能力之强弱在很大程度上取决于作为吸附剂的金属本身的结构与性质。

根据钨(111)晶面上吸附氢的闪脱谱(TPD)证明,氢在过渡金属表面有四种吸附态,即 $\gamma$、$\beta_1$、$\beta_2$、$\beta_3$,其中 $\gamma$ 吸附态已经被确认为是分子态吸附,而 $\beta_1$、$\beta_2$、$\beta_3$ 吸附态的成键方式和其相对应的超点阵图样尚未有定论。在解释后三种吸附态之间区别的研究过程中，有学者发现金属表面形成的“金属-氢键”与过渡金属配合物配位球内形成的“金属-氢键”十分接近，由此推想过渡金属表面吸附氢时也可以像多核金属配合物一样与多核位点形成多中心键。由于成键的位点不同，键能和吸附激活能也将不同，因而出现不同的吸附态。这种解释从理论上讲是合理的，但在实验上尚缺乏足以确认各个吸附态具体成键方式的证据。

关于不同吸附态所应具有的超点阵图样，曾根据不同的实验技术所得出的实验结果提出过各种假设模型，但目前对这方面的看法远非达到一致。研究这一问题的困难在于，吸附、脱附和向体相扩散三个过程同时进行的复杂性使得实际测得的各种金属表面氢的吸附量比饱和量少，因而难以精确确定氢原子在金属表面的成键位点。迄今所给出的超点阵模型实际上都是按饱和态假定的。

### 8.3.2　氮的吸附

氮在不同金属表面上的吸附能力有很大差别，这种差别的产生与金属本身的结构及性能有密切的关系。按照金属在元素周期表中的位置，归纳不同研究者有关氮原子在金属表面吸附情况的实验结果显示，从ⅡA族金属开始，吸附氮的能力自左至右依次减弱，从ⅡB族向右，所有元素都不能吸附。

在双原子分子中，氮的吸附能力不如氢，更不及氧。能吸附氮的金属依其吸附能力的大小可分为三类：能发生强烈的化学吸附，并能形成氮化物的金属，如镁、钛、钒、铬等；能发生较强的化学吸附，但不能形成氮化物的金属，钨和钼可作为这一类的代表；仅能发生微弱的化学吸附，吸附过程进行得十分缓慢，室温下几乎很难观察到氮在这类金属上的吸附，周期表中ⅦB及ⅧB族的金属，除锝和铼缺少数据之外，都属这类。

与金属钨表面吸附氢的闪脱谱相似，在金属钨(100)晶面和(110)晶面上吸附氮的闪脱谱显示，氮在金属钨表面的吸附态有$\gamma$态和$\beta$态两种。$\gamma$态相当于氮以分子状态吸附，而$\beta$态则是氮原子在钨表面上的化学吸附，即典型的解离吸附。在铁表面上吸附氮加氢的实验也发现了氮的这两种吸附态。其中以分子氮的形式进行吸附的状态对应于$\gamma$态，在200℃左右可以稳定存在，又称为“L-型吸附态”；另一种是分子氨解离后以原子氮的形式进行吸附的状态，与$\beta$态相对应，存在于400℃以上，称为“H-型吸附态”。

### 8.3.3　氧的吸附

氧与金属间的化学亲和力很强，除个别金属外(主要是金)，几乎所有金属的表面在0℃以上都能吸附氧，而且能迅速地形成饱和的化学吸附层。这主要由氧的分子结构所决定的。氧分子中的两个氧原子只靠一个$\sigma$-键和一个$\pi$-键结合在一起，而且键能也不高，无论是断键活化还是完全解离为原子都不会有困难，因此为氧在金属表面上进行化学吸附创造了有利的前提。

实验表明，在金属表面上吸附的氧有两种主要吸附态，即$O^{-*}$和$O_2^{-*}$(超氧离子)。“*”代表表面上的一个吸附位点，而无论该位点是单核还是多核。为了明确其原状态，形成吸附键后，氧上的离子符号仍然予以保留。

$O^{-*}$吸附态十分活跃,即使温度不高也很容易与气相中的$H_2$、CO及各种烃类发生反应,如一氧化碳的氧化就是实例之一。与$O^{-*}$相反,$O_2^{-*}$吸附态比较稳定,活性也较差。不过$O_2^{-*}$通过进一步解离,也可转变为$O^{-*}$:

$$O_2^{-*} + * \xrightarrow{+e^-} 2O^{-*} \tag{8-1}$$

换言之,$O_2^{-*}$与$O^{-*}$两种吸附态在金属表面上同时并存,其相对量的变化,取决于作为吸附剂的金属及其吸附质本身的性质。

实验结果还表明,在金属表面上还可能存在除$O_2^{-*}$和$O^{-*}$之外的其他形式的吸附态,如$O^{2-*}$、$O_2^{2-*}$(过氧离子)和$O_3^{-*}$(臭氧离子)等,它们与$O^{-*}$和$O_2^{-*}$这两种吸附态的关系如下所示:

$$O^{-*} \xrightarrow{+e^-} O^{2-*} \tag{8-2}$$

$$O_2^{-*} \xrightarrow{+e^-} O_2^{2-*} \tag{8-3}$$

$$O^{-*} + O_2(\text{气态}) \longrightarrow O_3^{-*} \tag{8-4}$$

由此可知,这些吸附态实际上都是$O^{-*}$和$O_2^{-*}$进一步反应的结果,而且很不稳定,会逐渐按原式的逆方向进行分解。所以$O^{-*}$和$O_2^{-*}$是氧在金属表面的最基本、最主要的吸附态。

如前所述,氧和金属间的化学亲和力很强,因此氧在金属表面与金属形成表面化合物的倾向也很大。场离子显微镜(FIM)对金属的氧吸附表面进行的研究结果显示,每一个氧原子周围为几个金属原子所环绕,对于某一指定金属,氧原子与周围金属原子数量之比恒定,表明在吸附的初始阶段已潜伏了最终形成表面化合物的结果。一方面,由于氧与金属的表面化合物一般都很稳定,不易分解,因此闪脱谱等研究吸附的手段并不适用于对金属表面氧吸附状态的研究。另一方面,用LEED等方法已成功地测定了金属的氧吸附表面的超点阵及其成键方式。例如,对金属钨(100)晶面吸附氧过程的研究结果表明,当吸附量较少时,氧离子吸附在具有四核位点的表面原子空隙上方,构成C(2×2)图样,但随着吸附量的增大,氧原子开始吸附在具有单核位点的表面原子正上方,最终构成(1×1)图样。

此外,氧在金属表面的吸附还有其他两个值得注意的特点:

第一,金属在表面吸附了氧之后,将会改变对其他气体原有的吸附能力。这是因为金属表面吸附了氧并形成了金属的表面氧化物之后,金属表面将呈现明显的固态酸碱位(局部的或整体的),由此会对气相中的气体碱或气体酸表现出特殊的吸附能力。

第二,即使氧在金属表面已形成完整的氧化物膜层,在膜层外面仍有继续吸附氧的可能。这是因为,氧的吸附需要金属原子的供给和电荷的供应,即氧在金属表面上的吸附将伴随着电荷的重新分配。而在某些金属氧化物中(如$Cu_2O$、NiO、CoO、FeO等)有金属正离子空位,即有多余电荷,另一些金属的氧化物中($ZnO$、$CdO_2$、$TiO_2$、$Al_2O_3$等)则有氧离子空位,也就是有金属原子过剩,无论哪一种情况都将会继续金属表面对氧的吸附。

### 8.3.4 一氧化碳的吸附

一氧化碳在过渡金属表面上缔合吸附时形成的是$\sigma\pi$-配位吸附键。从一氧化碳的分子结构可以判定，碳端比氧端具有更大的活性，因此一氧化碳吸附在金属表面时，必然是碳端与表面原子结合成键，而氧端基本上不参与吸附的成键过程。用俄歇电子能谱（AES）、离子散射谱（ISS）等方法对一氧化碳在过渡金属表面吸附的测试结果均证实了这一推断。在了解了一氧化碳在过渡金属表面上所形成的吸附键本质后，以研究得比较充分的 W－CO 吸附体系为例对一氧化碳在过渡金属表面的吸附态进行讨论。由一氧化碳在金属钨（100）和（110）晶面上的吸附闪脱谱可以发现，一氧化碳有 $\alpha$ 和 $\beta$ 两种吸附态，其中 $\alpha$-吸附态是指在800℃以下脱附的吸附态，而在900℃以上脱附的是 $\beta$-吸附态。

$\alpha$-吸附态是以未曾解离的分子态一氧化碳在金属钨表面缔合吸附的结果，其饱和覆盖率约为0.5，成键方式是碳端与金属表面原子结合而氧端垂直向上，由此形成链式吸附。已有实验结果（如二次离子质谱 SIMS，LEED）确认，$\alpha$-吸附态应该是单核链式键和双核桥式键（对一氧化碳而言仍属链式键）两者并存，甚至还有四核位点的成键。虽然实验结果显示的 $\beta$-吸附态有多个，但目前倾向于认作是一个吸附态，其饱和覆盖率在0.5～0.7之间。在对 $\beta$-吸附态的吸附键问题的认识上目前尚有分歧。一般倾向于把 $\beta$-吸附态看作是一个碳氧键被程度不同地削弱了的环式吸附键，即认为一氧化碳分子中的碳氧键由于反馈 $\pi$-成键被削弱而使氧端的活性增加，变碳端吸附的链式键为碳端和氧端同时与金属原子键合的环式键。也有人提出 $\beta$-吸附态是解离式吸附，但在 $\beta$-吸附态的脱附实验中始终未发现有游离氧脱附。

### 8.3.5　二氧化碳的吸附

由于二氧化碳分子结构的对称性，使得分子中的两个 C═O 键极性抵消，整个分子的偶极距为零。因此二氧化碳不能像一氧化碳那样进行端侧的缔合式化学吸附，也不能像乙烯那样进行两碳原子之间的缔合吸附。换言之，二氧化碳不能在金属表面形成配位吸附键，只能进行解离吸附。这就是二氧化碳在金属表面的吸附比一氧化碳困难得多，吸附量也小得多的原因。

研究结果显示，二氧化碳的解离吸附可以有完全解离吸附和不完全解离吸附两种形式，后者实际上是前者的过渡状态。由于完全解离反应涉及 C═O 双键的断裂，要求有很高的激活能，因此以不完全解离方式形成吸附键的可能性更大，即当二氧化碳的某一个 C═O 双键中一个键断开后，碳和氧都跟表面金属原子形成了吸附键，而碳与氧之间的键合仍部分保留。这一结论已在一些金属表面吸附二氧化碳的实验中得到证实。二氧化碳不易被金属表面吸附的另一个原因是所谓的“位阻”现象，即每个二氧化碳分子吸附时要求占据的表面位点远多于其他气体，如氢、一氧化碳等。位阻现象的存在不仅减少了吸附量，也使吸附过程发生困难。

### 8.3.6　碳氢化合物的吸附

#### 1. 链烷烃

在金属表面的吸附行为方面，饱和碳氢化合物（主要是链烷烃）与其他碳氢化合物之间有很大的差别。

以饱和碳氢化合物中结构最简单的甲烷为例。甲烷在过渡金属表面上的吸附是典型的解离吸附。解离后的甲基和氢离子均与金属表面原子形成共价吸附键,其中甲基吸附态还可继续脱氢,最后只剩下一个碳原子与金属表面原子相键合,这即是甲烷渗碳的基本反应。

多碳链烷烃分子在与金属表面发生碰撞后,则可能出现两种形式的解离吸附:脱氢解离吸附和断键解离吸附。前者指链烷烃分子中的某个C—H键断开,原分子中脱出一个氢,后者则指断开碳氢化合物中某处或某几处的C—C键,由此为化学吸附创造条件。由于两种键的断裂所需能量相似,所以这两种形式的解离吸附出现的概率均等。实验结果表明,饱和链烷烃分子中碳原子的数量越多,C—C键断开的机会越多,脱氢的机会也越多。显然,链烷烃中以甲烷的吸附能力为最弱。

应该指出的是,无论是断C—C键还是C—H键,与金属表面原子相键合的只能是碳氢化合物中的碳原子。氢原子除非已单独脱开,否则就不能与金属形成金属-氢吸附键。此外,饱和烷烃吸附反应的结果往往是形成非饱和烃,乙烷吸附后变为乙烯即是最有名的例子之一。

在金属表面吸附方面具有实用意义的碳氢化合物,除链烷烃外,还有烯烃、炔烃、芳烃及一些含氧碳氢化合物。

**2. 烯烃**

乙烯是最简单的烯烃。一般认为,乙烯在过渡金属表面上通过形成 $\sigma\pi$-配位键而被吸附,但在某些情况下(如乙烯在镍(111)晶面上的吸附)也可能形成双 $\sigma$-吸附键,后者被认为是一种活性的过渡态。实验结果还表明,并非所有过渡金属的表面吸附乙烯时都将形成配位吸附键,如ⅢB、ⅣB族的金属等就难与乙烯形成配位吸附键。由于烷烃和多碳烯烃吸附时也经常伴随乙烯的解离(如乙烷在金属表面吸附过程中解离为乙烯,如图8-6所示),因此研究乙烯的吸附很有意义。

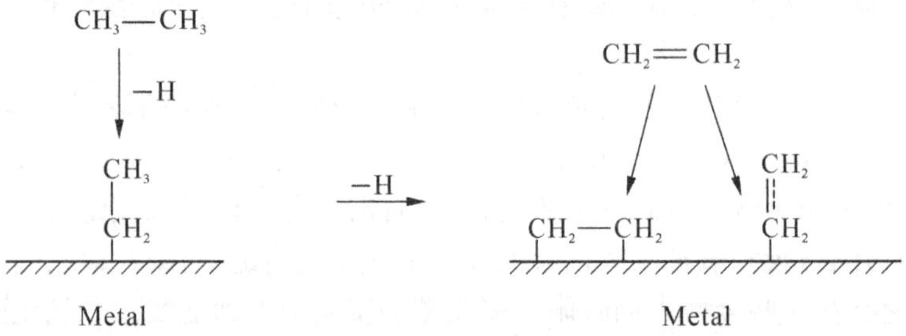


(a) 乙烷在金属表面的吸附　　(b) 乙烯在金属表面的吸附

**图8-6　乙烷在金属表面的吸附过程中解离为乙烯**

多碳烯烃在金属表面则可能形成多种不同的吸附键。以丙烯为例,丙烯在过渡金属表面上吸附成键时,主要以双键与过渡金属表面原子形成 $\sigma\pi$-配位吸附键。在吸附键形成过程中,C—C单键可以保持不变,也可以断开,形成 $CH_3{}^*$ 和 $C_2H_3{}^*$ 两个吸附单元,此为解离吸附。丙烯在过渡金属表面的另一种解离吸附态为,吸附时先脱去甲基上的一个氢,使其变为烯丙基的吸附。烯丙基中的三个价电子,两个进入金属的sp杂化轨道中空的轨道,形成 $\sigma$-键,一个存在于非键轨道中,形成较弱的反馈 $\pi$-键。一般而言,随着温度的升高,解离吸附的机会增多。

### 3. 炔烃

炔烃在过渡金属表面上的吸附能力比烯烃强。以乙炔($C_2H_2$)为例，在很短的时间内，乙炔在金属表面的吸附就能达到饱和。根据乙炔分子的结构，即碳原子间由 C≡C 键相键合，其中含一个 $\sigma$-键和两个 $\pi$-键。一般认为，乙炔在过渡金属表面上的吸附和乙烯一样，是形成 $\sigma\pi$-配位吸附键的缔合吸附。为了进一步解释乙炔特殊的吸附活性和在吸附过程中明显的析出碳的能力，也有人提出其他不同的吸附模型，如二位 $\sigma$-键吸附、桥式 $\sigma\pi$-键吸附和脱氢链式键吸附等，但均缺乏实验证据。

### 4. 芳烃

芳烃分子结构的特点是其有稳定的六角形芳核，由此可以推断，芳烃在过渡金属表面上的吸附特性必然与其他碳氢化合物不同。以芳烃中最基本、最具代表性的苯($C_6H_6$)为例，目前对苯在过渡金属表面上的吸附形式提出了多种模型，其中有代表性的包括一位 $\sigma$-键模型、二位 $\sigma$-键模型、六位 $\sigma$-键模型和缔合 $\pi$-键模型等。有研究结果证明，环烃中的氢具有更大的活性，即环烃中的 C—H 键容易断开而发生脱氢反应，为环烃的被吸附创造了条件。据此可以推断一位 $\sigma$-键、二位 $\sigma$-键、甚至六位 $\sigma$-键吸附态的存在。也有人更倾向于缔合 $\pi$-键吸附态，其依据是，在大部分场合下环烃的六角环所处的平面与金属表面平行，而在环烃分子的构造中有垂直于环平面的大 $\pi$-键，具有与过渡金属表面形成配位吸附键的条件，即缔合 $\pi$-键吸附所要求的激活能最低。值得强调的是，芳烃分子中的芳核十分稳定，在吸附过程中无论形成怎样的吸附态，均不易被拆开。这即是苯不具有渗碳能力的原因。

值得指出的是，碳氢化合物在金属表面的吸附有一个显著特点，即在吸附键形成之后，仍有可能发生一系列的后续反应。如乙烷的脱氢解离吸附所生成的乙基吸附态可以再脱氢形成双 $\sigma$-键的乙烯吸附态。又如乙醇脱氢后其吸附行为与乙醛完全相同，而在乙醛吸附态的后续反应中，脱氢反应将继续进行下去，直到金属表面上只剩下不参加吸附反应的羰基(C═O)或 C。简言之，碳氢化合物被金属表面吸附后的后续反应之程度取决于吸附体系的能量条件和反应条件(温度、气相成分、表面状态、吸附剂种类等)。一般而言，碳氢化合物中的碳原子越多，解离越不容易进行彻底，即后续反应一般很难全部进行到底。

## 8.4　金属的表面腐蚀

通常把腐蚀环境中摩擦表面出现的材料流失现象称为腐蚀磨损，简称磨蚀。习惯上把金属受大气中的水分、氧气及其他腐蚀性气体等介质的影响而引起的腐蚀或变色称为生锈或锈蚀，把在高温下空气对金属的侵蚀叫做氧化，而把在强腐蚀性化学介质中引起的侵蚀叫做腐蚀。

### 8.4.1　腐蚀与钝化

金属的腐蚀是指金属及合金在外围介质的化学或电化学作用下发生破坏的过程。腐蚀过程的速度与金属材料和腐蚀介质的性质等腐蚀因素有关。在多数情况下,由多个腐蚀因素的组合对腐蚀速度发生影响。减弱或消除这些腐蚀因素的影响,便可以降低腐蚀速度,或者使腐蚀速度为零。

与金属材料本身性质有关的腐蚀因素称之为内部因素,包括金属的组成元素、多晶体的晶粒晶界、金属的纯度、金相组织、热处理、冷加工等,通常由材料的化学不均匀性或能量不均匀性引起。化学不均匀性起因于异质金属、金属氧化物或其他金属化合物的夹杂。对合金而言,则由结构中存在的不同相而造成。化学不均匀性是导致在金属表面各点腐蚀速度各异的主要原因。能量不均匀性源于材料中因各种原因产生的内应力差异。能量不均匀性的存在是使金属表面的均匀腐蚀变为局部腐蚀或晶间腐蚀的主要原因。

与腐蚀介质性质有关的腐蚀因素称之为外部因素,包括介质的化学成分、离子浓度、温度、压力等。这些因素在腐蚀过程的初始阶段决定热力学和动力学反应参数,对腐蚀过程起决定性作用。与内部因素不同的是,外部因素在腐蚀过程中通常要发生变化。如在腐蚀的初始阶段,温度及压力是决定因素,但随着表面氧的消耗,反应所需要的氧只能靠扩散的方式向表面趋近,此时氧的扩散就变成了决定性因素。

如前所述,金属与介质之间的化学反应是金属腐蚀过程的重要内容。然而并非任何化学反应均是腐蚀过程。腐蚀过程的反应产物不能阻止金属表面进一步的破坏,而防止或大大减缓进一步腐蚀的薄膜生成过程不能叫做腐蚀。后一种情况称之为金属的"钝化",或称金属表面呈"钝态"。换言之,金属钝化过程就是金属表面由活性溶解状态转变为钝态的过程。金属钝化后,由于金属和介质的作用,在金属表面生成一层极薄的、致密的、覆盖性能良好的钝化膜。钝化膜既可以是固相膜,也可以是吸附膜,其厚度因金属而异,如在碳钢上最厚可达 10 nm,而在不锈钢上通常仅为 1 nm。大多数钝化膜是由金属氧化物组成的,此外还可以是难溶的金属盐,如铅在硫酸中形成硫酸铅膜,其他如铬酸盐、硅酸盐、磷酸盐等也可构成钝化膜。在金属发生钝化后有两个显著特征:腐蚀速度大幅下降,可降 4～8 个数量级;大多伴随电极电位的正向移动(0.5～2.0 V),接近贵金属的电位。

大多数金属几乎在所有腐蚀介质中都不是惰性的。某些金属可能在一种介质中呈惰性,而在另一种介质中呈活性。金属具有完全的钝态则是极为罕见的。例如,在自然界里,除金、银、铂等少数几种金属外,几乎所有的金属总是与氧化合成稳定的化合物而存在的。钝态现象或者说金属和合金的钝化对金属的防腐蚀具有十分重要的意义,许多防止金属表面腐蚀的加工方法就是建立在这一现象的基础之上的。例如,高压釜的镀镍表面因腐蚀而逐渐发暗,生成一层不透明的薄膜状腐蚀产物,从而保护镀镍表面不再进一步破坏。又如,通过外加阳极电流的方法(电化学方法)使金属由活性状态转变为钝态的阳极极化(又称阳极钝化)过程,是提高金属和合金的耐蚀性,实现所谓"阳极保护"的有效手段。图 8-7 即是以具有活化-钝化转变行为的金属恒电位阳极极化曲线描述了金属的阳极钝化过程。

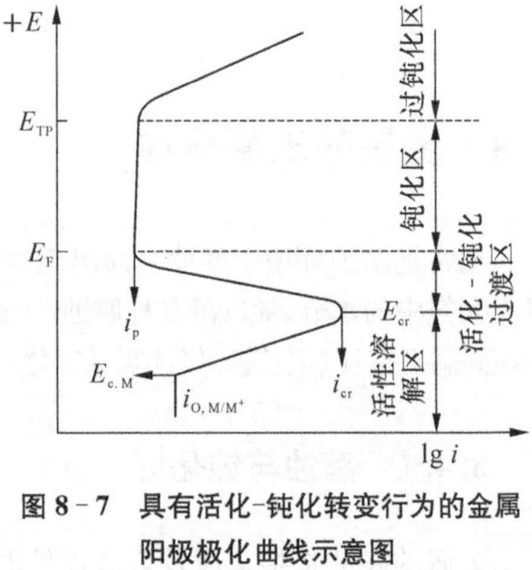


**图 8-7　具有活化-钝化转变行为的金属阳极极化曲线示意图**

### 8.4.2 腐蚀的分类

金属的腐蚀有不同的分类方式，通常按腐蚀原因、形态、环境等进行分类。

根据化学反应可分为电化学腐蚀和化学腐蚀。金属在自然环境和工业生产过程中发生的腐蚀主要是电化学腐蚀。金属的电化学腐蚀是金属通过氧化还原反应而被氧化的过程。在发生电化学腐蚀时，金属的破坏通常是在导电介质——电解质中发生的，并与电流通过有关。例如，钢铁在潮湿的空气、海水、土壤中的腐蚀就属于电化学腐蚀。可以将金属和电解质组成的电化学腐蚀体系视为一个短路的原电池，通常把发生氧化反应的低电位端称为阳极，发生还原反应的高电位端称为阴极。对于金属/电解质溶液体系，必须满足阳极反应和阴极反应的组合，才能形成腐蚀电池。在实际工程应用中，不同金属的零件结合时，或使用含有金属夹杂的金属时，电化学溶解过程便可能发生。任何一种金属都是非均质的，如果在给定条件下不稳定，则电化学腐蚀亦不可避免。如上所述，金属表面在所处的介质中形成腐蚀电流是产生电化学腐蚀的根本原因，而金属在介质的化学作用下不伴有电流通过的破坏则是化学腐蚀。化学腐蚀介质一般是高温气体或非导电液体。在工程应用上较突出的例子是金属遭受的燃气高温热腐蚀，主要是钒蚀和碱性硫酸熔融腐蚀，因为在燃气中含有 $V_2O_5$、$Na_2SO_4$、$K_2SO_4$ 等灰分物，它们沉淀于金属材料表面，生成各种低熔点物质，在高温下以熔融状态存在，破坏金属表面的保护膜。在化学腐蚀过程中，如果腐蚀产物不能形成防护薄膜，则腐蚀过程与时间成正比。如果能够形成防护性的薄膜，则腐蚀速度取决于温度的高低。

根据腐蚀外观可分为均匀腐蚀和不均匀腐蚀。沿材料的整个表面均匀进行的腐蚀过程称为均匀腐蚀。在均匀腐蚀过程中，化学或电化学反应发生于全部暴露的表面或绝大多数的表面上，各处的腐蚀速度基本相同。腐蚀产物一般盖满整个表面，在放大的遭受腐蚀表面的照片上可以观察到大量的、紧紧相接的很小的腐蚀源，但有时腐蚀表面还是光洁的。均匀腐蚀的速度根据单位时间内的质量损失或尺寸减小来确定。均匀腐蚀的结果造成金属大范围全面减薄以致被破坏，不能再继续使用。不均匀腐蚀是一种从金属表面开始在很小的局部区域内发生的选择性腐蚀破坏现象。在质量损失相等时，不均匀腐蚀通常比均匀腐蚀发生得早。不均匀腐蚀又称局部腐蚀，包括点状腐蚀、分层腐蚀、选择腐蚀、晶间腐蚀、穿晶腐蚀和线状腐蚀等，其中点状腐蚀(简称点蚀)是最重要的局部腐蚀现象之一。发生点蚀时，金属表面大部分未受腐蚀或仅有轻微的腐蚀。蚀孔的直径在多数情况下比较小，一般都小于其深度，所以通常以蚀孔的最大深度和金属平均腐蚀深度的比值(即点蚀系数)表示点蚀的严重程度。点蚀系数越大，表示点蚀越严重，点蚀系数为 1，则表示均匀腐蚀。点蚀多发生在金属表面钝化膜的缺陷部位或具有阴极性镀层的金属上。孔蚀一旦发生，蚀孔即进一步长大。影响点蚀的主要因素包括腐蚀介质特性(如腐蚀溶液的成分、pH、流速等)、环境温度和金属本身的特性。研究结果表明，合金成分对耐点蚀能力有重要的影响，其中 Cr 和 Mo 是提高不锈钢耐点蚀性能的最有效元素，其次是 N 和 Ni 等。S 和 C 等元素则会降低不锈钢的耐点蚀能力。图 8－8 为合金元素对不锈钢在氯化物溶液中耐点蚀性能的不同影响。

根据决定性因素可分为材料应力腐蚀和疲劳腐蚀。应力腐蚀断裂是指金属构件在特定腐蚀介质和拉力同时作用下发生的脆性断裂现象。这种局部腐蚀造成的断裂是应力与化学

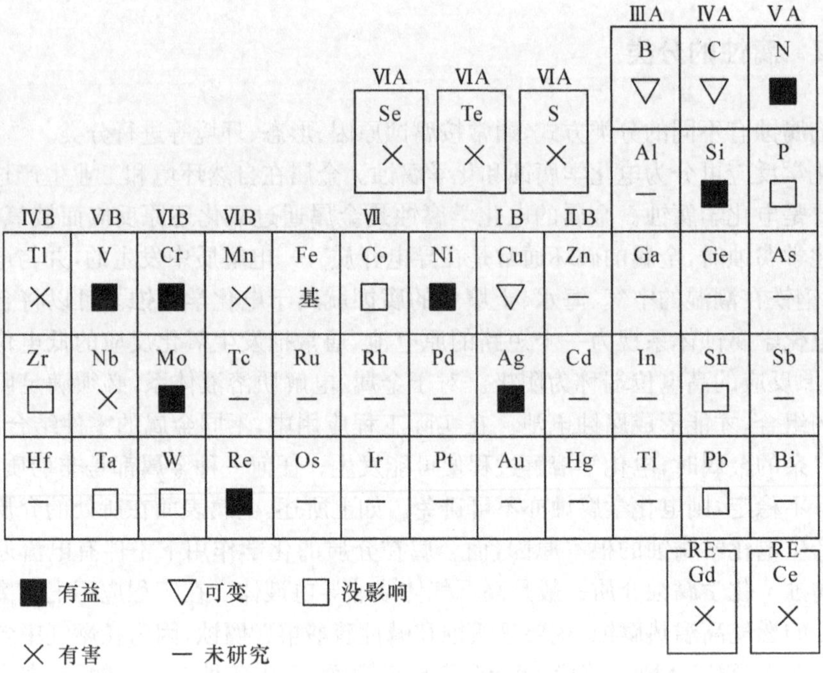


图 8-8 合金元素对不锈钢在氯化物溶液中耐点蚀性能的影响

介质联合作用的叠加效应所引起的金属脆断。应力腐蚀系统的主要特征包括:发生应力腐蚀的主要因素是拉伸应力;某些敏感金属与介质的结合才会发生应力腐蚀破坏;应力腐蚀是一种滞后破坏过程,小于单纯力学因素引起的断裂速度。由于应力能加速腐蚀并在很大程度上把腐蚀集中在表面不大的部位上,尤其能促进晶间腐蚀。因此应力腐蚀属于不均匀腐蚀。疲劳腐蚀是在腐蚀介质和循环应力联合作用下引起的材料开裂现象。虽然疲劳是任何一个机械组件都会出现的问题,但在腐蚀介质中发生的疲劳要比在空气中测得的力学疲劳严重得多,且找不到疲劳极限,当材料承受的某种振动负荷或某种不规则的反复负荷足够大时,疲劳破坏将在小于材料疲劳极限强度的应力下发生(见图 8-9)。另一方面,疲劳腐蚀的作用大于腐蚀与疲劳单独作用的总和,从而使金属的耐久性明显降低。

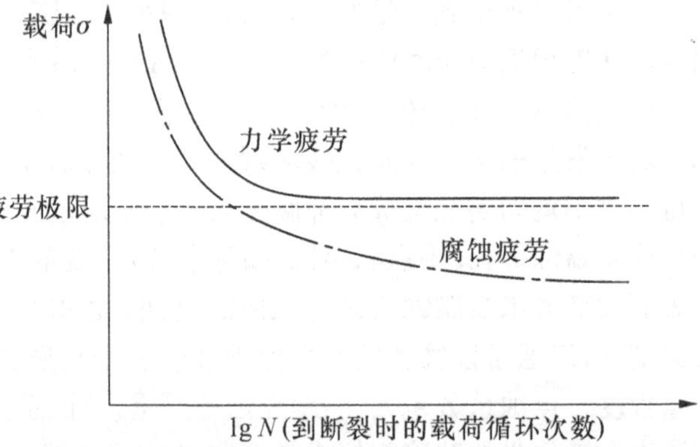


图 8-9 力学疲劳与腐蚀疲劳寿命的 $\sigma$ - lg $N$ 曲线

根据腐蚀介质可分为大气腐蚀、土壤腐蚀、水腐蚀和气体腐蚀。大气腐蚀是最常见的腐蚀形式。腐蚀机理及腐蚀过程的速度取决于表征大气特性的一些因素,如相对湿度、pH、光照、各种组分的腐蚀性、二氧化硫含量、氯化氢及硫化氢含量等。大气腐蚀属于电化学腐蚀,因此它赖以进行的必要条件是电解质的存在，即存在一个临界相对湿度，在此湿度以上，水分子能在金属表面上凝结而形成水膜。大气里含有的腐蚀性组分作为改变水膜性质的一个重要因素参加这一过程，并直接与金属及其腐蚀产物发生反应。土壤腐蚀及水腐蚀就其机理而言类似大气腐蚀，属于电化学腐蚀，所不同之处在于腐蚀介质中不含气体组分，而含有各种盐类、有机物质及微生物活动的产物。放在土壤及水中或与之接触的金属装置及金属结构通常易遭受土壤及水腐蚀。如在建造大堤坝工程上，防止土壤及水腐蚀对金属部件的破坏尤其重要。气体腐蚀包括高温干燥气体和湿润气体两类。高温干燥气体腐蚀是化学腐蚀，如在燃气涡轮及燃气压缩机上常遇到这种腐蚀形式。湿润气体则类似被气体所饱和的液体膜，所引起的是电化学腐蚀。

### 8.4.3　防止金属腐蚀的方法

在全世界，因腐蚀造成的损失相当惊人。据统计，金属腐蚀约为钢年产量的1/3，为有色金属年产量的1/6。因此，金属的防腐工程在实际应用中具有重要意义。

防止金属腐蚀的方法和途径有许多，主要分为以下四类：产品合理设计与正确选材；表面涂覆及表面处理；改变或处理腐蚀介质；电化学保护。

采用不易与周围介质发生反应或能生成致密钝化膜的金属及合金材料（如不锈钢）来加工产品是有效的防腐方法。选择多种材料时还必须考虑不同材料相互接触时可能产生的电偶腐蚀问题。通过热处理对金属的金相组织做必要的改变能把金属不均匀性减少到最低程度，从而消除许多内部腐蚀因素。产品设计则必须了解产品的使用和工作环境，对一些槽池壁厚的设计除考虑机械强度的保障外，还必须预留腐蚀余量。产品表面形状的合理设计至关重要，如在连接工艺中应尽可能少留死角，以避免水分或其他腐蚀介质的存留，造成缝隙腐蚀。

表面涂覆即是在金属表面制成保护层，隔开金属基体与腐蚀介质的接触。防护性涂层与腐蚀的作用正好相反，它能使金属表面均匀、钝化，或者通过化学或电化学的反应来消除金属表面的不均匀性。金属表面的保护性覆层一般分为两类：阳极性金属覆层；阴极性金属及非金属覆层。前者除了自身的耐蚀性外，还可以作为阳极对金属起保护作用，如钢铁表面的锌、铝、镉等，在大气介质中，锌为阳极，优先腐蚀，铁得到保护。后者主要是通过自身良好的耐蚀性和稳定性起到机械屏障的作用，把金属与腐蚀环境隔离开，如常用的镍、铬、铜、陶瓷、珐琅、有机涂层等。

改变或处理腐蚀介质的性质也是防止金属腐蚀的有效方法。腐蚀介质的处理方法一般分为两类：一类是降低或消除介质中的有害成分，改善介质性质，如在热处理炉中通入保护气体以防止氧化，不过这种方法只能在腐蚀介质数量有限的条件下进行，对于充满空间的大气当然无法处理；另一类就是在腐蚀介质中加入缓蚀剂，使金属的腐蚀速度大大降低，如在自来水中加入一定量的苛性钠或石灰，以除去水中过多的 $CO_2$（$CO_2 + 2NaOH = Na_2CO_3 + H_2O$），防止水管腐蚀。缓蚀剂也可以是一类特殊的活性物质，通过在金属表面的吸附，使其表面钝化，从而达到减缓或抑制腐蚀过程的目的。

电化学保护则是指用直流电将被保护的金属进行钝化，从而使金属的腐蚀减缓或停止。电化学保护方法分为阴极保护和阳极保护两大类。阴极保护指用电化学方法使被保护工件在工作条件下的电位移至平衡可逆电位以下，从而停止腐蚀。阴极保护可通过外加阴极电流或在被保护设备上联结一个电位更负的金属作阳极(称为牺牲阳极)来实现。阳极保护法则是使腐蚀件的电位正移,在表面形成稳定的钝态而受到保护。实现阳极保护的途径一是施加外电流,将被保护工件作为阳极;二是在被保护的工件或合金中加入可钝化元素,使表面形成稳定的钝化膜。当介质中含有较高浓度的活性阴离子时,不能采用阳极保护法。

## 8.5 金属的表面改性

随着科学技术的发展,对各种机器零件的表面耐蚀性、耐热性、耐磨性以及各种模具和刃具的使用寿命的要求也不断提高,由此各种金属表面处理技术得到了迅速发展,各种新的工艺方法竞相出现,使表面处理技术成为一个种类繁多的庞大的工艺技术门类。表 8-1 根据传统的说法,将这一大门类的金属表面处理技术进行了分类。实际上由于发展的结果,其中的一些方法已互相渗透而难以细分了。

**表 8-1 金属表面处理技术分类**

| 工艺分类 | 工 艺 方 法 | |
|---|---|---|
| 表面淬火法 | 传统工艺 | 感应加热淬火、火焰加热淬火 |
| | 高能量密度加热 | 电子束、激光束加热淬火 |
| 化学热处理 | 固体粉末法 | 固体渗碳、渗硼、渗铝等 |
| | 气体法 | 气体渗碳、渗氮、氮碳共渗等 |
| | 盐浴法 | 氰化、软氮化、渗硼、渗金属 |
| | 流态化床法 | 渗碳、碳氮共渗、渗金属 |
| | 真空化学热处理 | 真空渗碳、碳氮共渗 |
| | 离子化学热处理 | 离子渗碳、渗氮、碳氮共渗 |
| 干式被覆方法 | 黏结、喷刷 | 表面烧结 |
| | 喷镀 | 火焰喷镀、电弧喷镀、等离子喷镀 |
| | 堆焊 | 激光熔覆、等离子弧堆焊 |
| | 物理气相沉积(PVD) | 真空蒸镀 |
| | | DC 溅射、RF 溅射、磁控溅射 |
| | | 空心阴极放电(HCD)离子镀、RF 离子镀等 |
| | 化学气相沉积(CVD) | 减压 CVD、常压 CVD |
| | | 等离子 CVD、激光束 CVD |
| | 高能束处理 | 激光表面处理、离子注入 |
| 湿式被覆方法 | 电镀、化学镀、阳极化处理、化学转化处理等 | |

## 8.5.1　激光束表面改性

激光表面改性是20世纪70年代发展起来的高新技术。它利用激光的高辐射亮度、高方向性、单色性特点，将其作用于金属表面，使金属的表面性能(特别是硬度、强度、耐磨性、耐蚀性和耐高温性)得到提高，大大提高产品的使用寿命。使用激光对金属处理的加工首先应用在切割、钻孔和焊接等成形加工方面，后来开始向金属的表面改性方向发展，广泛应用于汽车、机械、冶金、石油、机车、轻工、农机、纺织机械等行业中的部件及配件和刀具、模具等的表面加工，而且越来越显示出巨大的优越性。

激光表面改性的理论基础是激光与材料相互作用的一些规律，主要包括激光表面相变硬化、冲击硬化、熔覆、合金化和非晶化等过程。从工艺上看，这些过程的各自特点是作用在金属表面的不同激光功率密度和冷却速度所致(见表8-2)。

**表8-2　各种激光表面改性工艺的特点**

| 工艺方法 | 功率密度/($W \cdot cm^{-2}$) | 冷却速度/($℃ \cdot s^{-1}$) | 作用区深度/mm |
|---|---|---|---|
| 激光相变硬化 | $10^3$～$10^5$ | $10^4$～$10^6$ | 0.2～1 |
| 激光熔覆 | $10^4$～$10^6$ | $10^4$～$10^6$ | 0.2～2 |
| 激光合金化 | $10^5$～$10^6$ | $10^4$～$10^6$ | 0.2～2 |
| 激光非晶化 | $10^6$～$10^{10}$ | $10^6$～$10^{10}$ | 0.01～0.1 |
| 激光冲击硬化 | $10^9$～$10^{12}$ | $10^4$～$10^6$ | 0.02～0.2 |

### 1. 激光相变硬化

激光表面相变硬化又称激光淬火。它是以高能功率密度的激光束作用在金属表面，使其迅速加热至相变点以上，形成奥氏体，并通过仍处在冷却态的基体与加热表面之间形成的极高温度梯度的热传导，在激光辐照停止后快速($10^5$℃/s)自冷淬火而得到马氏体组织，由此形成表面相变硬化层。激光相变硬化工艺的目的是为了增加金属的硬度和强度，减低磨损和提高疲劳寿命，以及对马氏体不锈钢再行淬火硬化和产生表面碳化物等，主要适用于珠光体灰铸铁、铁铸体灰铸铁、球墨铸铁、碳钢、合金钢和马氏体不锈钢等的表面处理。

与其他激光表面处理工艺相比，激光相变硬化工艺的优点主要是：硬层组织细化，硬度比常规淬火高15%～20%，耐磨性能提高1～10倍(见图8-10)；加热快，成本低，周期短；易在工件特殊部位(如槽内壁、槽底小孔、深孔、盲孔等)的表面硬化；硬化加工区变形小，无表面脱碳，对表面粗糙度影响小，易精确控制硬化层深度；无需油、水等淬火介质，有利于环境保护。

激光相变处理工艺的局限性在于硬化层深度较低，一般在1 mm以下。此外，由于金属表面对激光波长(10.6 μm)反射严重(大于90%)，因此需要在工件表面涂层或作其他预处理，以提高均能数对激光的吸收。

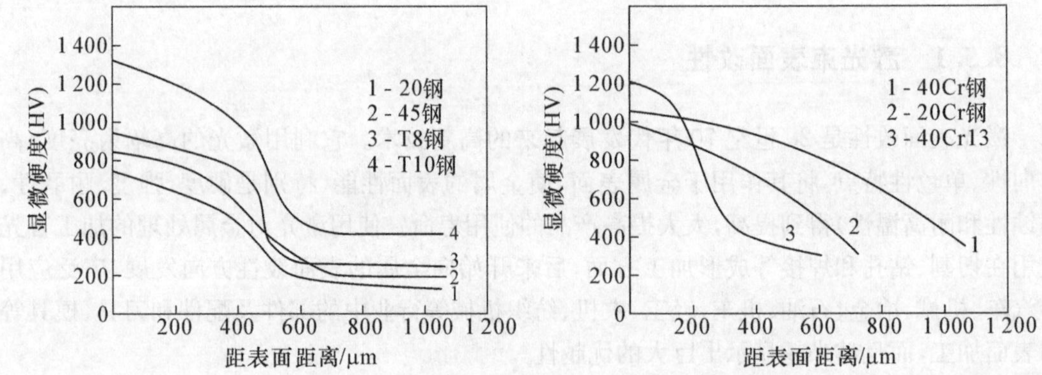


图 8-10　不同金属材料在激光表面硬化后的硬度分布

### 2. 激光熔覆与合金化

激光熔覆技术是采用激光加热基体材料并形成浅熔池，同时加入其他种类的粉末一起熔化，随后迅速凝固，得到一层新合金层。熔覆材料和基体材料达到冶金结合但又要求只受到最小的稀释，从而提供良好的磨损和腐蚀抗力。

激光合金化处理是一种应用激光束将基体材料和加入的合金化粉末一起熔化后迅速凝固，从而获得新的合金结构的技术。激光合金化常用的合金元素有 Cr、Mn、Mo 等。激光熔覆与合金化技术的主要工艺参数及特点归纳于表 8-3。

表 8-3　激光熔覆与合金化技术工艺参数及特点

| 种　类 | 需控制的主要工艺参数 | 特　点 |
|---|---|---|
| 脉冲激光 | 激光束的能量、脉宽、频率、光斑形状、工件移动速度等 | 可以在大范围内调节合金元素在基体中的饱和度；<br>生产效率低，表面易出现鳞片状宏观组织 |
| 连续激光 | 光束形状、扫描速度、功率密度、气体种类和流向、材料的成分、粒度、供给方式、供给量及稀释度等 | 生产效率高；<br>易处理任何形状的表面；<br>层深均匀 |
| 固态合金化① | 光束形状、扫描速度、功率密度、气体种类和流向、材料的成分、粒度、供给方式、供给量及稀释度等 | 渗入材料具有广泛选择性 |
| 液态和气态合金化② | 渗入元素或化合物的成分和密度、激光功率密度和作用时间等 | 形成难熔硬质相；<br>在熔池中形成的金属间化合物分布均匀，耐蚀性和耐磨性好 |

注：①掺入的合金元素在激光作用时呈固态，可分为非金属合金化(如碳、硼、氮等)、金属元素合金化(如铬、铝、钨、钴等)和化合物合金化(如难熔金属碳化物 TiC、NbC、VC、WC 等)；②掺入的合金元素在激光作用前呈液态或气态。

### 3. 激光非晶化

激光表面非晶化处理技术基于被加热的金属表面熔化，然后急冷(大于临界冷却速度)到低于某一特征温度，以抑制晶体成核和生长而获得非晶态金属。就非晶态合金而言，有许多优异的特性是晶态合金无法相比的(见表 8－4)。同样表面非晶化金属具有很高的耐磨性、耐蚀性、特殊的电学、磁学和化学特性。与急冷法制取的非晶态合金相比,激光表面非晶化技术的优点在于冷却速度快,表面非晶层可控,且对纯金属元素也可获得非晶层。

**表 8－4 非晶态合金的特征**

| 特征 | | 非晶态特点 |
|---|---|---|
| 力学性能 | 强度 | 比常用材料高 2 000～5 000 MPa |
| | 弹性 | 比晶态金属低 20%～30% |
| | 硬度 | 高,HV: 600～1 200 |
| | 加工硬化 | 接近零 |
| | 加工性 | 冷压延性达 30% |
| | 耐疲劳性 | 比晶态金属差 |
| | 韧性 | 大 |
| 磁学性能 | 导磁性 | 可与铁、镍、钼超级导磁合金媲美 |
| | 磁致伸缩 | 与晶态金属相当 |
| 电学性能 | 电阻 | 为晶态金属的 2～3 倍 |
| | 温度变化 | 霍尔系数温度变化小 |
| 其他 | 密度 | 比晶态金属小约 1% |
| | 耐腐蚀性 | 比不锈钢高 |

### 4. 激光冲击硬化

激光冲击硬化是应用脉冲激光作用于金属表面所产生的高强冲击波或应力波。这种冲击波是在激光功率密度大于 $10^9$ W/cm$^2$,脉冲持续时间为 20～40 ns 时,激光使材料表面薄层迅速汽化,表面原子逸出期间发生动量脉冲而产生的。冲击波产生的压力幅度约为$10^4$ Pa,作用范围局限于靠近激光照射表面附近的区域。在激光冲击区,金属表面产生强烈的塑性变形,显微组织呈现位错的缠结网络,其结构类似于经爆炸冲击及快速平面冲击的材料中的亚结构。这种亚结构明显提高了金属的表面硬度、屈服强度和疲劳寿命。如对 Ti－V 合金,经激光冲击后表面硬度增加 20%,对不锈钢累计冲击 5 次后,表面硬度增加 40%。又如对防锈铝合金与硬铝合金焊缝区进行激光冲击处理后,防锈铝合金焊缝区屈服强度提高到相当于焊前母材的水平,而硬铝合金焊缝区的屈服强度提高到介于冲击前和母材之间的水平(见图 8－11)。

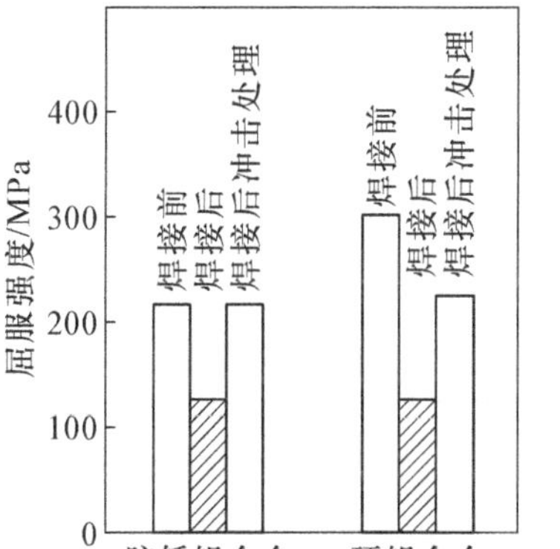


**图 8－11 激光冲击前后铝合金焊缝区强度比较**

## 8.5.2 离子注入表面改性

离子注入是将气体或金属元素蒸气通入电离室电离形成正离子,经高压电场加速,使离子获得高速后打入固体表面的物理过程。离子注入与离子镀的区别在于前者不是部分地而是全部地离子化。由于加速后的离子能量很高,因此这种离子有穿透基体金属工件的表面层,直接注入一定深度的能力,从而形成近表面合金(厚度≤1 μm)。离子注入所形成的表层合金不受相平衡、固溶度等传统合金化规律的限制,可以形成高度过饱和固溶体、亚稳态合金及化合物、非晶态和平衡态合金等不同组织结构的新材料。20 世纪 60 年代离子注入作为一项专门技术在半导体工业中得到了重要的应用,特别是在发展集成电路的精细掺杂工艺中,推动了集成电路的迅速发展,引发了微电子、计算机和自动化领域的革命。而从材料现代表面改性技术来看,离子注入技术是一种能精确控制材料表面和界面特性的有效手段,自 20 世纪 70 年代以来,美国、英国等国就开始将离子注入技术应用于金属的表面改性上,特别是在工具、刀具、模具制造业的应用效果突出。表 8-5 列举了离子注入技术在提高金属材料性能上的部分应用实例。

**表 8-5　离子注入在提高金属材料性能上的应用实例**

| 离子种类 | 母　材 | 改善性能 | 适用产品 |
|---|---|---|---|
| $Ti^+ + C^+$ | Fe 基合金 | 耐磨性 | 轴承、齿轮、阀、模具 |
| $Cr^+$ | Fe 基合金 | 耐蚀性 | 外科手术器械 |
| $Ta^+ + C^+$ | Fe 基合金 | 抗咬合性 | 齿轮 |
| $P^+$ | 不锈钢 | 耐蚀性 | 海洋器件、化工装置 |
| $C^+$, $N^+$ | Ti 合金 | 耐磨性、耐蚀性 | 人工骨骼、宇航器件 |
| $N^+$ | Al 合金 | 耐磨性、脱模能力 | 橡胶、塑料模具 |
| $Mo^+$ | Al 合金 | 耐蚀性 | 宇航、海洋用器件 |
| $N^+$ | Zr 合金 | 硬度、耐磨性、耐蚀性 | 核反应堆构件、化工装置 |
| $Y^+$, $Ce^+$, $Al^+$ | 超合金 | 抗氧化性 | 涡轮机叶片 |
| $Ti^+$, $C^+$ | 超合金 | 耐磨性 | 纺丝模口 |
| $Cr^+$ | Cu 合金 | 耐蚀性 | 电池 |
| $B^+$ | Be 合金 | 耐磨性 | 轴承 |
| $N^+$ | WC+Co | 耐磨性 | 工具、刀具 |

就离子注入在金属表面改性方面的应用而言,其提高材料表面硬度、耐磨性、抗疲劳性、耐腐蚀性的机理主要有以下几方面的原因:超饱和离子注入和间隙原子固溶强化,或间隙原子与替位原子对强化,使注入层体积膨胀,应力增大,位错受阻;析出相的弥散强化,如注入的非金属元素与金属元素形成各种氮化物、碳化物、硼化物等硬化物的弥散相;高密度位错强化或位错钉扎强化,如 Ti 离子注入至 H13 钢中,形成高密度位错网,或大量注入杂质聚集在因离子轰击产生的位错线周围,形成柯氏气团,并在位错上形成许多位错钉扎点,阻止位错运动;晶粒细化强化,即离子轰击导致晶粒细化,引起晶界增加,阻碍位错运动;离子注入产生的高损伤缺陷,形成可塑性表面层,阻止位错的移动;大剂量注入离子在近表面区域的充填,使表面产生压应力,抑制表面裂纹的产生和扩展;注入离子在表面形成稳定致密的

氧化膜,或使一些不互溶的元素形成表面合金、亚稳相合金、非晶态合金,或在晶界富集,阻塞氧的短程扩散通道,防止氧进一步向内扩散;离子注入元素可改变金属表面氧化膜的导电性,从而抑制阳离子的向外扩散,降低氧化速度。

### 8.5.3 表面镀膜改性

#### 1. 表面涂塑

金属表面涂塑就是采用各种方法在金属表面涂覆上一层0.02～3.0 mm厚的塑料薄膜。这层薄膜与金属基材有较好的结合力,本身具有优良的化学稳定性,同时将金属与周围环境介质隔开,从而达到防腐的目的。

由于金属的腐蚀现象主要产生于金属与周围环境介质的电化学作用,涂膜的防蚀作用就是防止水和氧及其他介质的渗入。大部分塑料都具有吸水性、透气性小的特点,水分、氧和其他电解质的渗透量很少。一旦和基材结合牢固,就阻碍了涂膜内电解质的移动,因而使金属的腐蚀速度大大降低。

各种涂料以及不同的涂塑方法所形成的涂膜性能各异,但总的来看,塑料涂层与油漆涂层以及金属镀层相比,涂膜结构致密,加之涂层一般较厚,所以对各种介质的屏蔽作用较好,这也是涂塑防腐寿命较长的原因。此外,塑料的装饰、绝缘、减磨、耐磨、吸震、消声等性能被愈来愈广泛地应用于金属表面涂层上。

作为金属表面涂塑的原料,按其热性能可分为热塑性和热固性塑料两大类。热塑性塑料涂料的品种主要有聚乙烯、聚氯乙烯、聚丙烯、聚丁烯、聚酰胺(尼龙)、氯化聚醚等。它们具有较高的相对分子质量,抗化学腐蚀性、韧性和抗弯曲性能优良,加工成型工艺简便,但通常耐热性和刚性较低。一些具有特殊性能的热塑性塑料,如各种氟塑料、聚酰亚胺和聚苯并咪唑等,它们具有耐高温、耐腐蚀、高绝缘、低摩擦系数等十分优良的性能。热固性塑料涂料的品种主要有环氧、聚酯、聚氨酯、有机硅、丙烯酸树脂等。这类塑料具有耐热性高、受压不易变形、价廉等特点,但一般而言,成型工艺较复杂,机械强度较差,后者可以通过各种工艺途径(如加入适量的填料)得以提高。热固性塑料加工成粉末涂料,在静电喷涂上用途甚广。

用于金属表面涂塑的塑料涂料,按其形态可分为粒子塑料和粉末塑料两大类,液态则很少使用。前者即指经过挤出造粒后直接用于金属表面涂塑生产的塑料,后者指必须加工成较细粉末状态才能进行金属表面涂覆的塑料。随着粉末技术的发展,粉末塑料的应用越来越广泛,出现了许多特种性能的粉末涂料,如防腐型、绝缘型、美术型、花纹型、阻燃型、耐热型等粉末塑料。

金属表面的涂塑方法有很多。从20世纪50年代起,火焰喷涂、热熏敷、流动浸塑、静电喷塑、静电流塑、挤塑、粉末电泳、薄膜滚压等涂塑方法相继出现,涂塑产品也从各种金属制品发展到金属丝、绳、网、管、板等钢铁基材的专业生产。由于金属表面涂塑在工艺上具有效率高、省材料、无污染等特点,加之性能上的优势,使其在许多方面取代了传统的金属油漆防腐,并将日益显示其独特的魅力。

#### 2. 气相沉积硬涂层

高硬度、高韧性的材料在许多应用中正变得日益重要,而满足对硬质材料要求的途径之一是应用硬质涂层。气相沉积技术是一种发展迅速、应用广泛的表面成膜技术,可以制备各种功能涂层,包括各种特殊力学性能(如超硬、高耐蚀、耐热和抗氧化等)的涂层。由于气相沉积技术对要制取涂层的类型和结构具有良好的适应性,并且由于许多难熔化合物对杂质敏感,要获得高质量的高熔点涂层必须使薄膜的生长在高清洁度下进行,这种要求对于在气相中进行的原子沉积工艺来说最易于满足,因此在实际应用中,气相沉积是最常采用的金属表面硬涂层保护处理技术。

气相沉积技术可分为物理气相沉积(PVD)和化学气相沉积(CVD)两大类。在真空条件下,以各种物理方法产生的原子或分子沉积在基材上并形成薄膜或涂层的过程称为物理气相沉积,包括蒸发镀膜、溅射镀膜、离子镀膜和分子束外延(MBE)等。化学气相沉积则是一种化学气相生长技术,即将一种或多种含有构成薄膜元素的化合物、单质气体通入放置有基片的反应室,借助气相作用或在基片上的化学反应生成所希望的薄膜,包括普通 CVD、等离子 CVD、光化学反应 CVD 和金属有机物 CVD 等。与 PVD 相比,CVD 可以方便控制薄膜组成,制备各种单质、化合物、氧化物和氮化物甚至一些全新结构的薄膜。运用各种反应方程式,选择并控制相应的温度和气体组成、浓度、压力等参数,还能控制所得到的薄膜性质。此外薄膜的沉积温度可以低于薄膜组分物质的熔点。CVD 技术的主要缺点包括反应温度较高,沉积速率较低,难于局部沉积,反应气体和反应后的余气都有毒性等,因此,CVD 工艺的应用不如 PVD(如溅射、离子镀)那样广泛。近年来出现了兼有 CVD 和 PVD 特性的薄膜制备工艺(如等离子气体沉积法),正在工业中得到越来越多的应用。表 8-6 综合列举比较了不同气相沉积技术的主要参数、沉积过程和沉积膜的特点。

**表 8-6 几种气相沉积技术的比较**

| | | 物理气相沉积(PVD) | | | 等离子增强化学气相沉积(PECVD) |
|---|---|---|---|---|---|
| | | 蒸发镀膜 | 溅射镀膜 | 离子镀 | |
| 涂覆材料 | 金属 | 可以 | 可以 | 可以 | 卤化物蒸气加 $H_2$ |
| | 合金(AB) | $p_A \approx p_B$ | 可以 | 可以 | |
| | 化合物 | $p_v > p_d$ | 可以 | 金属蒸气加气体 | 金属蒸气加气体 |
| 质点撞击能量/eV | | ≤0.4 | ≤30 | ≤1 000 | ≤0.1 |
| 沉积速度/(μm/min) | | ≤75 | ≤2 | ≤50 | — |
| 预清洁基体结合力 | | 好 | 优 | 优 | 好 |
| 背面涂覆 | | 不行 | 不行 | 稍行 | 可以 |
| 无热扩散时基体与沉积物之间的界面 | | 在 SEM 下清楚 | AES 观察到迁移 | 渐次变化 | 较清楚 |
| 工作压力/Pa | | $<10^{-2}$ | $10^{-2} \sim 1$ | $10^{-3} \sim 1$ | $10^{-2} \sim 10$ |
| 基体材料 | | 任意 | 任意 | 任意 | 任意 |

选用气相沉积硬涂层材料的主要考虑因素包括:涂层与基材的结合力;内应力与外加应力对内部强度的影响;涂层本身的硬度。硬涂层对基材的结合强度应足够高,使其能经得住高负载强度应用中外加力的作用,而不从与基材形成的界面上剥落下来。涂层中不同类型

的应力，尤其是张应力会引起界面破坏，因此涂层与基材由于热膨胀系数以及弹性模量的不同所产生的应力应通过对其组合最佳化选择而降至最低。在许多磨损应用中，涂层的硬度具有最重要的意义，磨料磨损的速率随涂层硬度的增高而迅速降低，甚至涂层硬度的很小增高也有极显著的作用。这可以通过选择本身硬度满足要求的涂层来解决，也可以用对涂层显微组织的改性来达到所希望的硬度。常用的硬涂层材料列于表 8－7，其中最重要的材料是氮化物和碳化物，其他难熔化合物（如氧化物和硼化物）的使用也在日益增加。

**表 8－7　常用硬涂层材料性能表**

| 材　料 | 杨氏模量 /(kN·mm$^{-2}$) | 泊松比 | 热膨胀系数 /×10$^{-6}$ K | 硬度 /(kg·mm$^{-2}$) | 熔化或分解温度/℃ |
|---|---|---|---|---|---|
| TiC | 450 | 0.19 | 7.4 | 2 900 | 3 067 |
| HfC | 464 | 0.18 | 6.6 | 2 700 | 3 928 |
| TaC | 285 | 0.24 | 6.3 | 2 500 | 3 983 |
| WC | 695 | 0.19 | 4.3 | 2 100 | 2 776 |
| $Cr_3C_2$ | 370 | — | 10.3 | 1 300 | 1 810 |
| TiN | — | — | 9.35 | 2 000 | 2 949 |
| $Al_2O_3$ | 400 | 0.23 | 9.0 | 2 000 | 2 300 |
| TiB | 480 | — | 8.0 | 3 370 | 2 989 |

过渡金属（尤其是ⅣB 族 Ti、Zr、Hf）的氮化物涂层已被广泛研究和应用，其应用范围从刀具、模具的磨损保护膜、装饰与太阳能吸收所用的光学膜，直到集成电路中的扩散阻挡层。其中研究最多的是 TiN，特别对于用 PVD 制备的薄膜，几乎所有反应方法（如活性反应离子镀）都使用过。对于耐磨应用，如刀具，最常用的是化学计量或接近化学计量的 TiN 薄膜。非化学计量、两相或多相（如 Ti＋$Ti_2N$、$Ti_2N$＋TiN）、含有四方结构（ε－TiN）相的 TiN 薄膜虽然也有极高的硬度，但一般认为太脆而未得到应用。ZrN 薄膜则研究得较少，主要用溅射法生长，用在刀具上或用作集成电路的扩散阻挡层。HfN 的高温硬度最高，并且在 CVD 过程中不形成脆性界面层，所以在耐磨应用中具有十分重要的作用。其他作为硬质涂层使用的氮化物还有第ⅤB 族过渡金属氮化物（如 TaN、NbN），第ⅥB 族过渡金属氮化物（如 CrN、MoN）以及 BN、$Si_3N_4$ 等。

使用和研究过的碳化物涂层与氮化物涂层的类型相类似。最常用的过渡族金属碳化物是第ⅣB 族的碳化物（如 TiC、ZrC、HfC），其中对由 CVD、PVD 生长的 TiC 薄膜研究得最多，而对 ZrC 和 HfC 薄膜的研究则相对少得多。第ⅤB 族过渡金属碳化物（如 VC、NbC、TaC），第ⅥB 族过渡金属碳化物（如 WC、$Cr_7C_3$）以及 BC、SiC 等也作为硬质涂层材料得到一定程度的研究和应用。

氧化物硬质涂层材料主要包括 $Al_2O_3$、$ZrO_2$ 和 $Ta_2O_5$。对气相沉积氧化物机械性能所做的研究工作主要集中在 $Al_2O_3$ 薄膜上。耐磨涂层氧化铝由 α－$Al_2O_3$ 和 γ－$Al_2O_3$ 组成，非晶态 $Al_2O_3$ 薄膜太软，因而多用于防腐涂层或电绝缘涂层。$Al_2O_3$ 硬涂层的工业应用主要是用 CVD 法与 TiN 和 TiC 形成多层结构沉积在硬质合金刀具上。

另外也有硼化物涂层和类金刚石涂层研究和应用的报道。前者主要包括 $TiB_2$、$ZrB_2$

和 $TaB_2$ 三种，尤其是 $TiB_2$ 具有良好的抗化学腐蚀能力，是极稳定的硬质耐热材料，在有冲蚀、腐蚀和高温的工程中得到较多应用。由于金刚石具有最高的硬度，对沉积金刚石薄膜也进行过不少努力。虽然形成金刚石的压力和温度条件十分苛刻，但借助于离子辅助沉积技术有可能形成硬度高达 6 000～7 000 kg/mm$^2$ 的金刚石薄膜。

由不同的氮化物、碳化物、氧化物和硼化物结合而形成的化合物和固溶体涂层可满足各种应用中对涂层的不同要求，是一个十分有希望的研究领域。例如，氧氮化合物或碳氮化合物不仅具有像氧化物涂层那样的化学稳定性，同时也能获得很高的强度。碳氮氧化物的研究也有报道，最常制取的混合化合物涂层是碳氮化钛，如成分接近 $TiC_{0.34}O_{0.32}N_{0.34}$ 的薄膜硬度可达 4 400 kg/mm$^2$。

### 8.5.4 化学热处理(热扩渗)

金属表面的化学热处理(或称热扩渗)是指在一定热处理条件下由周围介质向金属表面进行的物质输送过程。被输送的物质称之为“渗入元素”，所形成的合金层称为热扩渗层，简称渗层。化学热处理技术的突出特点是：渗层与基体金属之间是冶金结合，结合强度很高，渗层不易脱落或者剥落，这是其他涂层方法(如电镀、喷涂、化学镀、物理气相沉积)所无法比拟的。通过渗入不同合金元素或者采用不同渗入工艺，可以使工件表面获得不同组织和性能的扩渗层，从而极大提高工件的耐磨性、耐蚀性和抗高温氧化性等。

整个化学热处理过程包括四个分过程：介质中发生的化学反应；交换反应物与反应生成物在金属近表面进行的外扩散；金属表面吸附和由此产生的各种界面反应；渗入元素原子由表面向纵深方向的内扩散，由此构成具有一定深度的渗层。这四个分过程彼此独立，相互关联，相互制约，缺一不可。例如，表面吸附和界面反应使渗入元素由介质中转移到金属表面，导致渗入元素在表面浓度的提高，而这正是渗入元素向金属纵深方向扩散的基本动力。吸附与界面反应进行得越强烈，表面渗入元素的浓度就越高，内扩散也越快。反之，则内扩散速率减缓，难以达到所需渗层深度。

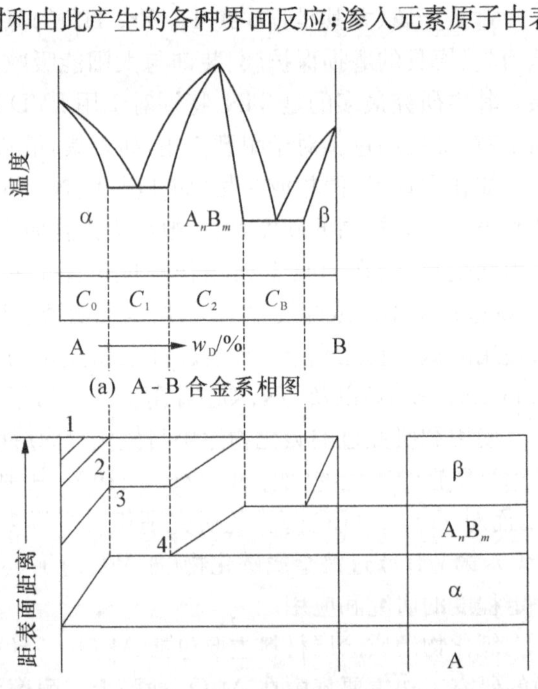

(a) A-B 合金系相图

(b) B在A表面层中的含量分布 (c) 渗层组织

**图 8-12 元素 B 在金属 A 表面饱和时渗层的形成过程**

由以上化学热处理过程分析可知，形成渗层的基本条件是欲渗元素与基材之间必须有直接接触，且在基体金属中有一定的渗入速度。此外，由于渗入元素原子存在于扩渗层的形式只能有两种，即与基体金属形成固溶体或金属间化合物或两者的复合层，因此溶质原子与基材金属原子相对直径的大小、晶体结构的差异、电负性的大小等因素必须符合一定条件。图 8-12 所示意的是用渗剂元素 B 向基体金属 A 中扩渗并形成渗层的过程。设A－B系相图具有如图(a)所示的形式。当将金属A放在B材料的粉末中并在某一温度下扩渗时，B渗入A中形成α固溶体。随着B原子的不断溶入与扩散，新相$A_nB_m$和β相继形成。渗层的最终组织如图(c)所示，而图(b)则表示不同阶段B在A表面层中的含量分布。

化学热处理技术的分类方法有许多种。按照热扩渗的温度可分为高温(＞910℃)、中温和低温(＜720℃)热扩渗。按渗剂在工作温度下的物质状态可分为气体、液体、固体、等离子体和复合热扩渗。在表8－1中，化学热处理工艺按介质的不同被分为六大类。表8－8则是按渗入元素的种类进行的分类。当然，该表所列的工艺方法并非包罗万象，如涂层扩散、镀层扩散等复合处理方法，低温化学热处理方法以及有色金属及合金的化学热处理方法等均未列入。

**表8－8　化学热处理工艺按渗入元素种类分类**

<table>
<tr><th>主要渗入元素</th><th colspan="3">工艺方法分类</th></tr>
<tr><td rowspan="8">渗　碳</td><td colspan="3">固体渗碳(包括膏剂渗碳)</td></tr>
<tr><td colspan="3">液体渗碳(无毒盐浴)</td></tr>
<tr><td rowspan="6">气体渗碳</td><td colspan="2">常规可控气体渗碳</td></tr>
<tr><td colspan="2">高温(＞950℃)气体渗碳</td></tr>
<tr><td colspan="2">低压(真空)气体渗碳</td></tr>
<tr><td colspan="2">氮基载气可控气体渗碳</td></tr>
<tr><td colspan="2">液态化床渗碳</td></tr>
<tr><td colspan="2">离子渗碳</td></tr>
<tr><td rowspan="8">碳氮<br>共渗</td><td rowspan="2">奥氏体<br>碳氮共渗</td><td colspan="2">气体碳氮共渗</td></tr>
<tr><td colspan="2">盐浴碳氮共渗</td></tr>
<tr><td rowspan="6">铁素体<br>碳氮共渗</td><td rowspan="4">盐浴法</td><td>常规</td></tr>
<tr><td>通风加速</td></tr>
<tr><td>亚硫化物加速</td></tr>
<tr><td>低毒性处理</td></tr>
<tr><td rowspan="2">气体法</td><td>常规</td></tr>
<tr><td>低压</td></tr>
<tr><td rowspan="2">气体<br>渗氮</td><td colspan="3">常规气体渗氮法</td></tr>
<tr><td colspan="3">离子渗氮</td></tr>
<tr><td rowspan="3">渗硼</td><td rowspan="2">单渗硼</td><td colspan="2">固体渗硼(包括膏剂)</td></tr>
<tr><td colspan="2">硼砂盐浴渗硼</td></tr>
<tr><td colspan="3">固体或膏剂B－Zr、B－Cr、B－V共渗</td></tr>
<tr><td rowspan="2">渗铬</td><td colspan="3">固体渗铬法</td></tr>
<tr><td colspan="3">气体渗铬法</td></tr>
<tr><td rowspan="2">渗铝</td><td colspan="3">固体法单渗铝</td></tr>
<tr><td colspan="3">固体法Al－Cr、Al－Si、Al－Si－Cr共渗</td></tr>
<tr><td rowspan="2">渗硅</td><td colspan="3">固体法渗硅</td></tr>
<tr><td colspan="3">气体法渗硅</td></tr>
<tr><td rowspan="2">渗硫</td><td colspan="3">气体法渗硫及多元共渗</td></tr>
<tr><td colspan="3">盐浴法渗硫及多元共渗</td></tr>
<tr><td>渗金属</td><td colspan="3">硼砂盐浴中渗钒、锆、铬(TD法)</td></tr>
</table>

# 第 9 章　无机非金属材料的表界面

同其他材料一样，无机非金属材料的性质主要取决于材料整体的化学组成和微观结构。然而，应用现代研究方法研究表面和界面区域，发现表、界面区的化学组成和微观结构都与总体有较大差异，并具有一些总体没有的特殊性。正是这种差异对材料的表面性质产生了显著的影响。正确选用研究方法，可以深入了解和掌握表面、界面、相界处的化学组成、化学环境、晶相分布与其他微观结构。在此基础上可以有的放矢地进行材料改性和开发新材料。可以发扬无机非金属材料的长处，如进一步提高陶瓷材料的硬度和玻璃的透过率；克服它们的缺点，如陶瓷和玻璃的增强和增韧；或者赋予材料新的功能，如使陶瓷和玻璃表面导电。通过调节组成和控制工艺得到因具有不同界面状态而具有不同性能的新型材料，如主要组成均为 $BaTiO_3$ 的 PTC 热敏电阻陶瓷和粒界层陶瓷电容器。

## 9.1　陶瓷的表界面

### 9.1.1　陶瓷表界面结构

#### 1. 表面结构

由于表面处原子周期性排列突然中断，形成了附加表面能，表面原子的排列与内部有明显的差别。为减小表面能，原子排列必须作相应的调整，调整有两种方式，一种是自行调整，经过 4～6 层后，原子的排列与体内非常接近，晶格常数差已小于 0.01 nm。另一种是靠外来因素调整，表面能减小，系统稳定。图 9－1 表示了几种清洁表面结构，图中(a)、(b)和(c)

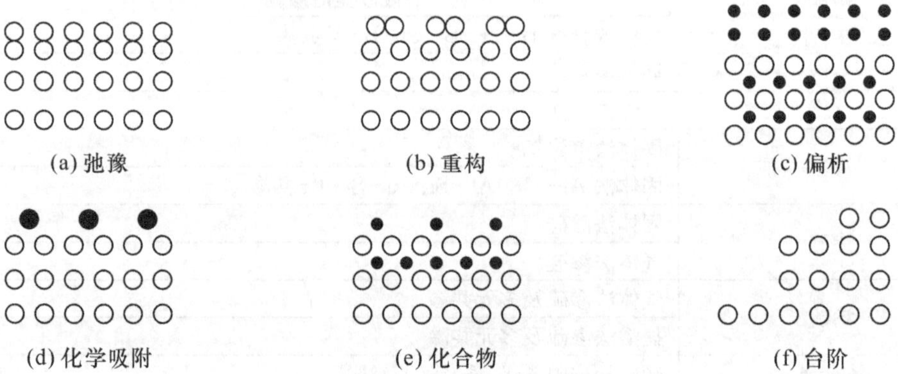


图 9－1　几种表面清洁结构

为自行调整，(d)和(e)是靠外来因素调整，(f)为晶体表面经常存在的台阶。

(1) 表面弛豫

弛豫是指表面区原子或离子间的距离偏离体内的晶格常数，但晶胞结构基本不变，如图9-2所示。

离子晶体的主要作用力是库仑静电力，是一种长程作用，因此表面容易发生弛豫，弛豫的结果产生表面电矩。例如，NaCl晶体的弛豫，如图9-2所示。在表面处离子排列发生变化，体积大的负离子间的排斥作用，使 $Cl^-$ 向外移动，体积小的 $Na^+$ 则被拉向内部，同时负离子易被极化，屏蔽正离子电场外露外移，结果原处于同一层的 $Na^+$ 和 $Cl^-$ 分成相距为0.02 nm的两个亚层，但晶胞结构基本没有变化，形成了弛豫。在NaCl晶体中，阳离子从(100)面缩进去，在表面形成0.02 nm厚度的双电层。

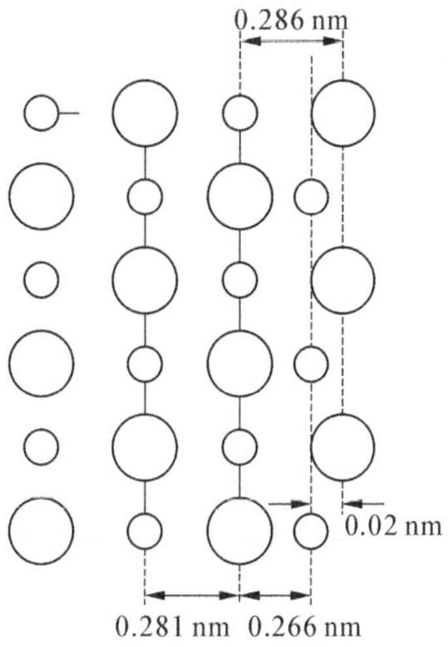

图9-2　NaCl晶体的表面弛豫

弛豫主要发生在垂直表面方向，又称为纵向弛豫，弛豫时的晶格常数变化将取决于材料的特征和晶相。弛豫不仅在表面一层，而且会延伸到一定范围，如NaCl(100)面的离子极化是发生在距表面5层的范围。弛豫过程保留了平行于表面的原子排列对称性。

(2) 表面重构

包括化合物半导体材料在内，许多半导体，少数金属的表面，原子排列都比较复杂。在平行衬底的表面上，原子平移的对称性与体内显著不同，原子作了较大幅度调整，这种表面结构称为重构。重构有两种，一种是表面的晶面与体内完全不同，称为超晶格或超结构。另一种是表面晶格常数增大，即表面的原子距离大于体内。发生重构是由于价键发生了畸变，如发生退杂化等，情况比较复杂。

(3) 偏析

偏析是指表面或界面附近薄层内化学组成偏离晶体内部的平均组成，某种原子、离子或化合物浓度明显高于内部，如图9-1中的(c)所示。

(4) 表面吸附

固体表面存在大量的具有不饱和键的原子或离子，能吸引外来的原子、离子和分子，产生吸附。二氧化硅是陶瓷的主要成分，这类氧化物在低温下断裂时，其断面并不顺沿任何特定的结晶学方向，而是破坏了大量的Si—O键，表面形成具有不饱和键的 $Si^{4+}$ 和 $O^{2-}$ 离子。这种高能高活性的表面能迅速地从空气中吸附氧和水，形成能量较低的表面。

(5) 表面化合物

有些碳化物陶瓷，如碳化硅在空气中易氧化，表面形成二氧化硅膜，它阻止了内部碳化硅进一步氧化。单晶硅表面也很易氧化产生二氧化硅膜，情况与图9-1中的(d)相似。

### 2. 晶界

陶瓷体是把细的粉末状氧化物或非氧化物颗粒，经过成型在高温下烧结而成的多晶集合体。由于陶瓷多晶体中，晶粒的大小、形状是毫无规则的，因此，晶粒与晶粒之间由于取向不同就出现了边界，通常称为晶界。如果陶瓷中不存在气孔，陶瓷多晶体可以看成是由无数的晶粒及晶界组成的。晶界的形状、性质对材料的各种性能(电性、光性、磁性及机械性能)都有巨大的影响。因此,了解晶界的结构及其性质是极其重要的。

晶界的结构有两种不同的分类方法:一种简单地把它分为小角度晶界和大角度晶界两种类型。晶界是多晶体中由于晶粒取向不同而形成的。根据相邻两个晶粒取向角度偏差的大小,可以这样分类。图 9-3 是小角度晶界的示意图,图中 $\theta$ 角是倾斜角,通常是 2°~3°。可以看出,小角度晶界可以看成由一系列刃形位错排列而成。为了填补相邻两个晶粒取向之间的偏差,使原子的排列尽量接近原来的完整晶格,每隔几行就插入一片原子,这样小角度晶界就成为一系列平行排列的刃位错。如果原子间距为 $b$,则每隔 $h=b/\theta$,就可以插入一片原子,因此小角度晶界上位错的间距应当是 $h$。图 9-3(b)是小角度晶界的另一种可能结构。

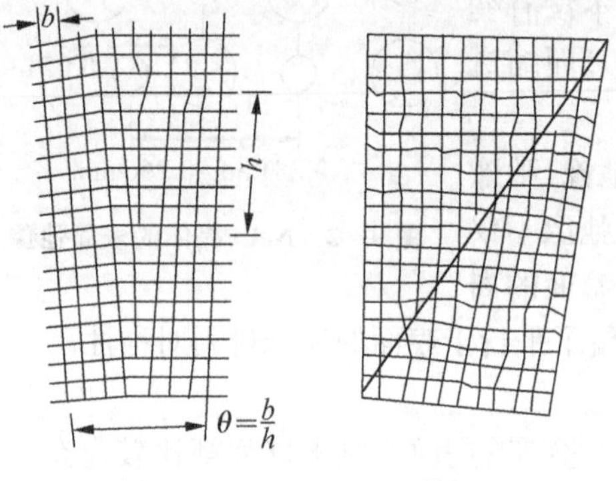


(a) (b)

**图 9-3 小角度晶界**

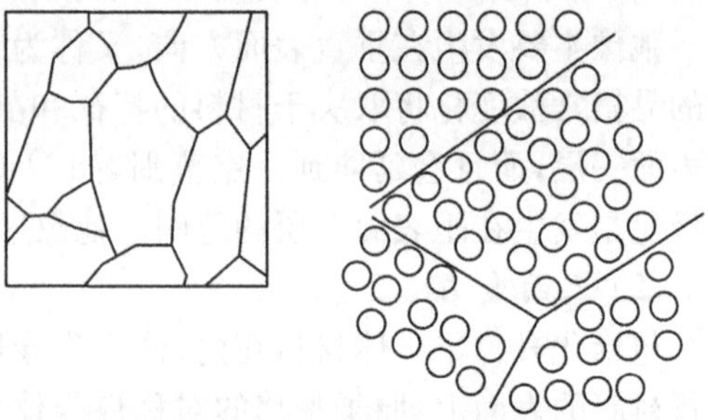

**图 9-4 大角度晶界**

一般认为,多晶体中,晶粒完全无序的排列就可能生成大角度晶界。在这种晶界中,原子的排列近于无序的状态。如果同样认为是一种刃位错的排列,那么在这种排列中位错的间距只有一两个原子的大小,这种模型已经失去意义。图 9-4 是大角度晶界的示意图。

另外一种晶界结构,是两相邻晶粒,在某些方向上,共有部分晶格位置形成共格晶界。在这种共格晶界两边的原子,作镜像对称排列,实际上是一种双晶。当金属镁在空气中燃烧生成氧化镁时,就会出现这种双晶。对于 MgO 和 NaCl 这样的离子晶体,可能的共格晶界倾斜角为 36.8°{310}孪晶。图 9-5 是这种晶界的结构。

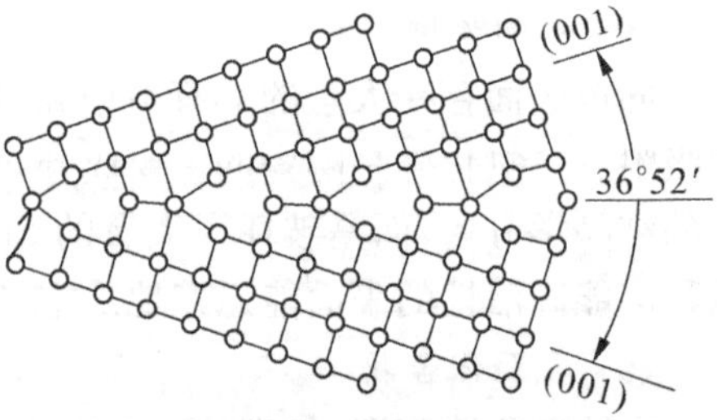


**图 9-5 NaCl 或 MgO 中可能的 36.8° 倾斜晶界(310)孪晶**

另一种分类是根据晶界两边原子排列的连贯性来划分的,分成三种,第一种叫做连贯晶界。如果两个晶体结构相似,方向也接近,两个晶体之间的界面容易属于这种连贯边界,在这种界面上的原子连续地越过边界。例如,当氢氧化镁热分解生成氧化镁时就生成这种边界。在这种氧化物的生成过程中,氧的密堆积晶面是由与其相似的氢氧晶面演化来的,见图 9-6。因为当从原来的 $Mg(OH)_2$ 结构的区域转变到

MgO 结构的区域时，阳离子晶面是连续的。可是，两个类型的区域中的面间距 $c_1$ 和 $c_2$ 是不同的。晶面间距的不相配度用 $(c_2-c_1)/c_1=\delta$ 来定义。两个区域的晶面间隔不同，为了保持晶面的连续，必须有其中的一个相或两个相发生弹性应变，或通过引入位错而达到。这样两个相的相邻区域的尺寸大小才能变成一致起来。不相配度 $\delta$ 是弹性应变的一个量度。由于弹性应变的存在，使系统的能量增大。系统能量与 $c\delta^2$ 成比例，式中 $c$ 是一常数。系统的能量与结构不对称性 $\delta$ 的关系如图 9-7 所示。

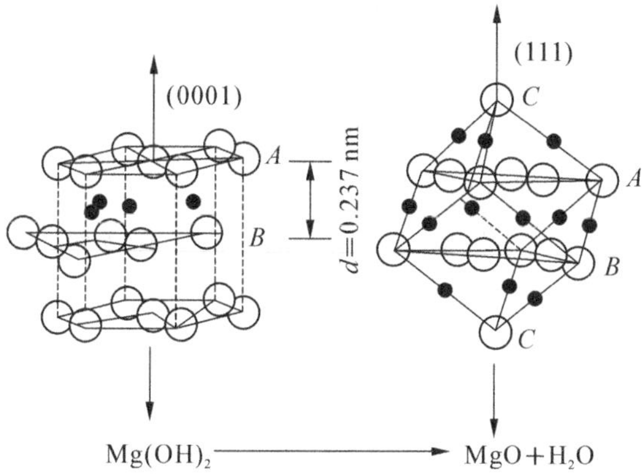


**图 9-6　氧化镁和氢氧化镁之间的结晶学关系**

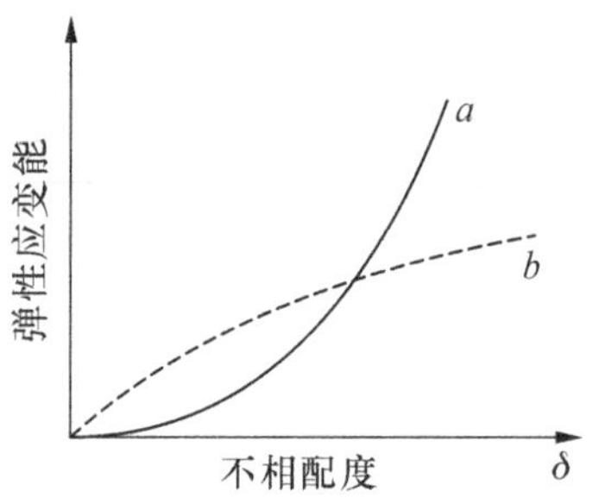


$a$—连贯边界；$b$—含有界面位错半连贯边界

**图 9-7　贮藏的应变能 $w$ 与两个相邻晶相的结构不相配度 $\delta$ 的函数关系**

另外一种类型的晶界叫半连贯晶界。最简单的一种认为只有晶面间距 $c_1$ 小的一个相发生应变，弹性应变可以由引入半个原子晶面进入应变相而下降，这样就生成所谓界面位错。位错的引入，使在位错线附近发生局部的晶格畸变，显然晶体的能量也增加。

晶界能与 $\delta$ 的关系如图 9-7 中的虚线所示。从图 9-7 可见，在同样的不相配度 $\delta$ 下，引入界面位错所引起的能量增加要比结构的弹性变形小。引入界面位错在能量上更加有利。

在结构上差别很大的固相之间，不可能形成连贯的晶界，而且必定是一种畸变的原子排列。一些原子占据每一个相邻晶体中原子位置之间的中间位置，这样的晶界称为非连贯晶界。用烧结方法得到的陶瓷多晶体，绝大多数具有这样的典型结构。因为在制造过程中，同样组成结构的晶粒相互之间是完全无秩序的排列。由于这种边界上原子分布的“杂乱无章”，使得非连贯晶界的能量难以正确估计。

### 3. 相界

在热力学平衡条件下，不同相间的交界区称为相界。相界有以下几种：

（1）非共格相界

两相不同时，相界两侧晶体结构不同，晶格常数不同，即原子排列方式不同，没有固定的相位关系。这种相界里必然有一个过渡区，原子排列方式复杂。如 $\alpha-Fe_2O_3$ 和 $\gamma-Fe_2O_3$ 相界，靠近 $\alpha-Fe_2O_3$ 处接近刚玉结构，靠近 $\gamma-Fe_2O_3$ 区时，原子排列又接近于尖晶石结构，中间逐步变形。更多情况是杂质在晶界的偏析会使过渡区形成一个新晶界相，它不同于 $\alpha-Fe_2O_3$ 相和 $\gamma-Fe_2O_3$ 相。

通过上述的讨论可知,不同晶体结构的相界称为非共格相界,相界处原子排列复杂,同时有杂质空位等缺陷。

(2) 共格相界

对照非共格相界的讨论。显然可以知道,如果相界处两相具有相同或相近晶体结构,晶格常数也比较接近,那么相界面的原子通过一定变形,使两侧的原子排列保持一定相位关系,这种相界称为共格相界。

相界面附近的原子变形是指如果两相结构相同,晶格常数大的相在相界处稍作收缩,晶格常数小的稍作扩张,其结果在相界处基本上仍能保持原晶体结构,但相界处产生弹性附加形变能,它是相界能的主要部分。

(3) 准共格相界

两相具有相同或相近的晶体结构,但晶格常数或晶向的偏差小于10%,这时靠交界处的原子变形来形成相界,会产生过大的弹性畸变,使相界不稳定。但在界面上形成有规则的位错,界面能会变低,这种界面称为准共格相界面,当一种材料的晶格常数大于另一种材料时,两相界面上位错会平行排列,称为失配位错。位错间距 $D$ 为:

$$D = ab/(b-a) \tag{9-1}$$

如果 $a$、$b$ 差别很大,$D$ 就很小,失配位错密度大,畸变能也大,这时会感生出其他类型位错和缺陷,有时能使相界面处开裂。

在超晶格材料中和异质外延生长时容易出现这种失配位错。

### 4. 晶界构形

在陶瓷系统中,晶界的形状也是由表面张力的相互关系决定的,这里有固-固-气、固-固-液、固-固-固三种系统。

(1) 固-固-气

两个固体颗粒间的界面在高压下,经过充足时间的原子迁移或固相传质,体系能达到平衡。两个固体颗粒间的界面在高温下经过充分的时间使原子迁移或气相传质以后也能达到平衡。晶界能和表面能的平衡如图 9-8(a)所示。在平衡时:

$$\gamma_{SS} = 2\gamma_{SV}\cos(\Psi/2) \tag{9-2}$$

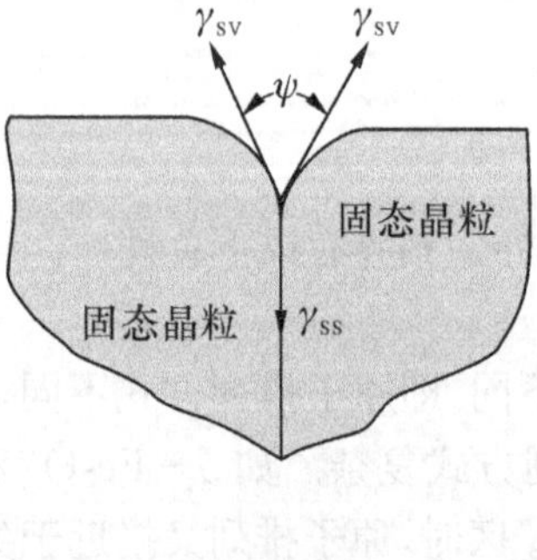


(a) 热蚀角

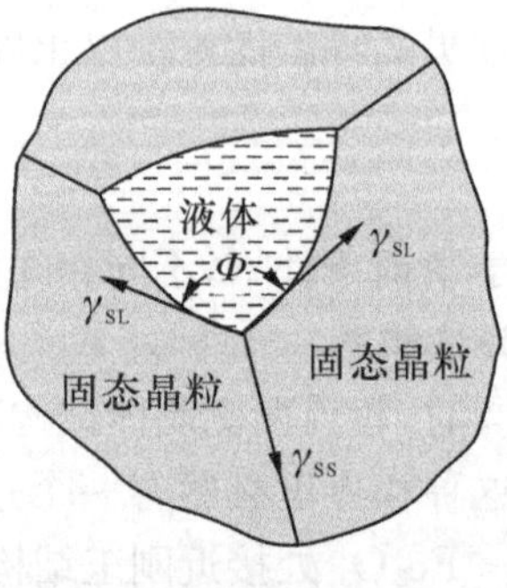


(b) 固-固-液平衡的两面角

**图 9-8**

这种类型的沟槽通常是多晶样品于高温下加热时形成的，而且在许多体系中曾观察到热腐蚀现象。通过测量热蚀角 $\Psi$ 可以决定晶界能与表面能之比。

(2) 固-固-液

在没有气相存在时如果固相和液相处于平衡状态，则平衡条件如图 9-8(b)所示。

$$\gamma_{SS} = 2\gamma_{SL}\cos(\Phi/2) \tag{9-3}$$

式中，$\Phi$ 为二面角。对于两相体系，二面角取决于界面能与晶界能的关系：

$$\cos(\Phi/2) = \gamma_{SS}/(2\gamma_{SL}) \tag{9-4}$$

若界面能 $\gamma_{SL}$ 大于晶界能，$\Phi$ 就大于 120°，而在晶粒交界处形成孤立的袋状的第二相。若 $\gamma_{SS}/\gamma_{SL}$ 比值介于 1 和$\sqrt{3}$之间，$\Phi$ 就介于 60°与 120°之间，而第二相在三晶粒交界处沿晶粒相交线部分地渗透进去。若这个比值大于$\sqrt{3}$，$\Phi$ 就小于 60°，第二相就稳定地沿着各个晶粒边长方向延伸，在三晶粒交界处形成三角棱柱体。当这个比值等于或大于 2 时，$\Phi$ 等于零，则平衡时各晶粒的表面完全被第二相所隔开。上述结构见图 9-9。

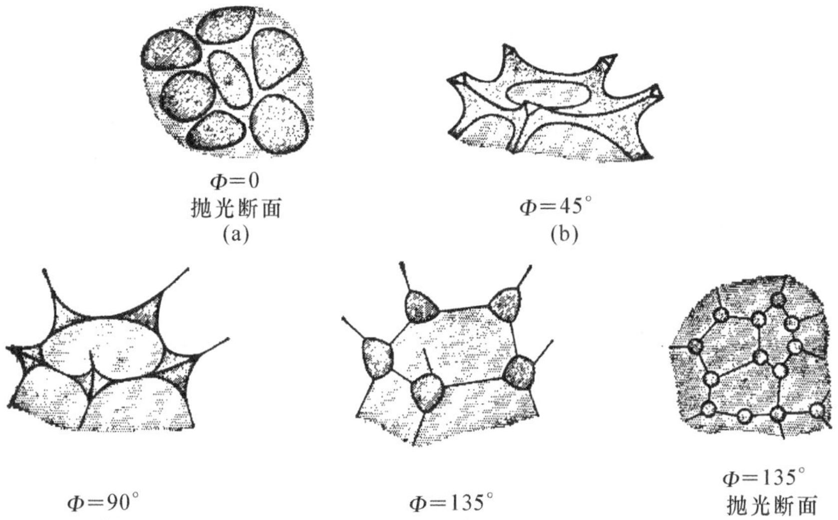

$\Phi=0$ 抛光断面 (a)　$\Phi=45°$ (b)　$\Phi=90°$ (c)　$\Phi=135°$ (d)　$\Phi=135°$ 抛光断面 (e)

**图 9-9　不同两面角情况下的第二相分布**

(3) 固-固-固

在多晶体中，三个晶粒间的夹角由晶界能的数值决定：

$$\gamma_{23}/\sin\varphi_1 = \gamma_{31}/\sin\varphi_2 = \gamma_{12}/\sin\varphi_3 \tag{9-5}$$

式中，$\varphi_1$、$\varphi_2$、$\varphi_3$ 分别是两晶粒间的二面角；$\gamma$ 是晶界界面能。多晶体中晶粒的形态主要满足两个基本条件，充塞空间条件和自由能极小条件。根据这两个条件，多晶材料的二维截面上两个晶粒相交或三个以上的晶粒相交于一点的情况是不稳定的，经常出现的是三个晶粒交于一点，其二面角的关系由式(9-5)决定。当晶界交角为 120°时，晶粒的截面都是六边形的。这时晶界是平直的。但实际晶粒并非都是正六边形的，会出现弯曲晶界。从界面能量考虑，弯曲晶界是不稳定的，如果温度足够高，多晶体会发生传质过程，这时弯曲的晶界会沿着曲率运动,使界面减小,以降低系统的自由能,这个过程要通过消耗周围的小晶粒来使多边形晶粒长大。再结晶中的少数晶粒异常长大并吞食周围的小晶粒就是这种传质过程。

陶瓷是一种多晶或微晶体系,因此陶瓷晶界具有特殊重要的意义。一般来说,陶瓷的晶界要比金属和合金的晶界宽,结构和成分都非常复杂,除具有一般晶界的特性外,还具有如下一些特征。

陶瓷主要由带电单元(离子)以离子键为主体构成,带电结构单元要影响晶界的稳定性。例如,氧化物、碳化物和氮化物形成的陶瓷,离子键在晶界处形成静电势,静电势强烈受缺陷类型、杂质和温度的影响,会对陶瓷的电学和光学性质产生主要的影响。

陶瓷中的少量掺杂对晶粒尺寸和晶界性质起到决定性的作用。例如,掺杂 MgO 的氧化物陶瓷,晶界性质有明显变化。有人将陶瓷晶界分为特殊晶界和一般晶界。特殊晶界由小角晶界、重合位置点阵晶界和重合转轴晶界组成,属于重合晶界,这些晶界都是低能晶界。一般晶界由失配位错构成,属于接近重合晶界,它的晶界能略高于特殊晶界。例如,掺杂 MgO 的氧化物陶瓷由很多特殊晶界组成,这种材料具有很好的稳定性,在高温下,晶粒不会明显增大,晶界也不易移动,因此能在高温下承受大的压应力。掺杂对陶瓷材料中特殊晶界的比例和分布有很大的影响,在功能设计时非常有用。

陶瓷晶界处往往有大量杂质凝聚,当凝聚到一定程度时会形成新相,称为晶界相,杂质的偏析和生成晶界相对陶瓷的物理性质和化学性质都有重要影响。杂质在晶界的分布如图 9-10 所示。

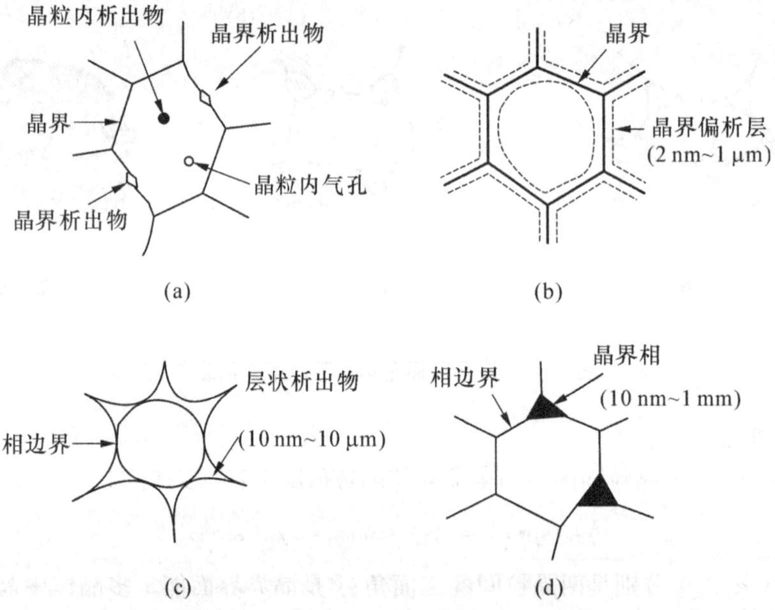


**图 9-10 杂质在陶瓷晶界的分布**

通常认为氧化物陶瓷的脆性也与晶界有关。研究表明,吸附在晶界的水蒸气产生堆垛层错,是微裂纹源,它会逐渐发展成宏观裂纹,使陶瓷出现脆性。

## 9.1.2　陶瓷表界面的特征与行为

### 1. 晶界应力

陶瓷多晶体如果由两种不同热膨胀系数的晶相组成，烧结至某一高温状态下这两个相之间完全密合接触，基本处于一种无应力状态。但当它们冷却至室温时，有可能在晶界上出现裂纹。对于单相材料，如石英、氧化铝、$TiO_2$、石墨等，由于不同结晶方向上的热膨胀系数不同，也会产生类似的现象。石英岩是一种玻璃的原料，作为粉碎过程的第一步，就是对石英岩进行煅烧，利用相变和热膨胀产生的晶界应力，使其变得松脆。在大晶粒的氧化铝中，晶界应力可以产生裂纹或晶界分离。显然，晶界应力的存在，对于多晶材料的力学性质、光学性质及电学性质都会产生强烈的影响。

我们可以用一个由两种膨胀系数不同的材料组成的层状复合体来说明晶界应力的产生，设两种材料的线膨胀系数为 $\alpha_1$、$\alpha_2$，弹性模量为 $E_1$、$E_2$，泊松比为 $\mu_1$、$\mu_2$。按照图 9－11 的模型组合。

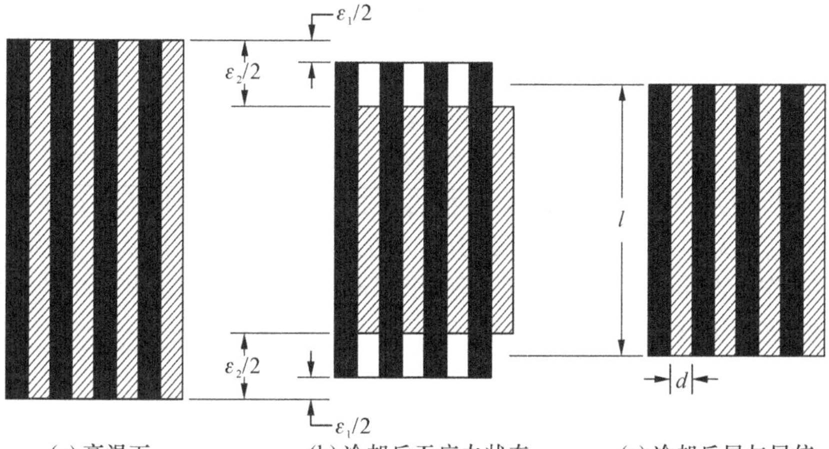


**图 9－11　层状复合体中晶界应力的形成**

图 9－11(a)表示在高温下的一种状态，两个相长短相同，并结合在一起。假设这种情况是一种无应力状态，冷却后有两种情况。图 9－11(b)表示在低于 $T_0$ 的某一温度下，两个相自由收缩到各自的平衡状态。因为是一个无应力状态，这种状态相应于晶界发生完全分离。图 9－11(c)表示同样在低于 $T_0$ 的 $T$ 温度下，两个相都发生收缩，但晶界应力不足以使晶界发生分离，处于有应力的平衡状态。当温度从 $T_0$ 变到 $T_1$，温度差为 $T_1 - T_0 = \Delta T$，第一种材料要膨胀变形，其值 $\varepsilon_1 = \alpha_1 \Delta T$，同时，第二种材料要膨胀 $\varepsilon_2 = \alpha_2 \Delta T$，而 $\varepsilon_1 \neq \varepsilon_2$，因此，如果不发生分离，即处于图 9－11(c)状态，集合体必须取一个中间膨胀的数值。在复合体中一种材料的净压力等于另一种材料的净拉力，两者平衡。设 $\sigma_1$ 和 $\sigma_2$ 为两个相的线膨胀引起的应力，$V_1$ 和 $V_2$ 为体积分数(等于截面积分数)。如果 $E_1 = E_2$，$\mu_1 = \mu_2$，$\alpha_1 - \alpha_2 = \Delta\alpha$，则两种相的热应变差为：

$$\varepsilon_2 - \varepsilon_1 = \Delta\alpha\Delta T \tag{9-6}$$

第一相的应力：
$$\sigma_1 = [E/(1-\mu)]V_2\Delta\alpha\Delta T \tag{9-7}$$

这种力经过晶界传给一个单层的力为 $\sigma_1 A_1 = -\sigma_2 A_2$，$A_1$、$A_2$ 分别为第一、第二相的晶界面积，合力 $\sigma_1 A_1 + \sigma_2 A_2$ 产生一个平均晶界剪切力：

$$\tau_{平均} = (\sigma_1 A_1)_{平均}/局部的晶界面积$$

对于层状复合体的晶界面积与 $V/d$ 成正比。$d$ 为薄片的厚度，$V$ 为薄片的体积，层状复合体的剪切应力：

$$\tau \sim \frac{\left(\frac{V_1E_1}{1-\mu_1}\right)\left(\frac{V_2E_2}{1-\mu_2}\right)}{\left(\frac{E_1V_1}{1-\mu_1}\right)+\left(\frac{E_2V_2}{1-\mu_2}\right)}\Delta\alpha\Delta T\frac{d}{l} \tag{9-8}$$

因为对于具体系统，$E$、$\mu$、$V$ 是一定的，所以上式可改写为：

$$\tau = K\Delta\alpha\Delta T\frac{d}{l} \tag{9-9}$$

式中，$l$ 是层状物的长度(见图 9-11)。

从这个式子可以看到，晶界应力与热膨胀系数差、温度变化及厚度成正比。如果晶体热膨胀是各向同性的，$\Delta\alpha = 0$，晶界应力不会发生。如果产生晶界应力，则厚度越大，应力也越大。通常晶粒越大，陶瓷的强度也越差，抗热冲击性也差，与晶界应力的存在有关。

在三维的等轴晶粒结构中，由晶界的剪应力传递合力的分数比层状物中要小，这是因为晶界正应力的作用也开始重要起来。对于一个球形粒子处于无限的基体中的简单情况，该球受到均匀的等静压力

$$\bar{\sigma} = \frac{(\alpha_m - \alpha_p)\Delta T}{(1+\mu_m)/2E_m + (1-2\mu_p)/E_p} \tag{9-10a}$$

式中，m 表示基体；p 表示粒子。基体中某点的应力为：

$$\sigma_{rr} = \bar{\sigma}R^3/r^3 \tag{9-10b}$$

$$\sigma_{\phi\phi} = \sigma_{\theta\theta} = -\bar{\sigma}R^3/2r^3 \tag{9-10c}$$

式中，$R$ 为粒子 p 的半径；$r$ 为基体中该点离粒子中心的距离；$\sigma_{rr}$ 指该点所受法向应力；$\sigma_{\phi\phi}$ 和 $\sigma_{\theta\theta}$ 是该点两个相互垂直的切向应力。

上述晶界应力对决定多晶陶瓷的许多性质是重要的。通常发现，对于陶瓷这种具有不同热膨胀系数的多组分的试样，或者像氧化铝那样具有各向异性膨胀的单相试样，其应力之大足以导致裂纹，并可使晶粒分离。虽然应力与晶粒尺寸无关，如式(9-10)所示，但自发的裂纹主要发生于大晶粒的试样中，因为内应变能的降低与颗粒尺寸的立方成正比，而由断裂引起的表面能增加却是与颗粒尺寸的平方成正比。这些晶界的分离意味着大晶粒制品由于大的晶界应力而脆弱，通常其物理性能也较差。

### 2. 晶界电位及空间电荷

夫伦克耳及列霍维克首先指出，在热力学平衡时离子晶体的表面和晶界由于有过剩的同号离子而带有一种电荷，这种电荷正好被晶界邻近的异号空间电荷云所抵消。对于纯的材料来说，若在晶界上形成阳离子和阴离子的空位或填隙离子的能量不同，就会产生这种电荷；如果有不等价溶质存在，它会改变晶体的点缺陷浓度，那么晶界电荷的数量和符号也会改变。对于 NaCl 来说，形成阳离子空位所需的能量大概是形成阴离子空位所需能量的三分之二。可以把这一结果看成一种倾向，就是当加热时在晶界或其他空位源的地方(表面、位错)会产生带有有效负电荷的过剩阳离子空位；所产生的空间电荷会减缓阳离子空位的进一步发生而加速阴离子空位的发生。平衡时(与设想的过程无关)在晶体内是电中性的，但在晶界上带正电荷，这些电荷被电量相同而符号相反的空间负电荷云平衡，后者渗入到晶体内某个深度。

在像 NaCl 这样的晶体中对于晶格离子和晶界互相作用而形成的空位，可写成：

$$\mathrm{Na_{Na}} = \mathrm{Na^{\cdot}_{晶界}} + V'_{\mathrm{Na}} \tag{9-11}$$

$$\mathrm{Cl_{Cl}} = \mathrm{Cl'_{晶界}} + V^{\cdot}_{\mathrm{Cl}} \tag{9-12}$$

在晶体的任一点阵位置的阳离子空位与阴离子空位数由生成内能($g_{V'_{\mathrm{M}}}$，$g_{V^{\cdot}_{\mathrm{X}}}$)，有效电荷 $Z$ 及静电势 $\phi$ 决定，即：

$$[V'_{\mathrm{M}}] = \exp\left[-\frac{g_{V'_{\mathrm{M}}} - ze\phi}{kT}\right] \tag{9-13}$$

$$[V^{\cdot}_{\mathrm{X}}] = \exp\left[-\frac{g_{V^{\cdot}_{\mathrm{X}}} + ze\phi}{kT}\right] \tag{9-14}$$

在远离表面的地方，电中性要求 $[V'_{\mathrm{M}}]_{\infty} = [V^{\cdot}_{\mathrm{X}}]_{\infty}$，而空位浓度由总的生成能决定：

$$[V'_{\mathrm{M}}]_{\infty} = [V^{\cdot}_{\mathrm{X}}]_{\infty} = \exp\left[-\frac{1}{2}\frac{(g_{V'_{\mathrm{M}}} + g_{V^{\cdot}_{\mathrm{X}}})}{kT}\right] \tag{9-15}$$

$$[V'_{\mathrm{M}}]_{\infty} = \exp\left[-\frac{(g_{V'_{\mathrm{M}}} - ze\phi_{\infty})}{kT}\right] \tag{9-16}$$

$$[V^{\cdot}_{\mathrm{X}}] = \exp\left[-\frac{(g_{V^{\cdot}_{\mathrm{X}}} + ze\phi_{\infty})}{kT}\right] \tag{9-17}$$

因而晶体内的静电势为：

$$ze\phi_{\infty} = \frac{1}{2}(g_{V'_{\mathrm{M}}} + g_{V^{\cdot}_{\mathrm{X}}}) \tag{9-18}$$

而空间电荷的扩展深度取决于介电常数，从晶界起这个深度的典型值为 2～10 nm。对于 NaCl，估计 $g_{V'_{\mathrm{M}}} = 0.65\ \mathrm{eV}$，$g_{V^{\cdot}_{\mathrm{X}}} = 1.21\ \mathrm{eV}$，得 $\phi_{\infty} = -0.28\ \mathrm{V}$；对 MgO 相应的(可能是不

正确的)估计值 $\phi_\infty \approx -0.7$ V。可见，所讨论的静电势并不是无关紧要的。从物理意义上来说，这相当于(对 NaCl，$g_{V'_M} < g_{V^{\cdot}_X}$)在晶界上有过剩正离子，使晶界带正电，同时在空间电荷区有过剩的阳离子空位而缺少阴离子空位，如图 9－12 所示。因此，甚至在最纯的材料中，平衡晶界也需要晶体内部空位或间隙离子的平衡。当有浓度为 $c_s$ 的不等价溶质存在时，如 $CaCl_2$ 在 NaCl 中或 $Al_2O_3$ 在 MgO 中，就形成附加的阳离子空位。在附加空位相对于热释空位具有高值的情况下，式(9－16)仍适用，而且：

$$\ln c_s \approx \ln[V'_M]_\infty = -\frac{g_{V'_M}}{kT} + \frac{ze\phi_\infty}{kT} \qquad (9-19)$$

由式(9－19)可知，晶界静电势的符号和数值由溶质浓度及温度所决定。

对在 NaCl 中 $CaCl_2$ 这个典型例子来说，由不等价溶质产生的空位浓度：

$$CaCl_2 \xrightarrow[NaCl]{} Ca^{\cdot}_{Na} + V'_{Na} + 2Cl_{Cl} \qquad (9-20)$$

结合肖脱基平衡

$$\text{无缺陷态} \Leftrightarrow V'_{Na} + V^{\cdot}_{Cl} \qquad (9-21)$$

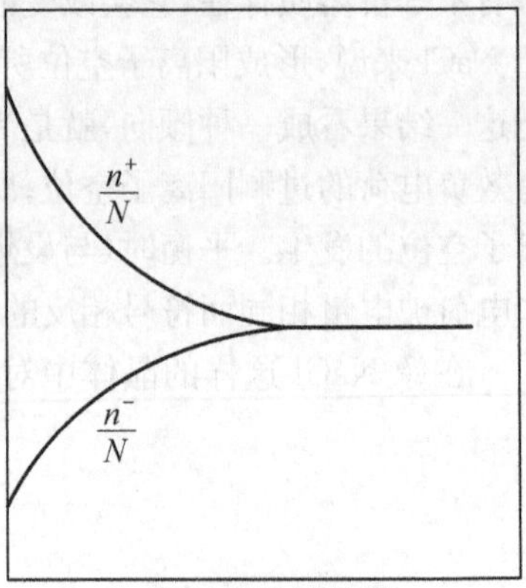


图 9－12　晶界空间电荷及带电缺陷浓度

式(9－21)、式(9－11)及式(9－12)同样可以求出由式(9－19)所得的结果。按式(9－21)添加钙使$[V'_{Na}]$增加时，就使$[V^{\cdot}_{Cl}]$减少，并按式(9－11)$[V'_{Na}]$的增加使$[Na^{\cdot}_{晶界}]$减少，而按式(9－12)$[V^{\cdot}_{Cl}]$的减少使$[Cl'_{晶界}]$增加，结果产生负的晶界电势(正的 $\phi_\infty$)。

由于氧化物体系的热释点阵缺陷浓度低，晶界电势及有关的空间电荷由不等价溶质浓度决定(含 MgO 溶质的 $Al_2O_3$ 晶界带正电，含 $Al_2O_3$ 或 $SiO_2$ 溶质的 MgO 晶界带负电)。

### 3. 晶界的溶质偏析

近代分析技术的发展(如俄歇光谱仪)用来分析断裂晶界附近的薄层，表明在晶界附近总是存在偏析，尤以缓慢冷却到室温的样品更明显，这结果与使用化学腐蚀后湿法分析化学组成得到的结果一致。其形成原因有两个：其一为晶界电位与空间电荷，如上所述，晶界区点阵缺陷浓度和不等价溶质的浓度不同于晶体内部；其二，晶界的应力场也影响溶质的分布。氧化物陶瓷中溶质的浓度很小，部分原因是电中性的缘故，溶解的同时要求形成伴生的空位或填隙，这需要能量。而晶界区由于晶界应力存在一些畸变位，在这些位置加入溶质原子并伴生空位或填隙引起的附加应变能较小，导致溶质在晶界区偏析。

这种应力场效应可以认为是造成下列作用的原因：锰铁氧体中二氧化硅的淀析促进了氧化钙在晶界上的偏析。这种效应也可能是氧化铝中的偏析与晶粒的相对取向密切相关的原因。这种应力场效应对许多普通氧化物陶瓷(如氧化铝、氧化钛、氧化铍、氧化锆、莫来石和石英)来说可能是重要的，这些氧化物的弹性常数和热膨胀系数的各向异性都是很显著的。

### 9.1.3　表界面对陶瓷性能的影响和新材料开发

#### 1. PTC热敏电阻陶瓷

热敏陶瓷是一类电阻率随温度发生明显变化的材料，用于制作温度传感器、线路温度补偿及稳频等的元件——热敏电阻。其优点是品种繁多，灵敏度高，稳定性好，容易制造，价格便宜。按照阻温特性，可把热敏陶瓷分为负温度系数NTC、正温度系数PTC、临界温度CTR热敏电阻、线性阻温特性热敏陶瓷四大类。这里主要介绍晶粒、晶界状况和电性能对于$BaTiO_3$ PTC热敏陶瓷的性能的影响。

PTC热敏电阻陶瓷主要是掺杂$BaTiO_3$陶瓷。$BaTiO_3$陶瓷是铁电体，作为高容量电容器及压电陶瓷已广泛应用。然而，通过对$BaTiO_3$进行掺杂，并控制烧结气氛(氧化气氛)，可获得晶粒充分半导化，晶界具有适当电绝缘性的PTC热敏陶瓷。$BaTiO_3$陶瓷不仅可作为开关型或缓变型热敏陶瓷电阻，用来探测及控制某一特定温区或温度点的温度，也可以作为电流限制器使用。此外，根据其伏安特性曲线和电流时间变化特性曲线，可用于定温加热器、彩电消磁电路、马达启动器(如冰箱启动器)和延时开关等。

(1) $BaTiO_3$陶瓷产生PTC效应的条件

$BaTiO_3$陶瓷是否具有PTC效应，完全由其晶粒和晶界的电性能决定，没有晶界的单晶不具有PTC效应。大量实验结果表明，晶粒和晶界都充分半导化及晶粒半导化而晶界或边界层充分绝缘化的$BaTiO_3$陶瓷都不具有PTC效应，而只有晶粒充分半导化，晶界具有适当绝缘性的$BaTiO_3$陶瓷才具有显著的PTC效应。

值得指出的是，当陶瓷晶粒半导化，而晶界形成极薄的高绝缘层时，虽然材料无PTC效应，却具有极高的介电常数，利用这种性质，获得的高电容量陶瓷电容器称为粒界层陶瓷电容器，或者简称为BL电容器。

从$BaTiO_3$半导化工艺来看，必须采用施主掺杂半导化技术，使晶粒充分半导化；采用氧化气氛烧结，使晶界及其附近氧化，呈现适当的电绝缘性。晶界氧化的原因在于晶界的结构缺陷，为氧提供了快速通道，这一点可以从$BaTiO_3$基半导体陶瓷PTC效应与烧结后的冷却速度的关系中看出，即冷却速度越快，PTC特性越小，冷却速度越慢，氧化越充分，PTC效应越强。但是当$BaTiO_3$基料中混入较多的CuO、$MnO_2$、$Bi_2O_3$、$TiO_2$等金属氧化物时，过高温度和过长时间的烧结，会使处于晶界上的金属氧化物充分氧化。由于高价金属离子在晶界附近作为受主俘获半导化$BaTiO_3$施主离子给出的电子，因而在晶界上形成一层极薄的高阻层，使$BaTiO_3$陶瓷失去PTC效应，然而，这正是生产边界层电容器陶瓷的途径。

(2) $BaTiO_3$陶瓷晶粒的半导化

$BaTiO_3$陶瓷晶粒的半导化可以通过两种途径实现：即通过施主金属离子和强制还原(化学计量偏离)。后一种方法虽然能使$BaTiO_3$陶瓷晶粒半导化，但同时也使晶界半导化，因此不能用于制造PTC陶瓷(若将强制还原的$BaTiO_3$半导体陶瓷在空气或氧气中进行适当的热处理，则会显示PTC特性)，但在生产某些半导体陶瓷电容器时还是经常采用。其原理是由于$BaTiO_3$晶格失氧，内部产生氧缺位并伴随着$Ti^{3+}$产生，从而实现半导化。

在高纯$BaTiO_3$中，用离子半径与$Ba^{2+}$相近而电价比$Ba^{2+}$高的金属离子(如稀土元素离子$La^{3+}$、$Ce^{4+}$、$Sm^{3+}$、$Dy^{3+}$、$Y^{3+}$、$Sb^{3+}$、$Bi^{3+}$等)置换其中的$Ba^{2+}$离子，或用离子半径与

$Ti^{4+}$相近而电价比$Ti^{4+}$高的金属离子(如$Nb^{5+}$、$Ta^{5+}$、$W^{6+}$等)置换其中的$Ti^{4+}$离子则可使$BaTiO_3$陶瓷半导化,形成的半导体称为价控半导体。掺杂的结果使$BaTiO_3$晶格中分别出现$Me^{3+}$和$Me^{5+}$,由于电荷中性的要求,$BaTiO_3$晶格中的易变价的$Ti^{4+}$一部分变成$Ti^{3+}$,因被$Ti^{4+}$俘获的电子处于亚稳态,在受到热和电场激励时,如同半导体的施主起着载流子的作用,因而使$BaTiO_3$具有半导性。

(3) $BaTiO_3$陶瓷的PTC特性的机理

目前较好解释PTC效应的理论主要有Heywang-Jonker-Daniels理论。

① Heywang理论

PTC热敏陶瓷的主要特性是其在居里温度附近,阻值发生几个数量级($10^3 \sim 10^8$)的突发性变化且热敏陶瓷的介电常数在居里温度附近发生相应的突变,即迅速增大,在居里点以上又迅速减小,恢复常态值。因此,Heywang认为$BaTiO_3$半导体陶瓷的晶界可以吸附氧及空间电荷,使晶界成了有过量电子存在的具有受主特性的界面状态,即晶界变成带负电荷的、两边吸附有正空间电荷的、阻碍导电子通过的势垒。势垒高度是介电常数的函数,与介电常数成反比。在居里温度以下,势垒高度与有效介电常数成反比,由于此时的有效介电常数较高,约1 000左右,因此势垒高度较低;然而在居里温度以上,由于介电常数按居里-外斯定律下降,因此势垒高度随介电常数的迅速减小而迅速升高,从而导致体积电阻率急剧增大,出现PTC效应。

② Jonker理论

Jonker认为$BaTiO_3$半导体陶瓷的晶界存在着非平衡氧化还原反应。在一般情况下,$BaTiO_3$晶粒为半导体,而晶界为高阻值氧化层。Jonker认为,在$T_c$以下的铁电相态,虽然$BaTiO_3$陶瓷的有效介电常数高达$10^4$数量级,但仍不足以把势垒高度压低到足以忽略的程度。他认为在$T_c$以下PTC陶瓷的低阻态主要是由$BaTiO_3$的铁电性质决定的,铁电畴在晶界上的定向排列形成了正负相间的界面电荷,晶界上原来俘获的空间电荷会为铁电极化强度在晶界法向的分量所削弱或抵消,这称为铁电补偿,铁电补偿使晶界表面势垒大幅度下降,因此,在居里点以下阻值显著下降。

③ Daniels理论

Daniels认为$BaTiO_3$半导体陶瓷的晶界不是一个界面,而是一个就具有一定厚度的边界层或边界区。这一区域内存在大量的Ba空位。晶粒内部由于稀土离子(施主)对$Ba^{2+}$的置换,成为n型半导体,晶界区由于吸附氧,施主给出的导电电子为Ba空位俘获,变成具有一定绝缘性的边界层,使晶界附近(晶界层及其两侧)形成“NIN”结构。绝缘性边界层的厚度取决于陶瓷冷却过程中的氧化还原条件。PTC特性也就明显地受冷却条件的影响。显然,Daniels等把$BaTiO_3$晶界区氧化产生的Ba空位视为晶界受主态,能够比较满意地解释$BaTiO_3$系PTC热敏电阻的烧成工艺敏感性问题。

### 2. 气敏陶瓷

气敏陶瓷可分为半导体式和固体电解质式。这里主要介绍半导体气敏陶瓷,可按照使用材料的成分划分,如$SnO_2$、ZnO、$Fe_2O_3$、$ZrO_2$等系列。表9-1列出了一些气敏陶瓷的使用范围和工作条件。

**表9-1　一些气敏陶瓷的使用范围和工作条件**

| | 半导体材料 | 添加物质 | 探测气体 | 使用温度/℃ |
|---|---|---|---|---|
| 半导体陶瓷 | $SnO_2$ | PdO，Pd | CO，$C_3H_3$，乙醇 | 200～300 |
| | $SnO_2+SnCl_2$ | Pt，Pd，过渡金属 | $CH_4$，$C_3H_3$，CO | 200～300 |
| | $SnO_2$ | $PdCl_2$，$SbCl_3$ | $CH_4$，$C_3H_8$，CO | 200～300 |
| | $SnO_2$ | PdO+MgO | 还原性气体 | 150 |
| | $SnO_2$ | $Sb_2O_3$，$MnO_2$，$TiO_2$ | CO，煤气，乙醇 | 250～300 |
| | $SnO_2$ | $V_2O_5$，Cu | 乙醇，苯等 | 250～400 |
| | $SnO_2$ | 稀土类金属 | 乙醇系可燃气体 | |
| | $SnO_2$ | $Sb_2O_3$，$Bi_2O_3$ | 还原性气体 | 500～800 |
| | $SnO_2$ | 过渡金属 | 还原性气体 | 250～300 |
| | $SnO_2$ | 瓷土，$Bi_2O_3$，$WO_3$ | 碳化氢系还原性气体 | 200～300 |
| | $ZnO_2$ | | 还原性和氧化性气体 | |
| | $ZnO_2$ | Pt，Pd | 可燃性气体 | |
| | $ZnO_2$ | $V_2O_5$，$Ag_2O$ | 乙醇，苯 | 250～400 |
| | $Fe_2O_3$ | | 丙烷 | |
| | $WO_3$，MoO，CrO等 | Pt，Ir，Rh，Pd | 还原性气体 | 600～900 |
| | $(LnM)BO_3$ | | 乙醇，CO，$NO_x$ | 270～390 |

气敏陶瓷的工作原理基于元件表面的气体吸附和随之产生的元件电导率变化。氧化性气体吸附于n型半导体或还原性气体吸附于p型半导体气敏材料，都会使载流子数目减少而表现出元件电导率降低的特性；相反，还原性气体吸附于n型，氧化性气体吸附于p型半导体材料都会使载流子数目增加而表现出元件电导率增大的特性。

气敏原理有以下两种理论。

(1) 能级生成理论

$SnO_2$和ZnO等n型半导体表面吸附还原性气体时，此还原性气体就把其电子给予半导体，而以正电荷与半导体相吸附。进入到n型半导体内的电子，束缚少量载流子空穴，使空穴与电子复合率降低。这实际上是加强了自由电子形成电流的能力，因而元件的电阻减小。与此相反，若n型半导体吸附氧化性气体，气体将以负离子形式附着，而将其空穴给予半导体，结果是使导带电子减少，元件电阻增加。

(2) 接触晶粒界面位垒理论

接触界位垒理论依据多晶半导体能带模型。半导体气敏材料是半导体微粒的集合体，存在如图9-13(a)所示的粒子接触界面位垒。当晶粒接触面吸附可以吸收电子的气体时(氧化性气体)，位垒更加增高；当吸附可以供出电子的气体(还原性气体)时，位垒变低(见图9-13(b))。此外，接触位垒中尚有与气体吸附关系不大的一部分，这一部分的位垒不因气体吸附而产生明显变化(见图9-13(c))。上述位垒高度的变化可以认为是元件电阻变化的机理。

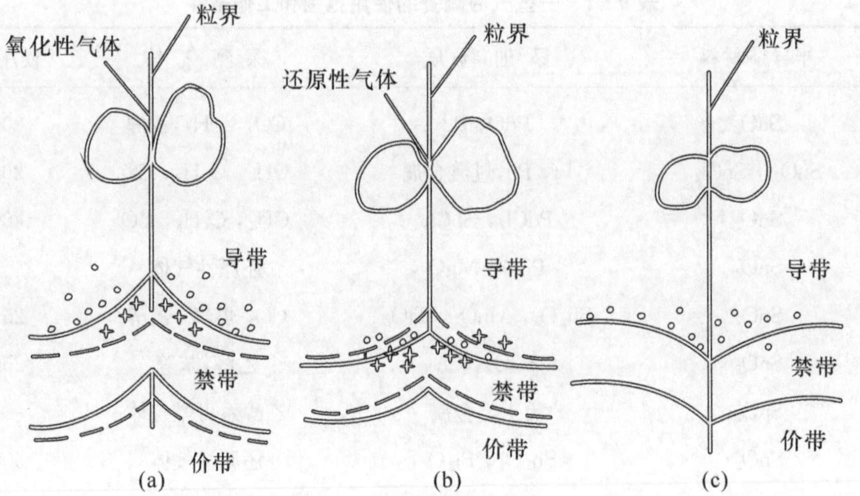


(a) 吸附氧化性气体后接触位垒升高(虚线为原位垒);
(b) 吸附还原性气体后位垒低;
(c) 较紧密接触状态时,吸附气体后位垒几乎不变

**图 9-13 n型半导体晶粒界面位垒及其变化**

### 3. 压敏陶瓷

(1) 性质、应用及分类

压敏陶瓷主要用来制作压敏电阻,它是对电压变化敏感的非线性电阻,在某一临界电压下电阻值非常高,几乎没有电流通过,但当超过这一临界电压(压敏电压)时,电阻将急剧变小并有电流通过。一般压敏电阻的电流-电压特性可用下列近似公式表示:

$$I = (V/c)^{a} \tag{9-22}$$

式中,$I$ 为通过压敏电阻的电流;$V$ 为电压;$c$、$a$ 为常数,反映压敏电阻的特性。

对上式两边取对数:

$$\ln I = a\ln V - a\ln c \tag{9-23}$$

两边微分

$$\frac{\mathrm{d}I}{I} = a\frac{\mathrm{d}V}{V} \text{ 即 } a = \frac{\mathrm{d}I}{I} / \frac{\mathrm{d}V}{V} \tag{9-24}$$

上式中的 $a$ 称为非线性指数,$a$ 越大则电压增量所引起的电流相对变化越大,即压敏性越好。但 $a$ 不是常数,在临界电压以下,$a$ 逐步减小,到电流很小的区域,$a$ 趋近 1,表现为欧姆特性。

将式(9-22)与欧姆定律比较,可把 $c$ 称为非线性电阻值,对一特定的材料为常数。由于 $c$ 值的精确测量非常困难,实际上压敏电阻器呈现显著压敏性时的 $I = 0.1 \sim 1\ \mathrm{mA}$,因此,常用一定电流时的电压 $V$ 来表示压敏性能,称为压敏电压值。如电流为 0.1 mA 时,相应的压敏电压用 $V_{0.1\,\mathrm{mA}}$ 表示。压敏电阻的性能参数除 $a$、$c$ 外,还有通流容量、漏电流、电压温度系数等。

陶瓷压敏电阻的应用非常广泛，主要在电力系统、电子线路和一般家用电器设备中作为过压保护(避雷器、高压马达的保护等)、高能浪涌的吸收以及高压稳压等的关键元件。

压敏电阻器的种类较多，有碳化硅压敏电阻、硅压敏电阻、锗压敏电阻以及氧化锌压敏电阻等，其中以氧化锌压敏电阻性能最优。

(2) 氧化锌压敏电阻

氧化锌压敏电阻由于 $a$ 值高，有可调整的 $c$ 值和较高的通流容量，因此得到广泛的应用。其生产方法是在 ZnO 中加入 Bi、Mn、Co、Ba、Pb、Sb、Cr 等的氧化物。其配方中常含 Bi 元素，主晶相为具有 n 型半导特性的 ZnO。此外，瓷相中除有少量添加物与 ZnO 形成的固溶体外，大部分添加物在 ZnO 晶粒之间形成连续晶界相，构成如图 9 - 14 所示的显微结构，主晶相 ZnO 是 n 型半导体，体积电阻率为 $5\times10^{-3}\sim2.7\times10^{-2}\ \Omega\cdot\text{m}$，而晶界相则是体积电阻率为 $10^{8}\ \Omega\cdot\text{m}$ 以上的高电阻层。因此，外加电压几乎都集中加在晶界层上，其晶界的性质和瓷体的显微结构对 ZnO 电阻的压敏特性起着决定性作用。一般 ZnO 的粒径 $d$ 为几微米至几十微米，而晶界层厚度 $t$ 为 0.02～0.2 μm。也有人认为晶界相主要集中于三到四个 ZnO 晶粒的交界处，晶界相不连续，在 ZnO 晶粒接触面间形成有一层厚度 2 nm 左右的富铋层，其性质对非线性特性起重要作用。一般认为，ZnO 晶粒之间的富铋层带有负电荷，它使 ZnO 晶粒表面处的能带发生上弯，形成电子势垒，如图9 - 15所示。图中晶粒边界势垒由带有负电荷的富铋层所分隔，由于它极薄，可近似这层中的体电荷看成面电荷，$b$ 是耗尽层厚度。当电压达到击穿电压时，高的场强($E>10^{5}$ kV/m)，使界面中的电子穿透势垒层(富铋层)，引起电流急剧上升，其通流容量由 ZnO 的晶粒电阻串所决定。

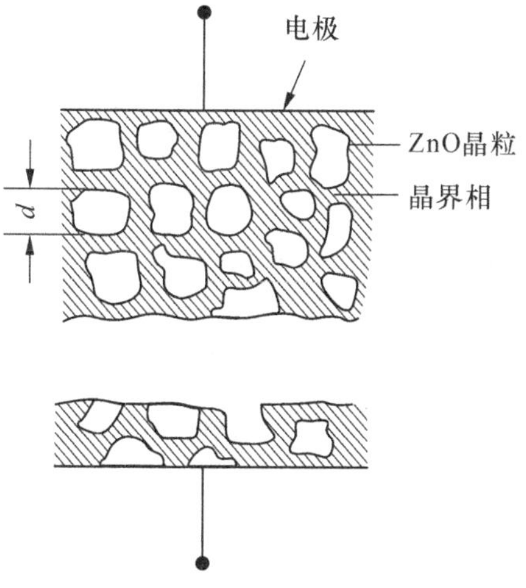

图 9 - 14 连续晶界相的相分布

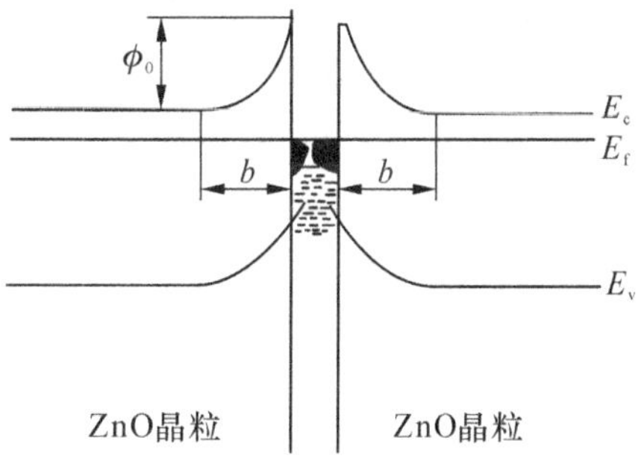

图 9 - 15 ZnO 晶粒表面平衡能带图

ZnO 压敏电阻器的性能参数与 ZnO 半导体陶瓷的配方有密切关系。下式是目前生产中使用的典型组分之一：

$$(100-x)ZnO+\frac{x}{6}(Bi_2O_3+2Sb_2O_3+Co_2O_3+MnO_2+Cr_2O_3)$$

当工艺条件不变时，改变 $x$ 值，则产品的 $c$ 值随 $x$ 的增加而增加，但 $a$ 在 $x=3$ 处出现最大值 50。

## 9.2 玻璃的表、界面

### 9.2.1 玻璃表界面的结构

当玻璃从高温成形冷却到室温，或断裂出现新表面时，表面就会存在不饱和键，或称断键。Weyl 等人假定二氧化硅和石英玻璃断裂或二氧化硅凝胶脱水时，表面形成 D 单元和 E 单元，如图 9-16 所示。

E 中心(过剩氧单元)，即 $Si^{4+}$ 除与四面体中三个氧离子键合，还与一个未与其他阳离子键合的氧离子相连，因而造成此基团氧过剩，带负电荷，即：

$[Si^{4+}(O^{2-}/2)_3O^{2-}]^-$ 或 $(Si^{4+}O^{2-}_{2.5})^-$

D 中心(不足氧单元)，即 $Si^{4+}$ 仅与四面体中三个氧离子键合，造成氧不足(缺氧)，此基团带正电荷，即：

$[Si^{4+}(O^{2-}/2)_3]^+$ 或 $(Si^{4+}\ O^{2-}_{1.5})^+$

为保持表面中性和化学计量组成，破碎的二氧化硅玻璃新鲜表面保持相等数量的 E 单元和 D 单元(基团)。

玻璃表面的不饱和键，能吸附大气中的水，并和吸附的水分子反应，形成各种羟基团。根据红外光谱测定，硅酸盐玻璃表面存在单羟基、双羟基、闭合羟基团。

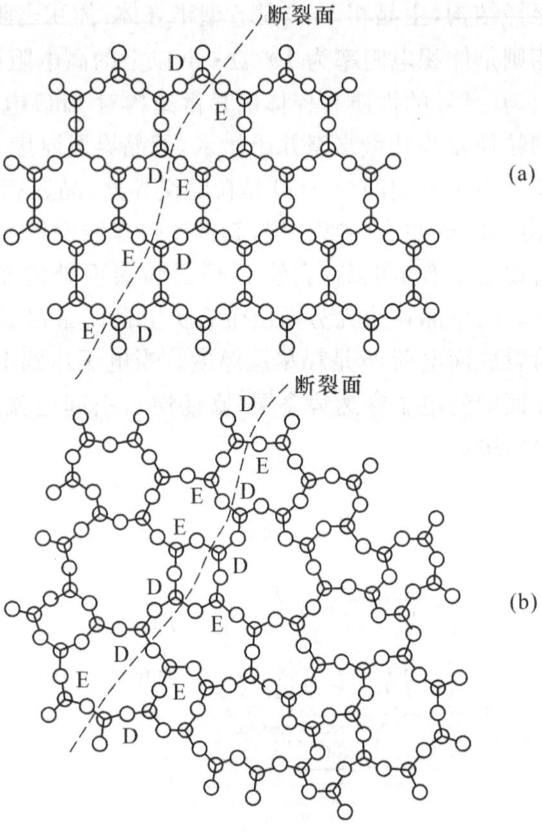


**图 9-16　石英晶体(a)和石英玻璃(b)断裂表面结构**

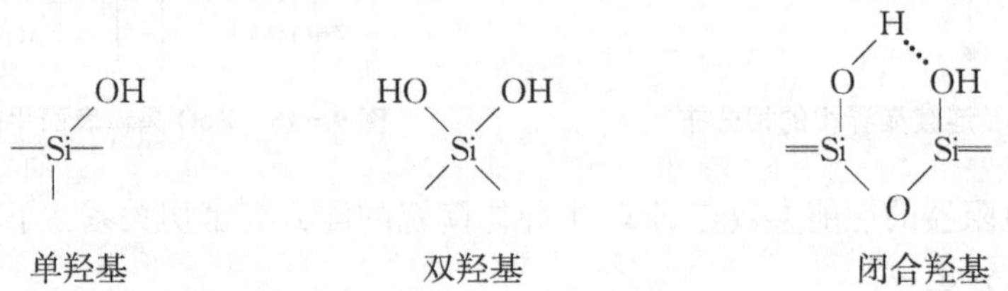

单羟基在红外光谱的吸收带宽位于 3 747 $cm^{-1}$ 处，双羟基在 3 743 $cm^{-1}$ 和 3 751 $cm^{-1}$ 处，由两个单羟基通过氢键闭合，形成的闭合型羟基团位于红外谱上 3 660 $cm^{-1}$ 处。

铝、磷、硼等成分吸附水，形成铝、磷、硼羟基团：

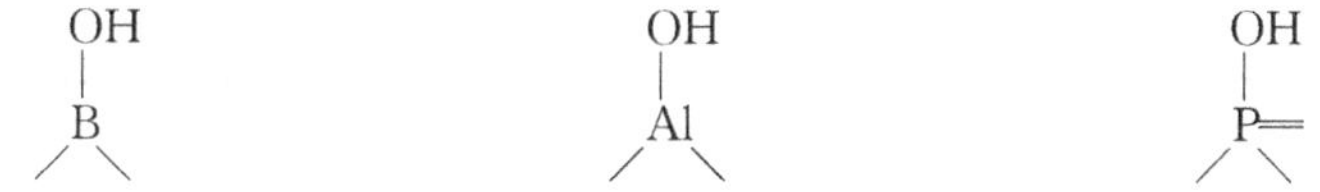

硼羟基团　　　　铝羟基团　　　　磷羟基团

Weyl 又将固体的表面理论引伸到玻璃方面来，提出了玻璃的亚表面理论。固体的表面通常是不平坦的，即使完整解理的云母表面，也存在 $2\times10^{-9}\sim1\times10^{-7}$ m 甚至 $2\times10^{-7}$ m 不等的台阶。从原子角度来看，这就很粗糙了。实质上，固体表面上是凹凸不平的，有裂缝、台阶等，玻璃也一样，肉眼上看起来很光滑，实质上也不平坦。Weyl 把这部分都包括在亚表面层内，亚表面层厚度为胶体粒子（$10^{-5}\sim10^{-4}$ cm）大小，不完全对称，配位不全，有缺陷，其模型见示意图 9－17。此亚表面层有以下特点：几何表面熵值最高，向内部成梯度降低；原子或质点表面不对称，缺陷多，空隙大，成为微多孔性；表面的无序性高于内部；表面易析晶。

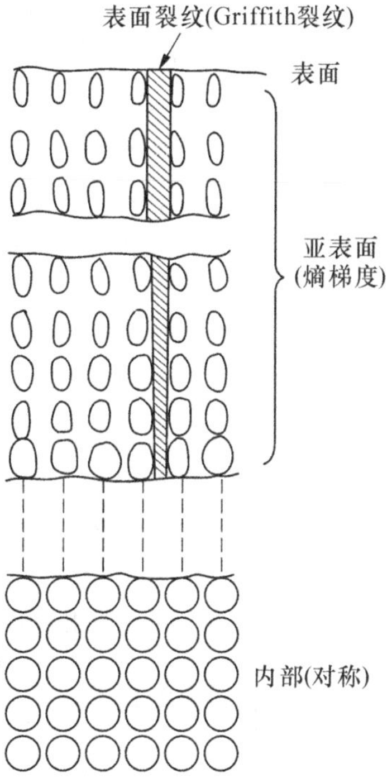


**图 9－17　亚表面层结构模型**

用亚表面层理论可以解释下列现象：玻璃的断裂强度比理论强度低很多，这是由于亚表面层的不对称性，热振动的非谐性造成的。亚表面层很容易生成 Griffith 裂纹，所以玻璃表面的脆性大于内部，裂纹受力扩展而开裂。石英玻璃的高强度是由于其膨胀系数低，亚表面层的热振动非谐性小，使亚表面层与主体玻璃之间差别小，不易产生 Griffith 裂纹。此外，玻璃在液氮温度下测定的强度很高，也是由于低温时热振动很小，亚表面层不易产生 Griffith 裂纹之故。由于玻璃亚表面层的微多孔性，故易与 $O_2$、$SO_2$、HCl、$H_2O$ 等反应，反应表面积大。亚表面层的微多孔性和非谐热振动，有利于离子迁移和扩散，所以玻璃表面可进行离子交换。玻璃抛光时，在抛光盘压力下，使用磨料 $Fe_2O_3$、$ZrO_2$、$CeO_2$ 等，由于热振动的非谐性，使玻璃表层有流变性，而使玻璃表面平坦。玻璃与金属焊接时，由于亚表面层起流变作用，所以焊接后应力小。

玻璃对耐火材料的侵蚀是不均匀的，在玻璃、耐火材料、炉气（或气泡）三相界面上侵蚀最严重，这也是亚表面层在起作用，此处熵最大，自然反应最强烈，再加上玻璃液表面能的作用，碱金属离子及其他赋有低表面能的氧化物富集到表面，而这些物质都是加速耐火材料侵蚀的，从而造成三相界面上的严重侵蚀。

### 9.2.2 玻璃表、界面的化学组成与化学反应

#### 1. 玻璃表面的化学组成

玻璃表面的化学组成与玻璃主体的化学组成有一定差异,即沿着玻璃截面方向(深度)的各组成含量不是恒值,也就是说组成随深度而变化。

造成玻璃表面与主体组成上的差异,主要是由于熔制、成形、热加工以及玻璃表面受大气、水和其他溶液侵蚀等不同原因造成的。

在熔制、成形和热加工过程中,由于高温时一些组成的挥发,或各组成对表面能的贡献大小不同,而造成表面中某些成分的富集,某些成分的减少。当玻璃处在黏滞状态下,使表面能减小的组分就会富集到玻璃表面,以使玻璃表面能尽可能低;相反,赋有表面能高的组分、会迁离玻璃表面向内部移动,所以这些组分在表面比较少。常用的玻璃成分中,$Na^+$、$B^{3+}$是容易挥发的。Lyon 认为 $Na^+$ 在成形温度范围内自表面向周围介质挥发的速度大于 $Na^+$ 从玻璃内部向表面迁移的速度,故用拉制法或吹制法成形玻璃的表面还是少碱的。他认为只有在退火温度下,$Na^+$ 从内部迁移到表面的速度大于 $Na^+$ 从表面挥发的速度。但实际生产中,退火时迁移到表面的高 $Na^+$ 层与炉气中 $SO_2$ 结合生成 $Na_2SO_4$ 白霜。而这层白霜很容易洗去,结果表面层还是少碱。

对各品种玻璃的表面组成,各国学者用各种表面测试技术所得到的数据,有些是不一致的,甚至相差很大,这可能是样品所处条件的不同以及测试技术条件也不完全一致所造成的。此外测试中所用电子束、离子束与玻璃样品表面作用,引起静电场,使 $R^+$ 和 $R^{2+}$ 离子发生位移,或由于受热面产生蒸发以及还原等也会引起误差。在测试中,特别是 $R^+$ 易受测试条件的影响,$R^{2+}$ 次之,其他组成也有影响。

#### 2. 玻璃表、界面的化学反应

玻璃表面的化学反应是指玻璃表面和近表面与气体和液体的反应。如反应仅涉及表面几个分子层直到深度 10 nm 左右,为化学吸附。此处是指玻璃表面和在深度 10 nm 以上的化学反应,包括玻璃表面与水、酸、碱以及气体的反应。

玻璃表面的化学反应除了与试剂的性质及反应条件有关,还与玻璃表面的状态有很大关系,Hench 将硅酸盐玻璃表面受水或溶液侵蚀后的表面结构状态分为五种类型,如图 9-18 所示,虚线代表最初玻璃表面,实线代表主体玻璃,罗马数字代表玻璃表面类型。各类型表面的特点分述如下:Ⅰ型(不溶型)表面是不溶的,成分难以变化,只生成小于 5 nm 的水化层,如石英玻璃表面在中性溶液中。Ⅱ型(单保护膜型)在溶液中产生选择性溶出,如 $R^+$ 的溶出,表面脱碱,形成比主体 $SiO_2$ 含量高的富硅保护膜,如含少量 $R_2O$ 的硅酸盐玻璃表面在 $pH<9$ 的溶液中。Ⅲ型(双层保护膜型)玻璃含 $Al_2O_3$ 或 $ZrO_2$ 或 $CaO$、$P_2O_5$,在溶液中生成的富硅膜下还有硅酸铝、硅酸锆或磷酸钙保护膜,此类膜溶解度小,在酸性和碱性溶液中比较耐久。Ⅳ型(无保护膜型)玻璃表面的 $R_2O$ 选择性溶解,虽然也生成表面膜,但由于玻璃中的 $SiO_2$ 也低,无保护作用。如含 $R_2O$ 量多,且两种以上 R 离子的硅酸盐玻璃,溶液的 $pH<9$。Ⅴ型(可溶型)玻璃中的 $SiO_2$ 由于 $OH^-$ 的作用而使网络断裂,玻璃表面缓慢地一层层溶解。如硅酸盐玻璃在 pH 大于 9 的碱性溶液中侵蚀后的表面一般无光泽,因

玻璃在溶液中的溶解度有差异，表面受侵蚀不均匀。

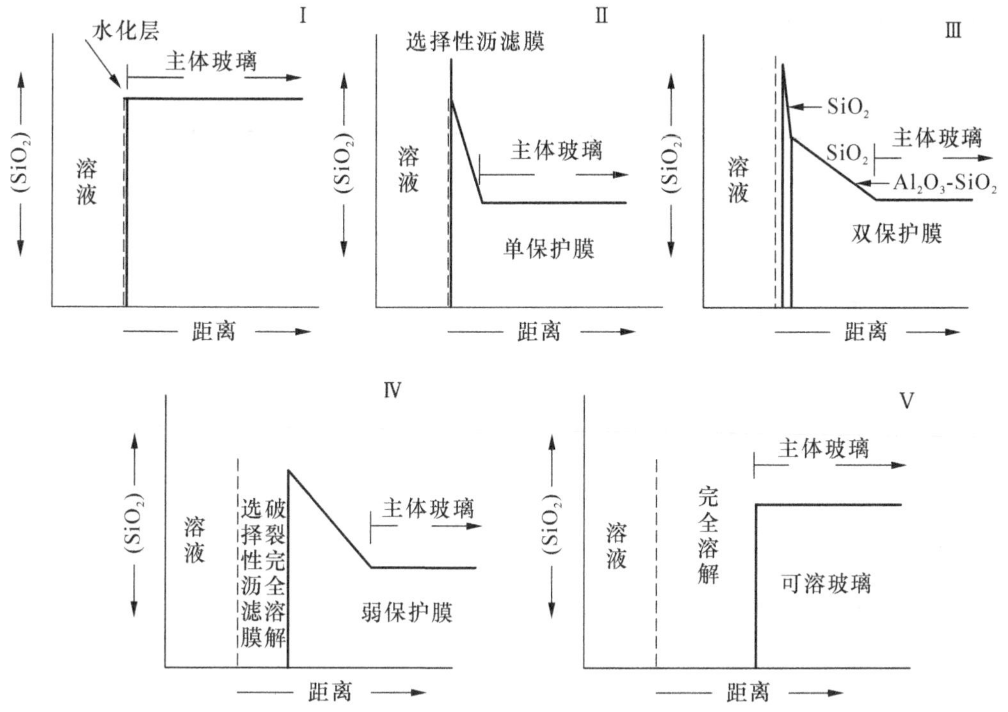


**图 9－18　硅酸盐玻璃受溶液侵蚀后的五种类型表面**

### 3. 玻璃的表面与水反应

钠钙硅酸盐玻璃中存在$\equiv$Si—O—Si$\equiv$网络和断裂的$\equiv$Si—O—Na 结构，在 100～300℃与水蒸气作用时，发生如下反应：

$$\equiv \mathrm{Si—O—Na} + H_2O \longrightarrow \equiv \mathrm{Si—OH} + Na^+ + OH^-$$

得到的自由氢氧根离子又会与硅氧键作用，使玻璃溶解：

$$\equiv \mathrm{Si—O—Si} \equiv + OH^- \longrightarrow \equiv \mathrm{Si—O—OH} + \equiv \mathrm{Si—O^-}$$

$\equiv \mathrm{Si—O^-}$ 与水分子结合：

$$\equiv \mathrm{Si—O^-} + H_2O \longrightarrow \equiv \mathrm{Si—OH} + OH^-$$

玻璃中的碱扩散到水中，形成多孔高硅膜，此过程称为脱碱反应。

### 4. 玻璃表面与酸反应

普通的钠钙硅酸盐玻璃受酸侵蚀时，发生以下反应：

$$\equiv \mathrm{Si—O—Na} + H^+ \rightleftharpoons \equiv \mathrm{Si—OH} + Na^+$$

$$\equiv \mathrm{Si—O—Ca—O—Si} \equiv + H^+ \rightleftharpoons 2 \equiv \mathrm{Si—OH} + Ca^{2+}$$

此反应的实质是酸中 $H^+$ 与玻璃中 $Na^+$ 和 $Ca^{2+}$ 发生离子交换，降低 pH 和增加玻璃中

的 $Na^+$ 和 $Ca^{2+}$ 浓度都有利于反应进行。反应中形成的硅氧保护膜,影响侵蚀继续进行。

**5. 玻璃表面与碱反应**

钠钙硅酸盐玻璃在碱液中发生以下反应:

$$\equiv Si-O-Si\equiv + OH^- \longrightarrow \equiv Si-O-OH + \equiv Si-O^-$$

反应后,$\equiv Si-O-Si\equiv$ 键断裂,非桥氧量增加,结构破坏,$SiO_2$ 溶出,玻璃表面不能生成保护膜。

**6. 玻璃表面的风化**

玻璃和大气的作用称为风化,风化后玻璃表面出现雾状薄膜,或点线状模糊物,甚至彩虹。严重时表面形成白霜,甚至产生平板玻璃粘片现象。国内也有把玻璃风化称为霉变。玻璃在大气中风化时,首先吸附大气中的水,和水发生反应,形成对玻璃的侵蚀。但是由于风化时表面形成的碱分保留在玻璃表面,玻璃表面继续受到侵蚀,风化随时间延长变得越来越严重。

### 9.2.3 玻璃表界面的性能及其改进

**1. 玻璃表界面的性能**

(1) 玻璃表面的光学特性

玻璃表面凸凹不平将导致光的漫反射,从物理学得知,要获得镜面反射,表面不平整引起的光程差不得超过光波长的八分之一,即不平整度不要超过光波长的十六分之一。经过分析,Brand 认为透射时,要得到清晰的像,粗糙引起的光程差不得超过光波长的十五分之四,大于反射时的八分之一,光透射玻璃对表面粗糙度要求宽些。

(2) 玻璃表面的电学性质

玻璃表面吸附水,水膜中的 $H^+$ 与玻璃表面的碱离子进行离子交换,碱离子进入水膜,使玻璃表面的电导率大大升高;含碱量高的玻璃会形成一层连续的导电膜。玻璃的表面电导率与周围环境的温度、湿度以及玻璃的化学组成、化学状态密切相关。

在低于 100℃ 时,随环境温度和湿度的升高,玻璃表面电导率升高;超过 100℃ 时,水分子蒸发速度快,水膜难形成,表面电导率下降,甚至接近体电导率。

一般来说,化学稳定性好的玻璃,表面电导率低,按高碱玻璃、乳浊玻璃、硼硅酸玻璃、石英玻璃的次序下降。

表面状态对表面电导率的影响:表面电导率按磨光玻璃、火抛光、酸处理次序下降。火抛光表面的微裂纹较少,而酸处理过后,表面碱溶解,电导率下降。淬火玻璃的表面电导率高于退火玻璃,表面微晶化后,表面电导率也会下降,因为结构致密化限制了碱离子的迁移。

(3) 玻璃表面的力学性能

众所周知,玻璃的实际强度比理论强度要低几个数量级,这是因为实际玻璃存在着微观和宏观缺陷,特别是表面微裂纹,使实际强度大大降低,玻璃表面和大气及水分的反应也影响着玻璃的力学性质。

(4) 玻璃表面的微裂纹和它对力学性能的影响

1920年Griffith就提出玻璃表面可能存在许多细微裂纹，使玻璃在低应力下发生断裂，他的假设在1936年和1960年分别被实验证实。即使是新鲜的玻璃表面也存在Griffith微裂纹，然而随着玻璃和水蒸气的反应，随着存放、运输、使用过程中的碰撞、擦伤，微裂纹的数量、长度、强度均增加，导致玻璃的硬度和强度明显下降。断裂应力与裂纹长度关系为：

$$\sigma = \sqrt{\frac{2E\gamma}{\pi c}} \tag{9-25}$$

式中：$\sigma$为断裂应力；$E$为弹性模量；$\gamma$为表面能；$c$为裂纹长度的一半。

由上式可知，表面裂纹越长，越易断裂。弹性模量和表面能越大，扩展裂纹所需能量越大，断裂越困难。

玻璃的静疲劳是指在强度与活性介质作用下，表面裂纹扩展，导致荷重时间越长，玻璃强度越低。

活性介质与裂纹作用包括两方面，第一作用为活性介质渗透入裂纹，降低表面张力，使裂纹扩展；第二作用是在裂纹尖端由于应力集中，加快了活性介质与玻璃的反应速率，玻璃被它溶解，裂纹扩张。故真空中玻璃不会疲劳，低温时疲劳不明显。

**2. 玻璃的表面改性**

(1) 玻璃的表面涂膜

玻璃表面涂膜可改变光、电、力等各项性质，下面作介绍。

① 减反膜

光通过玻璃时，会发生反射，空气折射率为1.0，玻璃折射率为1.5～1.9，相应的反射率$R$为0.04～0.105。表明光线每通过一次玻璃与空气的界面，透过光是入射光的90%～96%，不仅降低了光强，更严重的使光学系统产生幻像和光晕，使它失效，表面涂膜可以减少反射，基本原理是利用光的相干现象：当空气与薄膜界面反射光和薄膜与玻璃界面反射光的光程差恰好为光波长一半的奇数倍时，两光相干后光强最小。要使反射率为0，膜的折射率$n_f$与空气及玻璃折射率之间应符合以下关系：

$$n_f = \sqrt{n_0 \times n_g} \tag{9-26}$$

式中，$n_0$是空气折射率，约为1，则$n_f = \sqrt{n_g}$；$n_g$是玻璃的折射率。

薄膜的厚度$d = (2n+1) \times \lambda/(4n_f)$，其中$n$为自然数。

玻璃折射率为1.5～1.9，相应$n_f$应为1.22～1.38，$MgF_2$薄膜折射率为1.38，假如$n_g$=1.52，涂$MgF_2$以后，反射率也从4.52%降到1.26%，为改进增透效果，可先在玻璃表面涂一层高折射率材料，再涂一层低折射率材料，效果更好，也可以多层涂膜，高、低折射率交替使用，可以在较宽波长的范围内减反射，称宽带减反射，此外，可以通过改变涂膜材料、厚度和组合，制得各种特殊光性能的遮阳玻璃、热反射玻璃、防眩目玻璃。

② 导电膜

导电膜涂在玻璃表面，使其具有导电性能，用于汽车、飞机等交通工具的风挡，还可用于荧光、场致发光显示装置等方面，常用的导电膜有$SnO_2$、$In_2O_3$、CdO等氧化物，金、银等金属。为提高氧化物的电导率，可进行掺杂，如在 $SnO_2$ 中掺 Sb、F，在 $In_2O_3$ 中掺 Sn。

③ 玻璃的表面增强

表面增强可归纳为：物理钢化、化学钢化、化学处理和表面涂层四类。

物理钢化：高于玻璃转变温度但低于软化温度的玻璃制品的表面快速均匀地冷却，由于内外存在温度梯度，在玻璃表面形成均匀的压应力层，内部存在一个张应力层。当外力作用使表面微裂纹扩展到张应力层时，裂纹就在内张应力的作用下迅速扩展，瞬时玻璃成为大小均匀的细粒，所以物理钢化玻璃不能切割和钻孔。最早使用压缩空气淬冷，故又称风钢化。近年来作了一系列的改进，采用油液淬冷，有机硅液淬冷，低熔点金属液淬冷，多次淬冷液淬冷新工艺，目的是提高淬冷速率，提高表面压应力，压应力可从风淬冷的 100～150 MPa 增加到 400 MPa(低熔点金属液淬冷)。

化学钢化(离子交换增强)：高温型离子交换的基本原理为在高于转变温度低于软化温度时，经离子交换在玻璃表面形成一层低膨胀的微晶玻璃，冷却到室温时由于内外膨胀系数的不同，在玻璃表面形成压应力层。高温型离子交换的基础成分为 $SiO_2-Al_2O_3-Na_2O-Li_2O-TiO_2$ 系统，熔盐为 $Li_2SO_4$ 95%、$Na_2SO_4$ 5%，处理温度 860℃，时间为 15 min。以 Stookey 得到的强度较高的一号玻璃为例，成分为 $SiO_2$ 57.2%、$Al_2O_3$ 23.7%、$Na_2O$ 11.0%、$Li_2O$ 1.10%、$TiO_2$ 6.20%、$As_2O_3$ 0.5%，软化点 703℃，应变点 652℃，经 $Li^+ \rightarrow Na^+$ 交换后强度达到 638 MPa，线膨胀系数 $7.2 \times 10^{-6}$，表面层的结晶相为 β 锂霞石($Li_2O \cdot Al_2O_3 \cdot 2SiO_2$)和石英。低温型离子交换是在略低于玻璃的转变温度下，经离子交换用盐溶液中的大离子置换玻璃中的小离子，产生挤塞效应，使玻璃表面形成压应力层。低温型离子交换的基础成分为 $SiO_2-Al_2O_3-RO-R_2O$ 系统，熔盐为 $KNO_3$，处理温度 440～460℃，时间从几小时到十几小时。以平板玻璃为例，成分为 $SiO_2$ 72.3%、$Al_2O_3$ 1.5%、CaO 7.6%、MgO 4.1%、$Na_2O$ 13.4%，经 350℃预热后放入 460℃的 $KNO_3$ 熔盐中 3.5 h，交换层深度为 20 μm，加伤后的弯曲强度为 80 MPa(未交换的加伤抗压强度为 50 MPa)。高温型与低温型相比，高温型交换时间短，强度高，应力不易松弛，但成本高，大量的锂盐来源也有困难；低温型虽然强度不如高温型高，但熔盐可大量供应，成本较低。近年来着重研究改进低温型的工艺条件，缩短了离子交换的时间，提高了强度。

玻璃表面化学处理：主要是指表面酸洗和表面脱碱。表面酸洗法的原理是通过酸侵蚀除去表面裂纹层或使裂纹形状变钝，减少应力集中，以达到增强的目的。表面脱碱处理是 $SO_2$ 等与玻璃反应，除去表面的碱，又能提高玻璃的化学稳定性。

玻璃表面涂层：可分为热端涂层和冷端涂层，前者是指成型后的制品在 500～700℃进行热喷涂 $SnCl_4$、$TiCl_4$，在表面形成 $SnO_2$ 与 $TiO_2$ 等涂层，它的作用是愈合玻璃的微裂纹，可预防擦伤，提高强度。后者是指制品出退火炉进行喷涂，主要目的是增加瓶罐间的润滑性，减少摩擦，从而提高强度，使用材料有硬脂酸、聚乙烯、油酸、硅烷、硅酮、环氧树脂、聚丙烯等。热冷端涂膜可同时使用，效果更好。

(2) 离子注入法玻璃表面改性

当用一定能量的离子轰击玻璃时，其中一部分由于玻璃的反射作用离开玻璃，成溅射离子，另一部分射入玻璃表面，成为注入离子。注入离子后，玻璃的各种性质都有所改变，所以可用离子注入进行玻璃改性。玻璃中离子注入方法和金属及半导体中注入方法相同，使用离子注入机，绝大部分离子都可用注入机注入玻璃中，并可得到其他方法不能得到的浓度和浓度分布(高斯分布)。已有人研究,光导纤维表面注入 $Li^+$ 离子,使表面形成厚 1 μm、折射率为 1.505 的薄层,比 $SiO_2$ 玻璃提高 3%。石英玻璃表面注入 $N^+$ 离子,也使其折射率提高,但没有注入 $Li^+$ 明显。折射率升高的原因,除了注入离子本身的性质外,主要是离子注入后,玻璃更致密,折射率提高。

离子注入后对硬度也有影响,石英玻璃、钠钙铝镁窗玻璃注入 $N^+$ 后,开始时硬度随注入剂量的增加而提高,达到极限后,反而下降。

经研究发现,注入一定剂量的 $Ar^+$ 或 $P^+$ 离子,可使光学部件增强,注入 $N^+$ 可以达到防雾的目的,$SiO_2$ - PbO - $K_2O$ 玻璃中注入 $N^+$ 离子,可以减少玻璃风化时的析钾量。另外还发现注入 $N^+$ 离子可以影响玻璃结晶性能,改变晶体形貌,也可能增加或遏制表面析晶。

### 9.2.4 玻璃表界面的表征

研究固体表面的方法,大部分都可在玻璃中应用。

表面形态的观察:对 1 μm 以上的结构形貌,可使用光学显微镜,但由于可见光的衍射,分辨率最高为 1 μm。如使用紫外光,可观察到 $10^{-7}$ m 的结构,配合超薄片并熟练操作,也只能到 $5\times10^{-8}$ m。而 $5\times10^{-8}$ m 以下的显微结构,就要用透射电镜和扫描电镜来观察。

表面化学组成和浓度深度分布分析:低能电子和 X 射线与物质相互作用强烈,可用于进行表面成分分析,如电子探针、俄歇电子能谱、化学分析电子能谱、离子探针、离子散射、能量色散 X 射线分析等。

表面结构分析:可用红外反射谱、X 射线光电子能谱、紫外光电子能谱等。

#### 1. 扫描电镜(SEM)

在玻璃表面的研究方面,扫描电镜可用于表面形貌的观察,样品不必研磨和抛光,可以直接观察粗糙表面,如玻璃表面的受侵蚀、风化、平整度以及断裂表面等。扫描电镜的景深比光学显微镜大几千倍,比透射电镜大几百倍,而且样品可在三维空间内平移与旋转,表面倾斜不同角度不用重新聚焦,拍摄表面形貌不仅方便而且效果也较好。因玻璃为非导体,为了防止电荷的聚集,用真空方法在表面蒸镀一层金、铝、碳等导电膜。其测试范围 $4\times10^{-8}$ m,测试深度 1.5 μm,分辨率为 $10^{-8}$ m,可研究玻璃表面形态、断面特征、玻璃分相和表面析晶等显微结构。

#### 2. 电子探针(EPMA, EPA)

电子探针通常与扫描电镜组合起来使用,同时配备电子计算机分析过程和进行数据处理,电子探针分为波长色散谱仪(简称波谱仪,WDS)和能量色散谱仪(简称能谱仪,EDS)。波谱仪中把 X 射线看成具有固定波长的电磁波,被测样品受电子束激发后产生的特征 X 射线的强度用探测器测定,而能谱仪中把 X 射线看成不连续的光子,样品产生的特征 X 射线经过多道能量分析器,将不同能量的 X 射线光子分开,并测定光子能量和强度,再分析出样品元素的含量。

样品受入射电子束激发后产生的相对 X 射线强度与样品中元素含量并不存在简单比例关系,因为特征 X 射线的激发效率和强度与样品成分、样品对 X 射线吸收和荧光 X 射线效应有关,因而必须进行校正。

电子探针对玻璃中大部分成分(除 H、He、Li 外,从原子序数为 4 的 Be 到原子序数为 92 的 U)均可进行分析,探测极限 50～1 000 μg/g,被分析的元素绝对质量只有 $10^{-18}$～$10^{-14}$ g,分析精度可达 1%～5%。电子探针不破损玻璃试样,但由于玻璃表面不导电,需在玻璃表面上镀碳或金属层。在含钾、钠等碱金属玻璃表面研究中。由于电子束照射,钾、钠被蒸发,特征 X 射线强度随测定时间变化,影响分析精度,有时测试要在低温(液氮)中进行,以提高分析精度。

**3. 俄歇电子能谱(AES)**

俄歇电子也是二次电子,是法国人俄歇发现的,它的动能具有一定的特征值,这是由于原子内部发射出的电子,具有对应元素种类的固有能量,所以从各种原子上激发出的俄歇电子,就有各自的特征值。又因为它的动能小,只能从表面附近几个原子层厚度内激发出来,因而它是反映样品最表面状态的重要信息,可显示表面化学元素分布及吸附状态等。

俄歇电子能谱可以对玻璃表面进行元素分析,运用于除 H、He 以外的轻元素分析,由于玻璃表面为非导体,使用时束流量要小且慢,以防表面电荷效应。俄歇能谱结合氩离子枪刻蚀,可以测定浓度的深度分布,本研究方法的测试深度为 1～2 nm,灵敏度为 0.1%～0.5%,测试研究内容为表面化学分析、结合能和离子价态。

**4. 离子探针(IMA, SIMS)**

离子探针实际是二次离子质谱仪(SIMS),它不同于电子探针和俄歇能谱以电子束为激发源,而是以高能离子束(≈10 keV)为激发源,轰击试样表面,溅射出表征试样成分的二次离子,然后用质谱技术,按二次离子的质荷比和强度来辨别其成分和含量,用成像系统辨别成分在样品上的部位。与电子探针相比,离子探针不仅可分辨全部元素,而且精度高,适用于超纯物质的分析。但对碱金属等易迁移、蒸发的元素,测试不精确,要得到比较精确的结果,需在液氮下低温测试。离子探针属于破坏性分析,离子溅射样品,使样品表面破坏,但依靠离子溅射,可一层层地分析深度方向的元素分布,能获得三维空间信息。离子探针深度分析可达数微米,检测灵敏度为 ng/g 级。

**5. 光电子能谱(XPS)**

光电子能谱根据光源分为紫外光电子能谱(UPS)和 X 射线光电子能谱(XPS)。早期紫外光电子能谱主要用于气相分子体系,局限于电子价的研究,目前也可研究固态的电子结构。X 射线光电子能谱主要用于固态电子价的研究与内层电子的结合能,并可测定化学位移。化学位移就是指一种原子的内层电子电离能在正常条件下,随化学环境的变化。由于化学结构和构型的不同,而有可测量的变化(通常化学位移 1～10 eV)。用 XPS 测量化学位移,以研究表面结合状态、电子分布的变化。XPS 也能作表面成分的分析,在玻璃表面研究中,经常应用 XPS。本测试手段测试深度为 2～10 nm,分辨率为 $10^{-18}$ g。

**6. 红外反射谱(IRRS)**

红外反射谱是利用试样分子在每一特征频率红外光的激发下产生的共振辐射,然后测量其强度。一个分子(或基团)可能存在不同的振动方式,有多种不同频率的基频峰,其特征性较强,易于辨认和确定基团结构的基频峰为特征峰。通常采用附带反射部件的红外分光光度计研究玻璃结构及表面受侵蚀状态,其优点为:可以定量,分辨率比较高;对样品无破坏,可以反复进行测定;仪器设备费用低;不需要真空,便于操作和维护。其缺点为:测定深度为 0.5 $\mu$m,不能研究小于 $10^{-8}$ m 的极薄试样和大于 1 $\mu$m 厚的表面膜的变化情况;不能测定成分随深度的变化;多成分玻璃由于各基团之间特征峰相互影响比较复杂;红外反射谱不易区别。

**7. 表面研究发展方向**

近年来,在固体表面研究方面,采用了一些新的技术,如电子诱导脱附和离子角发射(ESDIAD)、超声诱导脱附、扩散反射光谱(DRS)、离子诱导 X 射线(IIX)、形位光谱(APS)、调制束弛豫光谱(MBRS)、扫描隧道显微镜(STM)、原子力显微镜(AFM)、高分辨电子能量损失谱(HREELS)、分子束散射(MBS)、快原子轰击质谱(FABMS)、表面敏感外延 X 射线吸收精细结构(SEXAFS)等,研究表面形貌、表面组成、键合或反应动力学,以后将有可能用于玻璃表面研究方面。

# 第 10 章 复合材料的界面

## 10.1 复合材料概述

复合材料是以两种或两种以上不同材料通过一定的工艺复合而成的多相材料，不同材料互相取长补短，不仅可以克服单一材料的缺点，而且通过协同作用可产生原来单一材料所没有的新性能。

复合材料一般由基体、增强剂两相组成，相与相之间存在界面。以纤维增强塑料为例，纤维是增强剂，是分散相，分散在塑料之中，其作用犹如混凝土中的“钢筋”，是负荷的主要承担者。塑料是基体，其作用是把纤维粘接在一起，使纤维的强度能充分发挥。基体与增强剂之间存在界面，界面对复合材料的性能起着重要的作用。

复合材料按基体可分类如下：

- 复合材料
  - 聚合物基
    - 热固性树脂基(不饱和聚酯、环氧、酚醛等)
    - 热塑性树脂基(PP、PE、尼龙等)
  - 金属基
  - 无机非金属基
    - 陶瓷基
    - 水泥基
    - 其他

虽然金属基复合材料和无机非金属基复合材料因高性能领域对新材料的需求，近年来得到了迅速发展，但应用最广、产量最大的仍是聚合物基复合材料。

聚合物基复合材料一般的特性是：轻质高强，电性能、耐腐蚀性能、热性能好，性能的可设计性及材料与结构的统一性。

轻质高强：聚合物基复合材料的相对密度低，在 1.4～2.0 之间，约为钢的 1/5、铝的 1/2，因而其比强度(抗张强度与密度的比)、比模量(弹性模量与密度的比)比钢、铝合金高，如高模量碳纤维/环氧复合材料的比强度为钢的 5 倍、铝合金的 4 倍。其比模量是钢、铝、钛的 4 倍。轻质高强是复合材料适宜用作航空、航天材料的宝贵性能。

电性能好：聚合物基复合材料的电绝缘性、高频介电性能、微波透过性好，适宜用作电机仪表零件、雷达罩等。

耐腐蚀性能好：聚合物基复合材料耐海水、酸、碱、盐和有机溶剂，适宜用作化工机械零部件、管道、贮槽、渔船等。

热性能好：聚合物基复合材料的导热系数低，是优良的绝热材料。聚合物基复合材料的耐烧蚀性能优良，能保护飞行器重返大气层免受2 000℃以上的高温、高速气流损害。高性能复合材料可设计成热膨胀系数为零、能在高低温的交替中保持良好尺寸稳定性的材料。

聚合物基复合材料的另一特点是性能具有可设计性。复合材料的性能除由纤维、树脂的种类及含量决定外，还与纤维的排列方向、铺层次序和层数有关，因此可以优化设计，做到安全可靠，经济合理。

在制造复合材料的同时，也就得到了制品，可一次成型。这一特点使得复合材料制品的零部件数目可明显减少，避免了接头过多，降低了应力集中。同时，也相应减轻了零部件的质量，减少了制造工序和加工量，缩短加工周期，降低生产成本。

聚合物基复合材料也存在一些缺点和问题，如工艺稳定性较差、材料性能分散性大、耐高温和环境老化性不好等。此外，由于复合材料是由性能完全不同的两种材料构成的，因而界面的相容性和结合力差，使得复合材料的层间剪切强度、横向强度都不够理想。因此，常常要对复合材料进行界面改性来提高复合材料的性能，也正是对复合材料存在的问题的研究推动着复合材料科学的发展。

### 10.1.1 聚合物基复合材料基体

聚合物可分为热固性树脂和热塑性树脂，聚合物基复合材料也可分为热固性树脂基复合材料和热塑性树脂基复合材料。

用作复合材料基体的热固性树脂最主要的是不饱和聚酯树脂、环氧树脂和酚醛树脂，其他还有脲醛树脂、呋喃树脂、有机硅树脂等。

用作复合材料基体的热塑性树脂有聚乙烯、聚丙烯、尼龙、聚酰亚胺等热塑性高分子材料。由于在有关高分子材料的专著中对这些聚合物都有详细介绍，本书就不对热塑性树脂再作赘述。

热固性树脂是复合材料传统使用的基体树脂，其中应用最广泛的是不饱和聚酯、环氧和酚醛三大热固性树脂。

#### 1. 不饱和聚酯树脂

不饱和聚酯树脂是由饱和二元酸(或酸酐)、不饱和二元酸(或酸酐)与多元醇缩聚而成的聚酯在乙烯基单体(如苯乙烯)中形成的溶液。

工业上使用的饱和二元酸主要是邻苯二甲酸酐(简称苯酐)、间苯二甲酸等；不饱和二元酸主要是顺丁烯二酸酐(简称顺酐)、反丁烯二酸(简称反酸)；二元醇则为1，2-丙二醇、乙二醇等。二元醇与二元酸通过羟基和羧基之间的缩合反应，失去水而逐步聚合，形成相对分子质量不是很大的聚酯。由于在原料中采用了不饱和酸，所以生成的聚酯分子结构中，含有不饱和双键，调节饱和二元酸和不饱和二元酸的比例，可以控制不饱和聚酯中双键的含量。

将不饱和聚酯溶解在乙烯基单体(如苯乙烯)中，形成溶液，就成为市售的不饱和聚酯产品，这里的乙烯基单体称为交联剂。在不饱和聚酯/交联剂体系中，存在两种双键，一种是来自顺酐或反酸的双键，另一种是来自交联剂的双键，这两种双键在一定的条件下可以发生自由基共聚反应。

在不饱和聚酯/交联剂溶液中加入引发剂(如过氧化物)，加热条件下，引发剂均裂产生自由基,就会发生共聚反应。由于不饱和聚酯分子链中含有多个双键,一旦发生双键打开的聚合反应,就会交联成不熔不溶的三维网状结构,这个过程称为固化。固化前的树脂溶液可用来浸渍增强纤维,使浸透了树脂溶液的纤维形成制品所需的形状,固化后,就成了复合材料制品。

不饱和聚酯树脂常常需要在常温下固化,此时只要在固化体系中除引发剂外再加入一些促进剂,若引发剂为过氧化物,如过氧化二苯甲酰(BPO),促进剂可用 *N*,*N*-二甲基苯胺等叔胺;引发剂用氢过氧化物,如过氧化环己酮或过氧化甲乙酮,则促进剂用变价金属皂(如环烷酸钴等)。促进剂和引发剂可在室温下发生氧化还原反应产生自由基,从而使不饱和聚酯固化。

不饱和聚酯树脂是复合材料中用量最大的基体树脂,玻璃纤维增强塑料(俗称玻璃钢)制品所用的树脂,主要是不饱和聚酯树脂。

**2. 环氧树脂**

环氧树脂是指分子中含有两个或两个以上环氧基的化合物,一般它们的相对分子质量都不大,环氧基可以位于分子链的末端,也可在分子链的中间或成环状结构。由于环氧基非常活泼,可以与多种类型的固化剂发生交联反应,形成不溶不熔的具有三维网状结构的聚合物。

工业上大量使用的是缩水甘油醚型环氧树脂,其中,又以二酚基丙烷(双酚 A)与环氧氯丙烷合成的双酚 A 型环氧树脂最为重要,如最通用的 E-44 和 E-51 环氧树脂都是双酚 A 型。缩水甘油醚型环氧树脂的结构如下:

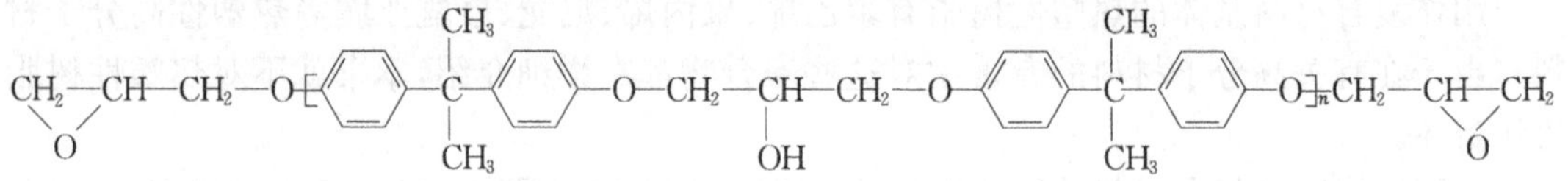

环氧树脂的固化剂大体上分为两类:一类是反应性固化剂,可与环氧分子进行加成反应,并通过逐步反应历程交联成体型网状结构;另一类是催化性固化剂,它可引发环氧基按阳离子或阴离子聚合的历程进行固化反应。反应性固化剂如多元伯胺、多元羧酸等;催化性固化剂有叔胺、三氟化硼等。

以多元脂肪族伯胺为例来说明环氧树脂的固化原理。胺基上的活泼氢可与环氧基发生如下的反应:

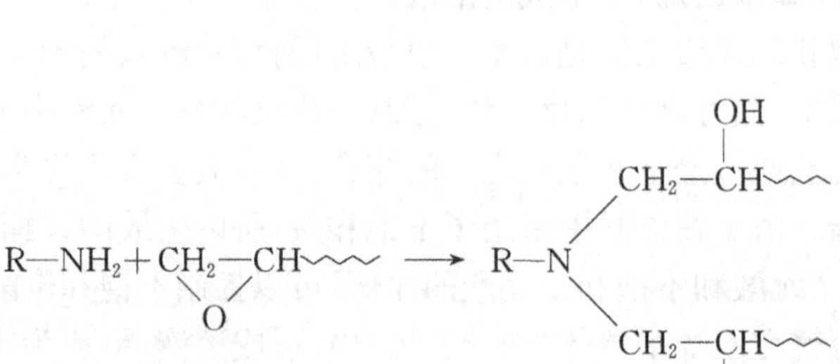

常用的脂肪胺固化剂都带有多个活泼氢,如:

$H_2NCH_2CH_2NHCH_2CH_2NH_2$ 二乙烯三胺

$H_2NCH_2CH_2NHCH_2CH_2NHCH_2CH_2NH_2$ 三乙烯四胺

$H_2NCH_2CH_2NHCH_2CH_2NHCH_2CH_2NHCH_2CH_2NH_2$ 四乙烯五胺

$H_2N(CH_2CH_2NH)_nCH_2CH_2NH_2$ 多乙烯多胺

环氧树脂分子中则带有两个以上的环氧基，所以，多元胺与环氧树脂的反应是多官能度与二官能度的反应，结果导致环氧树脂固化，交联成三维网状结构。

**3. 酚醛树脂**

酚醛树脂是由酚类和醛类反应而成的一类聚合物，是最早合成的热固性树脂。常用酚类是苯酚，醛类则是甲醛。

苯酚的酚羟基邻对位上有三个活泼氢，其官能度为3，甲醛的官能度为2，苯酚与甲醛的反应是3官能度与2官能度的反应，只要有足够量的甲醛，就能交联形成网状结构。

酚醛树脂可分为热固性酚醛和热塑性酚醛两类。在酚醛树脂合成过程中，酚与醛的物质的量之比、催化基的类型、反应体系的pH对酚醛树脂的性能有很大的影响。

热固性酚醛树脂的合成中，甲醛与苯酚的物质的量之比大于1，催化剂为碱，如氢氧化钠、氨水或氢氧化钡等。由于甲醛与苯酚的物质的量之比大于1，平均每个苯酚分子有2个以上的活泼氢可发生反应，所以反应继续到一定程度，就会发生交联。但在碱性条件下反应比较温和，可控制反应到某一程度将反应温度降低下来，使反应停止。但是，体系中仍存在可进一步反应的活性官能团，在一定条件下还可以继续反应，所以，热固性酚醛树脂只要加热或加酸，就能够固化。

热塑性酚醛树脂的合成中，甲醛与苯酚的物质的量之比小于1，一般以酸为催化剂，如盐酸、草酸等。在酸性条件下，甲醛与苯酚的缩聚反应非常剧烈，放出大量的热。但是，因为配比中甲醛的量不足，当甲醛消耗完时，反应也就停止，形成可溶可熔的线型分子链结构。固化时，在热塑性酚醛树脂中加入固化剂，如六次甲基四胺或三聚甲醛等，可进一步反应，直至形成不溶不熔的网状结构。

无论是热固性酚醛还是热塑性酚醛树脂，固化时都有小分子放出，因此热固性酚醛树脂在固化时，除了要加热或加酸外，还必须加压；热塑性酚醛树脂固化时除要加固化剂以外，也必须加压。加压可以排除小分子释放形成的气泡和空穴，提高制品的性能。

### 10.1.2 增强材料

在复合材料中，凡能提高基体的机械强度、弹性模量等力学性能的材料称为增强材料。增强材料不仅能提高复合材料的强度和弹性模量，而且能降低收缩率，提高热变形温度，并在热、电、磁等方面赋予复合材料新的性能。

增强材料从物理形态上可分为纤维增强材料、片状增强材料、颗粒状增强材料等。

纤维增强材料是应用最广泛的增强材料，如玻璃纤维、碳纤维、有机纤维等。玻璃纤维具有很高的抗拉强度，但是模量不足；碳纤维有很高的强度和模量，是用作高性能复合材料的主要增强纤维之一；有机纤维如Kevlar纤维、超高相对分子质量聚乙烯纤维等，密度低却有很高的强度和模量，其比强度和比模量特别引人注目。

纤维增强材料除以连续的长纤维状使用外,也可切断后以短切纤维的形式使用,或者编织成织物(如方格布、斜纹布等形式)使用。

硼纤维、碳化硅纤维等是高性能的新型无机纤维。硼纤维具有较低的密度、较高的强度、很高的弹性模量和熔化温度以及良好的高温强度保留率。硼纤维在航空、航天工业中用作结构材料,还可以作为中子的减速剂使用。碳化硅纤维有优异的力学性能、耐热氧化性能和化学稳定性能,并具有很好的耐辐照性能和吸波性能,在军工、原子能、化工、冶金等行业有广阔的前景。

颗粒状材料也称为填料。填料的主要功能不仅能使复合材料制品的价格降低,而且能显著改善制品的机械性能、耐摩擦性能、热性能、耐老化性能等。常用的填料有碳酸钙、石墨、炭黑、云母、高岭土、二氧化硅、滑石粉等。当前,超细粉碎的纳米材料引人注目,纳米复合材料也成为复合材料科学研究的一个新领域。

大多数增强材料与基体树脂在结构上有很大的差异,在化学上和物理上不甚相容,因此在形成复合材料时,两者的界面结合力差,影响到复合材料的性能。为改进复合材料的性能,提高基体树脂和增强材料的界面结合力,常常要对增强材料进行表面处理。

### 10.1.3 复合材料的界面

复合材料的性能除与基体和增强剂密切有关外,界面也起着至关重要的作用。复合材料的性能并不是其组分材料的简单加和,而产生了"1+1>2"的协同效应。例如,纤维材料纵向是不能承压的,而复合后纤维的压缩强度得到了充分的发挥。又如,玻璃纤维的断裂能约为 10 $J/m^2$,聚酯的断裂能约为 100 $J/m^2$,而复合后的玻璃纤维增强塑料的断裂能达 $10^5$ $J/m^2$。

复合材料为什么会产生协同效应呢?性能上的特点应从结构上寻找原因。比较纤维增强塑料复合前后的结构,如图 10-1 所示,未复合时基体与纤维各自分散,未结合在一起;复合后基体与纤维粘接在一起,产生了界面。复合后的基体还是原来的基体,纤维还是原来的纤维,两者的差别仅在于复合后基体与纤维之间存在界面,因此界面是复合材料产生协同效应的根本原因。

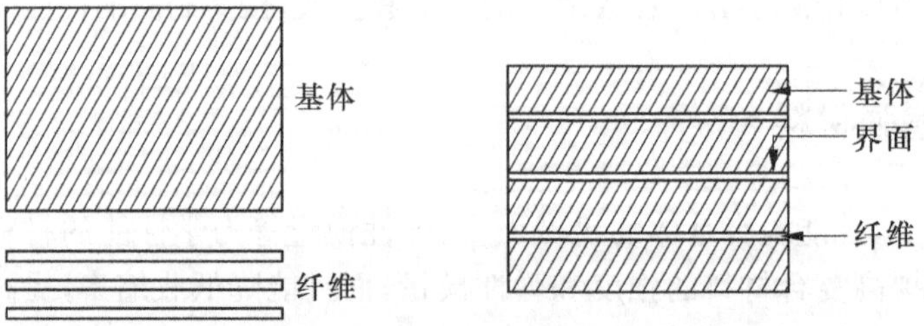


**图 10-1 纤维增强塑料复合前后的结构示意图**

为什么复合材料的断裂能比其组成材料树脂和纤维要大很多倍呢?且看图 10-2 复合材料破坏过程的示意图。

裂纹在基体中发展,遇到纤维,可能发生界面脱粘、基体和纤维的断裂、纤维拔出等过程,吸收了大量能量。并且裂纹发展未必在一个平面上,可沿着材料中不同的平面发生以上的界面脱粘、基体和纤维的断裂、纤维拔出等过程，直到裂纹贯穿了某一平面材料才破坏，这就使得复合材料的断裂能大大高于各组分材料的断裂能的加和，充分体现出复合材料的协同效应。

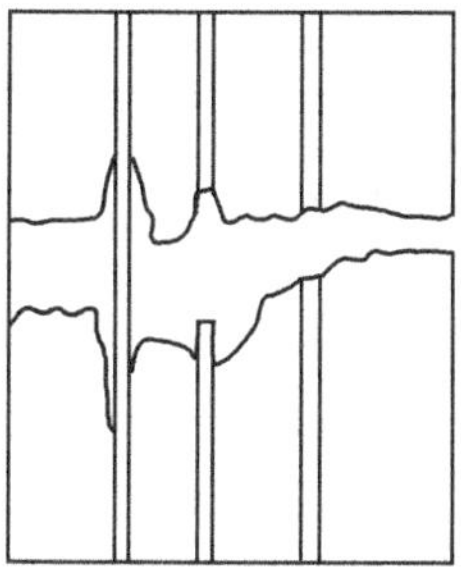

**图 10－2　复合材料破坏过程中的能量吸收**

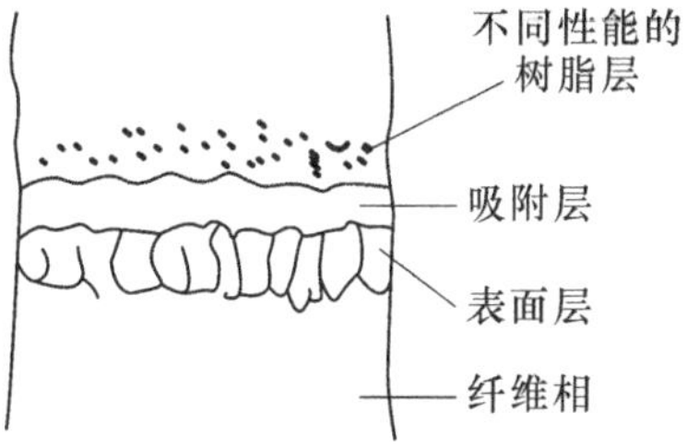


**图 10－3　复合材料界面模型**

复合材料的界面并不是简单的几何平面，而是包含着两相之间过渡区域的三维界面相，如图 10－3 所示。界面相内的化学组分、分子排列、热性能、力学性能呈现连续梯度性变化。界面相很薄，是亚微观的，却有极其复杂的结构。在两相复合过程中，会出现热应力（导热系数、膨胀系数的不同）、界面化学效应（官能团之间的作用或反应）和界面结晶效应（成核诱发结晶、横晶），这些效应引起的界面微观结构和性能特征，对复合材料的宏观性能产生直接的影响。因此，界面不是简单的平面。有人主张应使用界面相或界面层这一术语。

正因为界面对复合材料性能起着重要作用，所以科学家对复合材料的界面进行了深入持久的研究，取得了许多重大成果，推动了复合材料科学的发展。但由于界面的复杂性，至今复合材料界面还有许多问题尚未得到解决，有待于进一步的研究。

## 10.2　玻璃纤维增强塑料界面

玻璃纤维增强塑料俗称玻璃钢，是由玻璃纤维和基体树脂组成的复合材料。玻璃纤维赋予复合材料强度和刚度，基体树脂则对复合材料的压缩强度、弯曲强度、剪切强度，耐腐蚀、阻燃、耐辐射、电性能等有密切关系。

玻璃纤维的外观为光滑的圆柱体，横截面几乎呈完整的圆形。由于玻璃纤维外表面光滑，纤维的抱合力小，不利于与树脂黏结，因此需要对玻璃纤维进行表面处理，以提高复合材料的界面性能。

### 10.2.1　玻璃纤维概述

玻璃纤维是目前复合材料中使用量最大的一种增强纤维。我国使用的玻璃纤维主要有无碱 E 玻璃纤维和中碱 A 玻璃纤维，E 玻璃纤维的碱金属氧化物含量不大于 0.5%，A 玻璃纤维的碱金属氧化物含量为 11.5%～12.5%。其他还有高强 S 玻璃纤维、高硅氧玻璃纤维、石英玻璃纤维等特种玻璃纤维。

根据玻璃结构的网络学说,玻璃是由硅、氧原子为主构成的不规则网络体,网络间存在着孔穴,孔穴中充填着 $Na^+$、$K^+$、$Ca^{2+}$、$Mg^{2+}$ 等金属离子。玻璃具有如图 10-4 所示的结构。

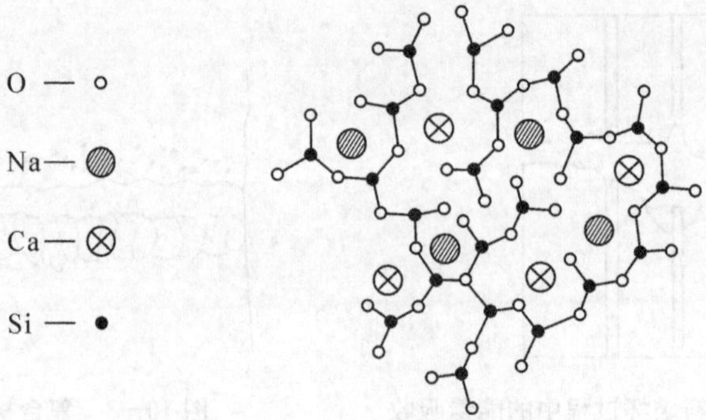


**图 10-4　玻璃纤维结构示意图**

玻璃纤维骨架的化学组成主要是二氧化硅或三氧化二硼,前者称为硅酸盐玻璃,后者称为硼酸盐玻璃。为改进玻璃性能,可加上氧化钙、三氧化二铝等改性氧化物。加入氧化钠等可降低玻璃熔化温度和黏度,这类氧化物称为助熔氧化物。中碱玻璃中含有百分之十几的氧化钠。

玻璃是各向同性的,无固定熔点,处于近程有序、远程无序的介稳态,或者说是"冻结的液体"。

玻璃纤维的外观是光滑的圆柱体,它的横截面呈圆形。玻璃纤维的直径为 3～10 μm,密度为 2.4～2.7 $g/cm^3$。

玻璃纤维力学性能的最大特点是拉伸强度高,可达 1 500～4 000 MPa。表 10-1 说明玻璃纤维的强度与直径有关,直径越细,玻璃纤维的强度越大。在贮存中,由于空气中水分的影响,玻璃纤维的强度会有下降现象,特别是有碱纤维,这种贮存老化现象尤为严重,存放两年强度可下降三分之一。

**表 10-1　玻璃纤维直径与拉伸强度的关系**

| 直径/μm | 4 | 5 | 7 | 9 | 11 |
|---|---|---|---|---|---|
| 拉伸强度/MPa | 3 000～3 800 | 2 400～2 900 | 1 750～2 150 | 1 250～1 700 | 1 050～1 250 |

玻璃纤维的弹性模量只有 $7\times10^4$ MPa,是普通钢铁的 1/3,弹性模量不足是玻璃纤维增强塑料的主要缺点。玻璃纤维的断裂延伸率在 3%左右。

玻璃是一种很好的耐腐蚀材料,除氢氟酸(HF)、浓碱、浓磷酸外,对一般的化学药品和有机溶剂都有良好的化学稳定性。但拉制成玻璃纤维后,其耐腐蚀性能远不如块玻璃。这是因为玻璃纤维的比表面积要比块玻璃大几百倍,也就是说,玻璃纤维受介质侵蚀的面积要比块玻璃大几百倍,因此,玻璃纤维的耐腐蚀性能要比块玻璃差得多,且玻璃纤维的直径越小,其化学稳定性越差。

玻璃纤维的性能与其化学组成有关,如 E 玻璃纤维的耐水性优于 A 玻璃纤维,A 玻璃纤维的耐酸性优于 E 玻璃纤维。玻璃纤维的网络骨架—Si—O—不耐碱,因此,玻璃纤维的耐碱性较差。

玻璃纤维表面有很强的吸水性：

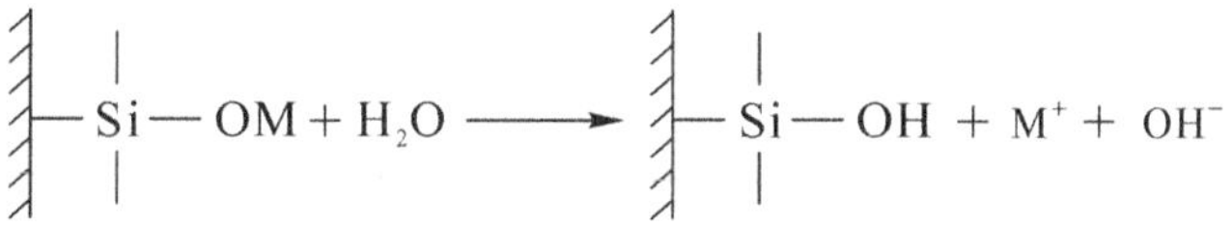


吸附的水可以是多分子层的：

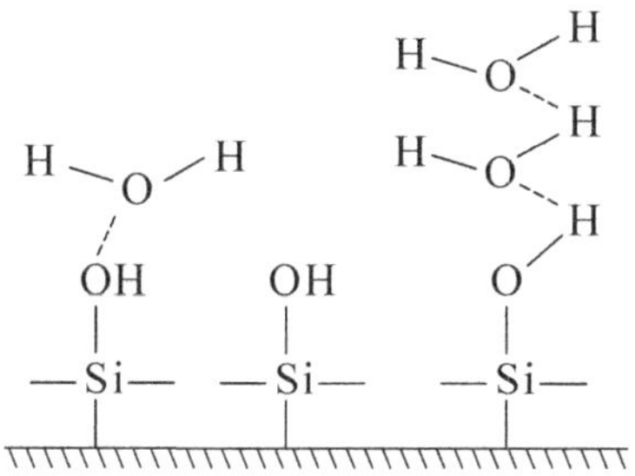


在碱性条件下，玻璃纤维骨架可因如下反应破坏：

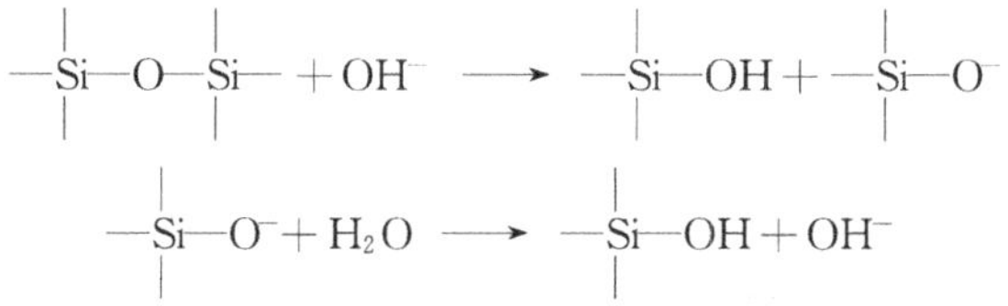


该反应产生的 $OH^-$ 离子可再侵蚀玻璃骨架。

由于玻璃纤维的化学稳定性不是太好，所以玻璃纤维增强塑料的耐腐蚀性能很大程度上决定于基体树脂和复合材料的界面状态。

玻璃纤维性脆，不耐摩擦和扭折。因此在玻璃纤维拉制过程中，必须使用浸润剂保护其表面，以保证玻璃纤维能满足拉丝和纺织的要求，不至断裂。

### 10.2.2 偶联剂

聚合物基复合材料的基体是有机高分子材料，玻璃纤维是无机材料，由于有机高分子材料和无机材料在结构和性能上存在很大的差异，相互亲和力差，因此难以实现良好的界面结合。

为提高玻璃纤维或其他无机填料与基体树脂的界面结合力，常使用偶联剂。

所谓偶联剂是分子中含有两种不同性质基团的化合物，其中一种基团可与增强材料发生化学或物理的作用，另一种基团可与基体发生化学或物理作用。通过偶联剂的偶联作用，使基体与增强材料实现良好的界面结合，从而显著提高复合材料的性能。

偶联剂主要种类有：有机硅烷偶联剂、有机铬偶联剂、钛酸酯类偶联剂等。

#### 1. 有机硅烷偶联剂

有机硅烷偶联剂是一类品种多、效果好的表面处理剂，其通式为：$R_nSiX_{4-n}$，其中 R 为有机基团,X为可水解基团,$n=1\sim 4$。在复合材料中使用的硅烷偶联剂大多$n=1$,即$RSiX_3$。

硅烷偶联剂的作用机理如下:

X基团水解,形成硅醇:

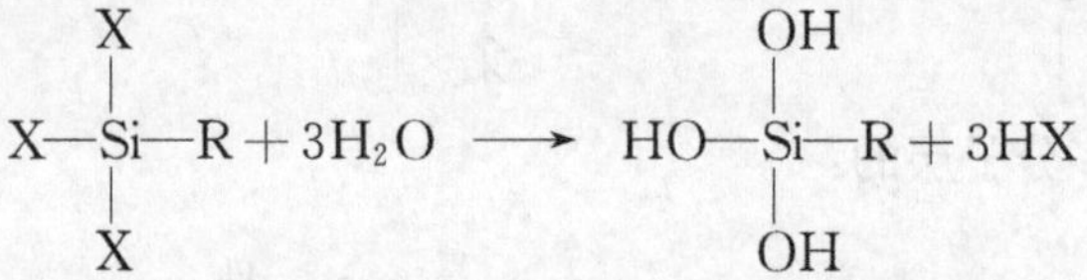

硅醇的硅羟基之间以及硅醇硅羟基与玻璃纤维表面硅羟基之间形成氢键:

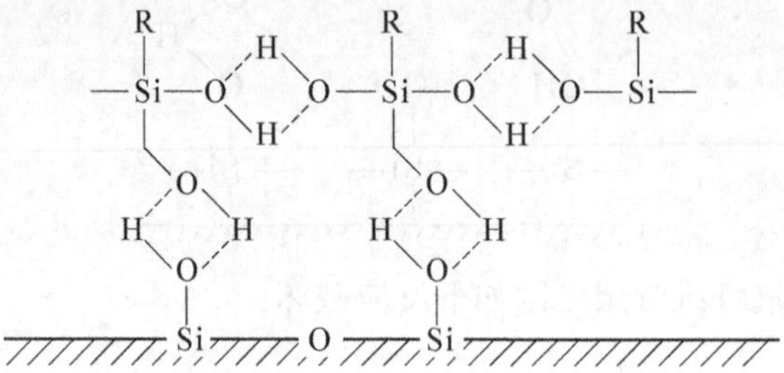

硅羟基之间脱水形成—Si—O—Si—键:

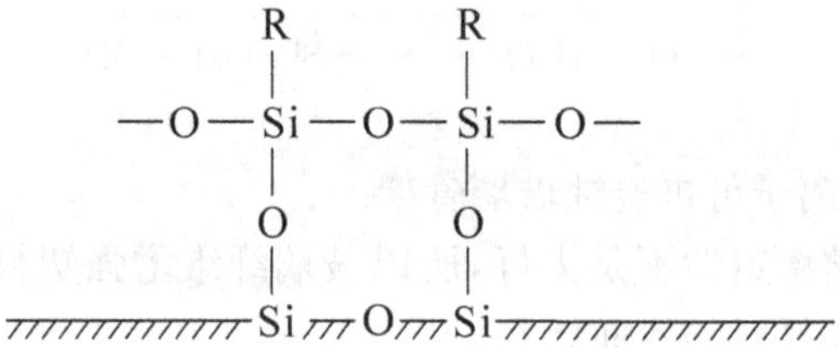

这样,硅烷偶联剂在玻璃纤维表面以—Si—O—Si—化学键结合,同时在玻璃纤维表面缩聚成膜,形成了有机基团R朝外的结构,如图10-5所示。

有机基团R中可含有—C═C—、—$NH_2$、$\underset{\diagdown O \diagup}{\text{—CH—CH}_2}$、—SH等,可参与基体树脂的固化反应。例如,—C═C—可参与不饱和聚酯的固化反应,—$NH_2$和$\underset{\diagdown O \diagup}{\text{—CH—CH}_2}$可参与环氧树脂的固化反应。通过R基团中的活性官能团与基体树脂的反应,偶联剂与基体以化学键结合起来。

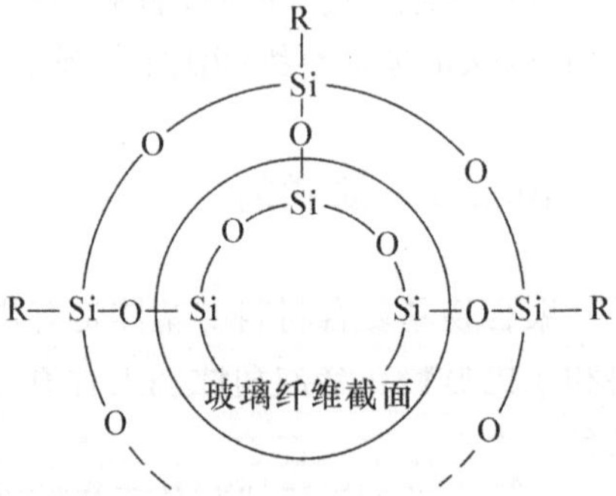


图10-5 玻璃纤维表面的有机硅单分子层示意图

可水解基团X的性质如下:

X=—Cl,水解产物HCl为酸,对进一步水解有促进作用,且能催化硅醇间的缩合,因而水解、缩聚速度快,水解后的硅醇不稳定,易聚合成聚硅氧烷,使得硅烷偶联剂失去与玻璃纤维表面的结合能力,且产生的HCl有腐蚀性,现已很少使用。

X = —$OCH_3$ 或—$OC_2H_5$，水解速度慢，水解产物比较稳定。由于—$OC_2H_5$ 的基团比—$OCH_3$ 大，降低了其在水中的溶解性。

X = —$OCH_2CH_2OCH_3$，由于分子结构中含有亲水性的醚键，可与水分子形成氢键，因而水溶性好，且醚键是柔性键，处理后玻璃纤维有较好的柔软性。

硅烷偶联剂水解后不稳定，会自行缩聚而产生沉淀失效。如新配制的乙烯基三乙氧基硅烷水溶液含有 82%的单体、15%二聚体、3%三聚体，放置较长时间后，则含有 34%的单体、23%的二聚体、30%三聚体和 13%的四聚体。从溶液中沉淀出的聚硅氧烷其偶联作用已很小或不起偶联作用。因此硅烷偶联剂水溶液配制后应在 12 h 内使用，放置过久将会失效。

常用的偶联剂及其对树脂基体的适用性见表 10 - 2。

**表 10 - 2 偶联剂结构及其对树脂基体的适用性**

| 商品名 | 化学名 | 结构式 | 适用树脂基体 |
|---|---|---|---|
| 沃兰 Volan | 甲基丙烯酸氯化铬盐 | 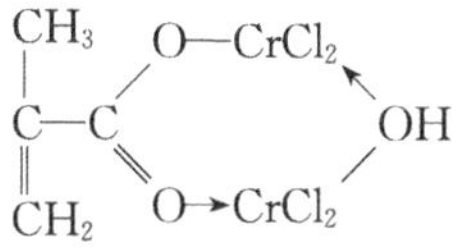 | 聚酯，环氧，酚醛，PE，PP，PMMA |
| A - 151 | 乙烯基三乙氧基硅烷 | $CH_2=CHSi(OC_2H_5)_3$ | 聚酯，1，2 -聚丁二烯，热固性丁苯，PE，PP，PVC |
| A - 172 (Z - 6075) | 乙烯基三(β-甲氧乙氧基)硅烷 | $CH_2=CHSi(OCH_2CH_2OCH_3)_3$ | 不饱和聚酯，PP，PE |
| A - 174 (KH - 570) | γ-甲基丙烯酸丙酯基三甲氧基硅烷 | $CH_2=C(CH_3)-C(=O)-O-(CH_2)_3Si(OCH_3)_3$ | 不饱和聚酯，PE，PP，PS，PMMA |
| A - 1100 (KH - 550) | γ-胺丙基三乙氧基硅烷 | $H_2N(CH_2)_3Si(OC_2H_5)_3$ | 环氧，酚醛，三聚氰胺，聚酰亚胺，PVC |
| A1120 (KH843) | 胺乙基胺丙基三甲氧基硅烷 | $H_2N(CH_2)_2NH(CH_2)_3Si(OCH_3)_3$ | 环氧，酚醛，聚酰亚胺，PVC |
| A - 187 (KH560) | γ-缩水甘油醚丙基三甲氧基硅烷 | $\underbrace{CH_2-CH}_{O}-CH_2-O-(CH_2)_3Si(OCH_3)$ | 环氧，尼龙 |
| A - 186 | β-(3，4 环氧环己基)乙基三甲氧基硅烷 | 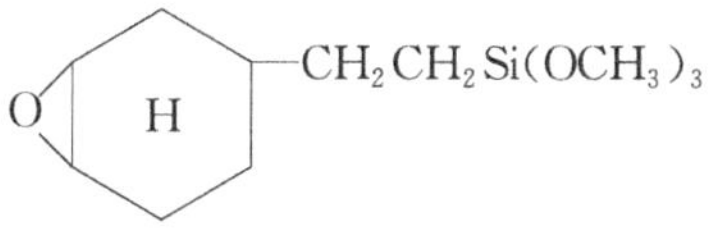 | 环氧，PE，PP，PVC |
| KH - 580 | γ-巯基丙基三乙氧基硅烷 | $HS(CH_2)_3Si(OC_2H_5)_3$ | 环氧，酚醛，PVC，聚氨酯，PS |
| A - 189 (KH590) | γ-巯丙基三甲氧基硅烷 | $HS(CH_2)_3Si(OCH_3)_3$ | 环氧，酚醛，PS，聚氨酯，PVC，合成橡胶 |

**续 表**

| 商品名 | 化学名 | 结 构 式 | 适用树脂基体 |
|---|---|---|---|
| ND-42 | 苯胺甲基三乙氧基硅烷 | 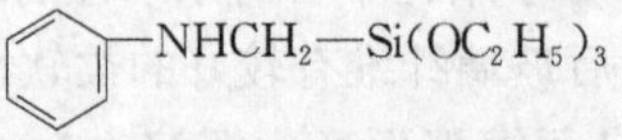 | 环氧,酚醛,尼龙,聚酰亚胺 |
| B201 | γ-二乙烯三胺基 | $H_2N(CH_2)_2NH(CH_2)_2NH(CH_2)_3Si$ | 环氧,酚醛,尼龙 |
| A-5162 | 丙基三乙氧基硅烷 | $(OC_2H_5)_3$ | |
| B202 | γ-乙二胺基丙基三乙氧基硅烷 | $H_2N(CH_2)_2NH(CH_2)_3Si(OC_2H_5)_3$ | 环氧,酚醛,尼龙 |
| ND-24 | 己二胺基甲基三乙氧基硅烷 | $H_2N(CH_2)_6NHCH_2Si(OC_2H_5)_3$ | 环氧,酚醛 |
| 盖化-520 | 氰丙基三甲氧基硅烷 | $CN(CH_2)_3Si(OCH_3)_3$ | PP, PE |
| AF-CA-31 | 对氰基苯基三甲氧基硅烷 | 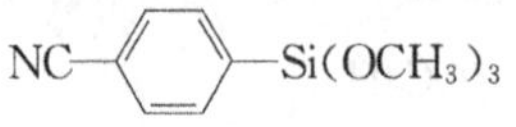 | 聚酰亚胺 |
| AF-CA-102 | 对-羧基苯基二甲氧基氟硅烷 | 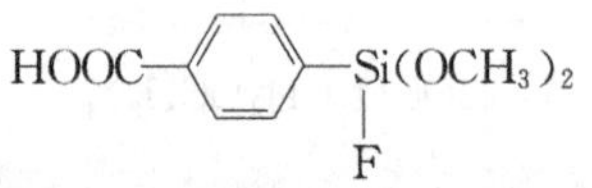 | 聚苯并咪唑 |

除表10-2中的偶联剂外,为满足特殊性能的需要,又开发了许多新型的硅烷偶联剂。

(1) 叠氮硅烷偶联剂

该偶联剂由美国联碳公司开发,其通式为:$N_3SO_2—RSi(OCH_3)_3$。

叠氮基的特点是可以与碳氢键发生反应:

$$\sim R—SO_2N_3 \xrightarrow{\triangle} \sim R—SO_2N: + N_2$$

$$\sim R—SO_2N: + H—\overset{|}{\underset{|}{C}}— \longrightarrow \sim R—SO_2—\underset{H}{N}—\overset{|}{\underset{|}{C}}—$$

其甲氧基端同样可发生水解、缩合反应,因此叠氮硅烷偶联剂可在聚合物与无机填料之间形成如下结构:

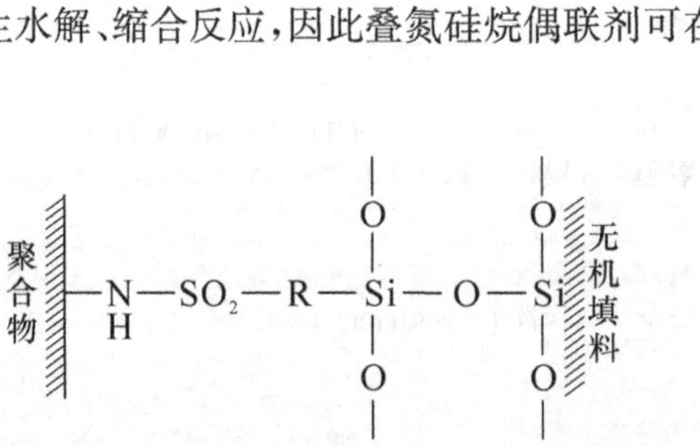


由于碳氢键普遍存在,故叠氮硅烷的通用性强,对尼龙、聚乙烯、聚丙烯、聚苯乙烯等热塑性复合材料也能适用。

(2) 耐高温硅烷偶联剂

随着耐高温树脂的出现，对硅烷偶联剂也提出了新的耐高温的要求。在硅原子上直接带有芳香环的硅烷偶联剂，其耐热性显著提高。Pluedemann 指出，含有下列直接带芳香结构的硅烷偶联剂都是耐高温型硅烷偶联剂：

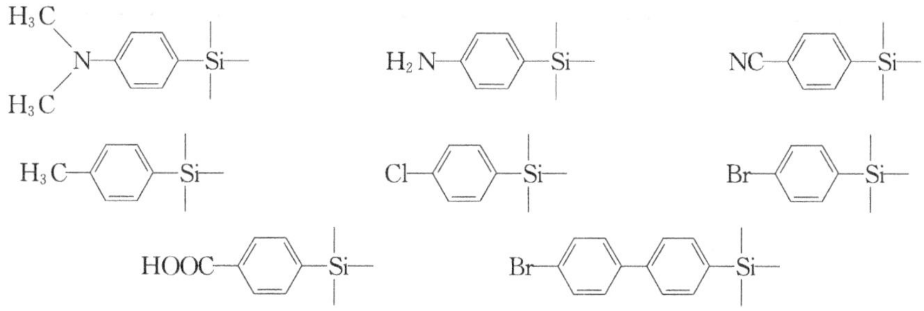

(3) 过氧化型硅烷偶联剂

过氧化偶联剂可设计成如下结构：R—O—O—R′—$SiX_3$。

通过 X 基团的水解，可在增强材料上引入过氧基：

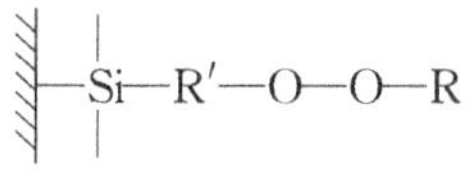

过氧基的热裂解在增强剂表面产生自由基，引发乙烯基单体聚合，在增强剂表面接枝上聚合物：

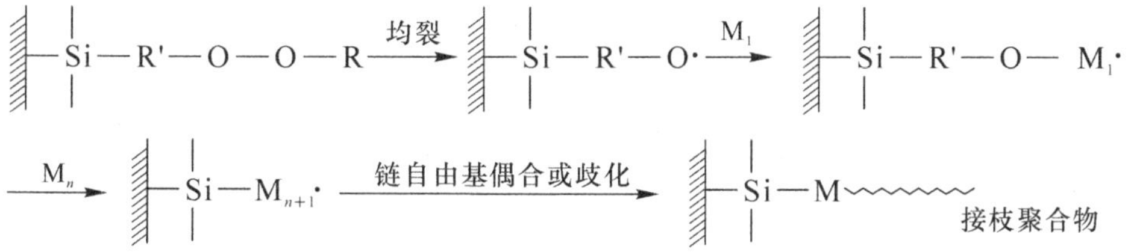


若对接枝聚合物的链结构和相对分子质量进行控制，可对复合材料界面层进行设计。

## 2. 有机铬偶联剂

有机铬偶联剂的通式如下：

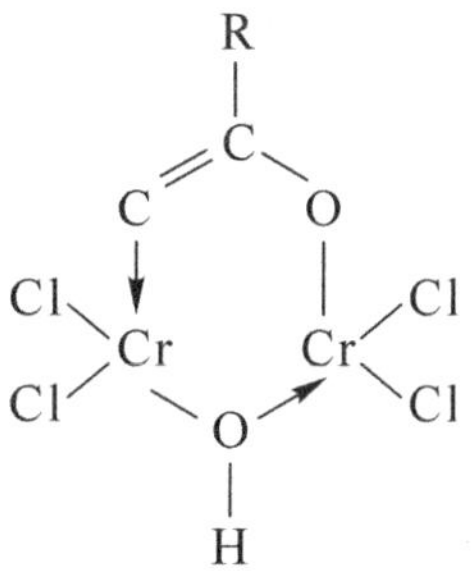

最常用的 R 为 $H_3C—\underset{|}{C}=CH_2$，称作“沃兰”。

有机铬偶联剂的作用机理与有机硅烷类似,可表示如下:

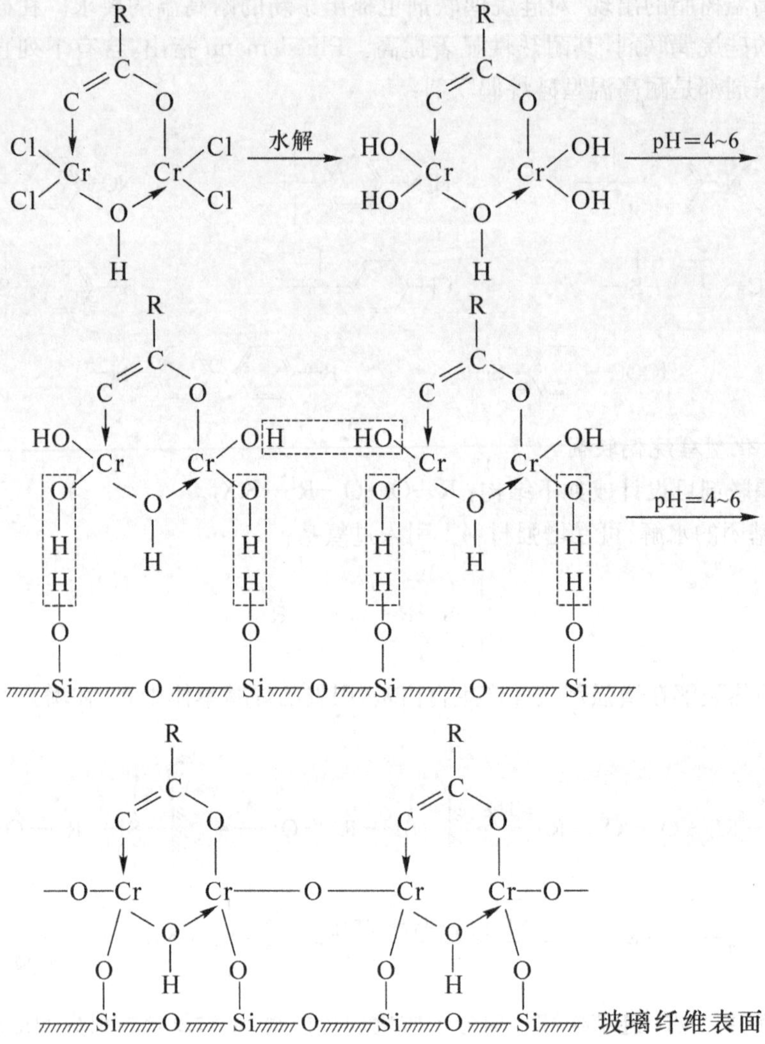


**3. 钛酸酯类偶联剂**

这是一类近年来发展较快的表面处理用偶联剂,常用来处理无机填料,可成倍增加无机填料的用量而不降低制品的物理性能,同时可明显降低体系的黏度,改善加工性能。目前使用的主要结构类型为:

(1) 烷氧基类钛酸酯

通式为:R—O—Ti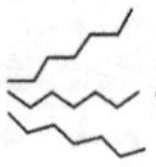,R一般为异丙基。如异丙基三异硬脂酰基钛酸酯(TTS):

$$H_3C—\underset{}{\overset{CH_3}{\overset{|}{C}}}H—O—Ti\!\left[O—\overset{O}{\overset{\|}{C}}—C_{17}H_{35}\right]_3$$

异丙基三(二辛基磷酸酯)钛酸酯(TTOP-12):

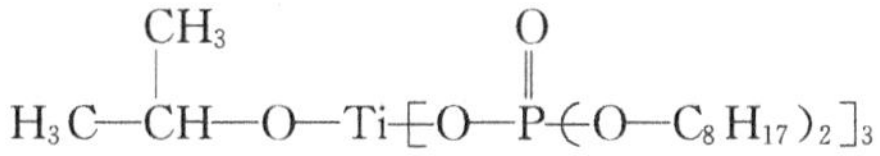

异丙基三(二辛基焦磷酸酯)钛酸酯(TTOPP－38)：

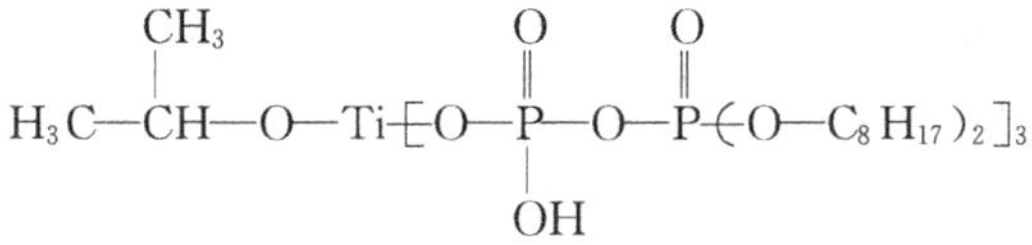

单烷氧基钛酸酯与填料表面的反应原理为：

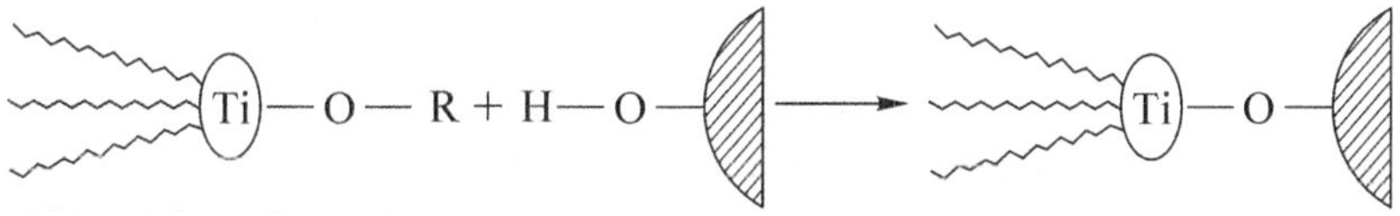

(2) 螯合型钛酸酯

如双(二辛基焦磷酸酯)氧乙酸酯钛酸酯(138S)：

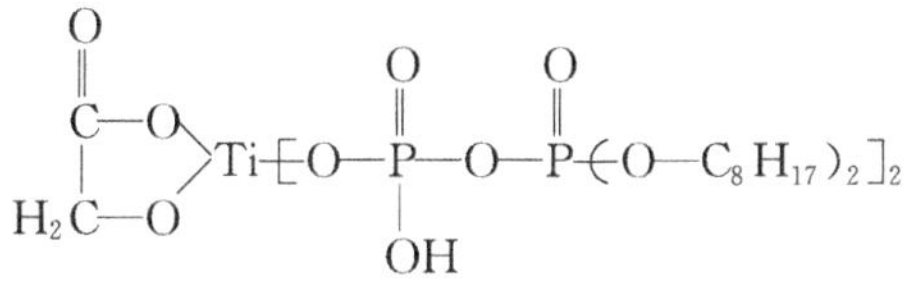

其对填料表面作用机理为：

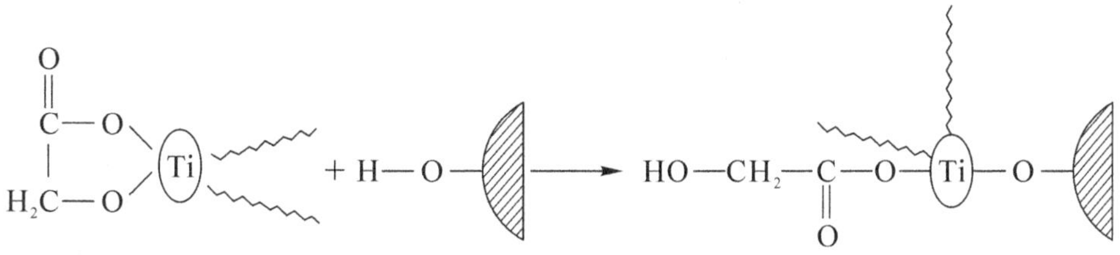

(3) 配位型

如：$(RO)_4Ti(O—X—R')_2$

或写成配位式：

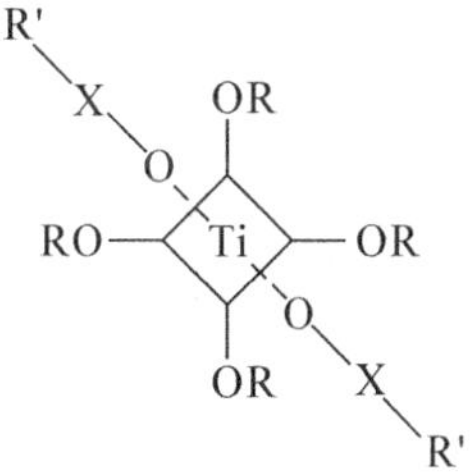

其中—OR 可与填料表面的羟基发生反应。

酞酸酯按其分子结构，可具有六种功能：

$$\overset{①}{R'}—O—\overset{②}{Ti}(O—\overset{③}{X}—\overset{④}{R''}—\overset{⑤}{Y})_n^{⑥}$$

① 官能团 R′—O—:与填料表面羟基反应。

② 官能团—Ti—O—:与含酯基聚合物发生酯交换反应,与环氧中羟基发生反应,反应使体系黏度升高。

③ 官能团—O—X—:可按需要选择,以获得必要的水解稳定性、热稳定性、酯交换反应性及其他特殊性能。如磺酰基对环氧、聚酯有触变性;磷酸酯基有阻燃性,可赋予 PVC 柔性;焦磷酸酯基可改善 PVC 冲击性;亚磷酸酯基是防老剂,并有降低聚酯和环氧黏度的作用。

④ 官能团—R″—:是分子中的有机骨架,可按需要选择各种脂肪烃基或芳香烃基结构,赋予体系不同的性能。

⑤ 官能基—Y—:能与热固性树脂反应,实现填料与聚合物的偶联。

⑥ $n$:代表官能度,$n = 1 \sim 3$。可根据需要调节,使它对有机相产生多种不同效果。

用钛酸酯偶联剂处理的填料具有憎水和亲有机基团的性质,将该填料加入到聚合物基体中可提高材料的抗冲击强度而不会发脆,用作增强热塑性塑料的填料表面处理非常有效。用钛酸酯偶联剂处理过的填料加入环氧树脂中,用量增加三倍也不会提高黏度,已在工业上得到大量应用。

### 4. 用偶联剂进行表面处理的方法

玻璃纤维的表面处理方法主要有下面三种:后处理法、前处理法、迁移法。

(1) 后处理法

这是目前国内外普遍采用的一种方法,凡使用纺织型浸润剂,如用石蜡乳剂制备的玻璃纤维制品,都必须用后处理法处理才能制作玻璃钢。

此法分两步进行。先用洗涤或灼烧法除去玻璃纤维制品表面的纺织型浸润剂,然后用偶联剂溶液浸渍、水洗、干燥,使玻璃纤维表面覆盖一层偶联剂。

(2) 前处理法

这种方法是改变玻璃纤维制备中浸润剂的配方,将偶联剂作为一个组分加到浸润剂中,使浸润剂既能满足玻璃纤维拉丝、纺织和各道工序的要求,同时在拉丝过程中就使玻璃纤维表面覆盖一层偶联剂。用前处理法制备的玻璃纤维制品可直接用来制玻璃钢,省去了洗涤或灼烧再后处理的复杂工艺,避免了玻璃纤维在灼烧中的强度损失。因此前处理法是先进的玻璃纤维表面处理方法,对适合前处理法的浸润剂配方研究已成为一个重要的课题。

(3) 迁移法

迁移法是将偶联剂直接加到树脂胶液中掺和,借偶联剂从树脂胶液中向玻璃纤维表面的迁移作用与玻璃纤维表面发生反应,产生偶联作用。

迁移法的优点是工艺操作简便,不需要庞大复杂的处理设备,也不消耗能量。但迁移法的效果要差于前两种方法。

### 5. 偶联剂的处理效果

未经偶联剂处理的玻璃纤维,制成的玻璃纤维增强塑料界面易受到介质的侵蚀,偶联剂使玻璃纤维与基体树脂以化学键结合,界面结合牢固,不易受到介质侵蚀。在复合材料的力学性能中,弯曲强度与界面有较密切的关系,材料在弯曲应力的作用下,不但受到压缩和拉伸应力的作用，而且还受到切应力的作用。因此弯曲强度可反映出材料界面结合的情况。表 10－3 的实验结果表明了偶联剂的处理效果。

**表 10－3　聚酯玻璃钢的水煮强度**

| 水煮时间/h | 弯曲强度保留率/% | | | | |
|---|---|---|---|---|---|
| | 未处理 | A－151 | 沃兰 | KH－560 | KH－576 |
| 0 | 251.8 | 303.1 | 324.0 | 258.3 | 338.5 |
| 2 | 69.9 | 96.0 | 84.3 | 106.1 | 93.3 |
| 8 | 53.9 | 92.4 | 70.9 | 94.4 | 98.6 |
| 24 | 54.0 | 82.2 | 55.8 | 78.8 | 85.4 |
| 48 | 50.6 | 69.6 | 52.3 | 63.9 | 67.2 |

由表 10－3 可见，未处理玻璃纤维复合材料不耐水煮，水煮 2 h 强度就损失约 30%。而经偶联剂特别是硅烷偶联剂处理的玻璃纤维复合材料，水煮 8 h 弯曲强度保留率仍在 90%以上，水煮 24 h 保留率还在 80%左右。

## 10.3　先进复合材料的界面

高科技的发展对新材料提出越来越高的要求。传统的钢铁材料高强、高模，但密度大，易锈蚀。陶瓷材料耐高温、高强，但性脆；玻璃纤维增强塑料强度高，相对密度小，但模量不足。因此近年来一直在开发高性能的先进复合材料（ACM，即 Advanced Composites），碳纤维和高性能的有机纤维是先进复合材料中使用的主要增强纤维。

### 10.3.1　高性能增强纤维

**1. 碳纤维**

碳纤维是有机纤维在惰性气氛中经高温碳化和石墨化制成的纤维状碳，含碳量可高达 99%以上。碳纤维增强的复合材料具有高的比强度和比模量，它的比强度比钢和铝合金的高 5 倍，比强度高 3 倍，同时具有耐腐蚀、耐热冲击、耐烧蚀等优良性能，在航空和航天等领域得到重要应用。

碳纤维按其原料分类可分为：聚丙烯腈（PAN）系碳纤维、沥青系碳纤维、黏胶系碳纤维、人造丝系碳纤维等。按纤维的性能分类则有超高强度碳纤维（UHS）、高强度碳纤维（HS）、超高模量碳纤维（UHM）、高模量碳纤维（HM）、中等模量碳纤维（MM）、普通碳纤维等。

成型中碳化温度不同使碳纤维有不同结构，如将 800℃～1 500℃碳化的纤维称为碳纤维，而将 2 000℃～3 000℃下碳化的纤维称为石墨纤维。各种碳纤维的性能如表 10－4 所示。

**表 10-4 碳纤维的性能**

| 性能 | 碳纤维 | | | | |
|---|---|---|---|---|---|
| | UHM | HM | UHS | HS | MM |
| 拉伸弹性模量/GPa | >400 | 300~400 | 200~350 | 200~250 | 180~200 |
| 拉伸强度/GPa | >1.7 | >1.7 | >2.76 | 2.0~2.75 | 2.7~3.0 |
| 碳含量/% | 99.8 | 99.0 | 96.5 | 94.5 | 99.0 |

纤维的制备一般有熔融纺丝法或溶液纺丝法,可碳既难在高温下熔化,也不溶于溶剂中。碳纤维的制备与通常纤维不同,它是以有机纤维为原料经预氧化、碳化、石墨化等过程制成的。以聚丙烯腈(PAN)系碳纤维为例,其制备工艺大致如图 10-6 所示:

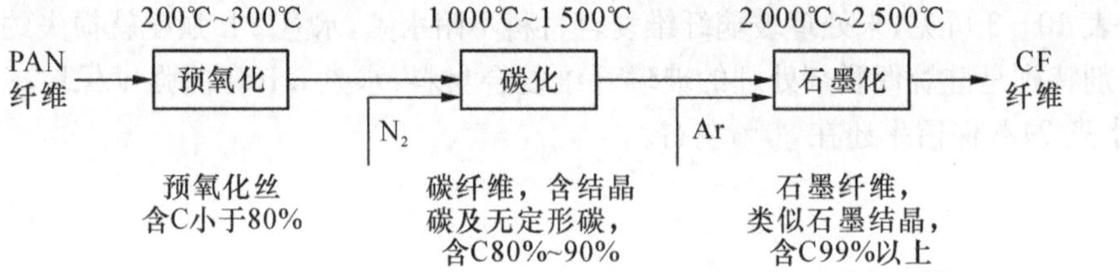


**图 10-6 碳纤维制备过程示意图**

碳纤维制备过程中,可能发生如图 10-7 所示的反应。

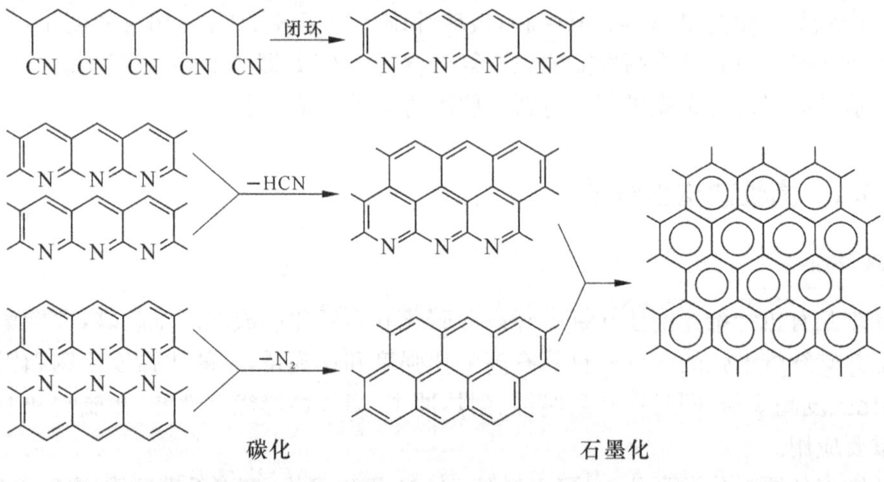


**图 10-7 碳纤维制备过程中可能发生的反应**

碳纤维具有石墨的基本结构,但不是理想的石墨点阵结构,而是所谓的乱层石墨结构。一般来讲,碳纤维的模量越高,其石墨化程度越高。

碳纤维的密度在 1.5~2.0 g/cm$^3$ 之间,主要决定于碳化温度,如在 3 000℃高温下经石墨化处理的纤维,密度可达 2.0 g/cm$^3$。

碳纤维的热膨胀系数具有各向异性，平行于纤维方向为 $-9\times10^{-7}\sim-7.2\times10^{-7}$℃$^{-1}$，而垂直于纤维方向为 $2.2\times10^{-5}\sim3.2\times10^{-5}$℃$^{-1}$。利用碳纤维负的热膨胀系数可以设计热膨胀系数为零的复合材料，这种材料特别适合于温差极大的宇宙空间使用。

碳纤维的摩擦系数小，并具有润滑性。

碳纤维的导电性好，其电导率与纤维的类型有关，在 25℃时，高强度碳纤维电导率为 1 500 μΩ・cm，高模量碳纤维电导率则为 755 μΩ・cm。碳纤维的电动势为正值，而铝合金的电动势为负值，所以碳纤维复合材料与铝合金组合时会发生电化学腐蚀。

碳纤维的强度和模量与制造工艺有关。由图 10-8 可见，强度与热处理温度关系曲线上有一个峰值，而模量则随热处理温度的升高持续增大。因此，高强度碳纤维一般在 1 600℃进行热处理，而高模量碳纤维则在 3 000℃ 的高温下进行石墨化处理。

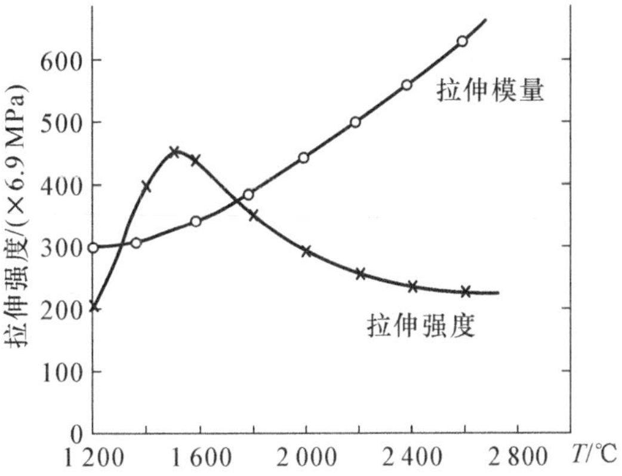

**图 10-8 PAN 纤维热处理温度与强度和弹性模量的关系**

碳纤维的力学性能还与纤维的直径有关。一般作为结构材料使用的碳纤维直径在 6～11 μm。

碳纤维有优良的热稳定性。在 1 000℃以上的高温下，一般材料甚至金属材料的强度都会明显下降，而碳纤维在惰性气氛中，1 000℃以上甚至达 2 000℃其强度也不下降，是能在 2 000℃以上仍能保持强度的唯一材料。在有氧气氛中，300℃以上无定型碳氧化，450℃以上石墨晶体氧化。因此，碳纤维在空气中的使用温度为 300℃，石墨纤维的使用温度则在 400℃以上。

碳纤维具有优良的耐化学腐蚀性。实验表明，碳纤维在各种试剂中浸渍 250 日后其直径、强度、弹性模量的变化甚小。碳纤维的吸水率与纤维的结构有关，高性能碳纤维的吸水率极低，几乎不吸水，而低模量碳纤维的吸水率可达 10%。

碳纤维虽然有许多突出的优点，但任何事物都是一分为二的，碳纤维也有其不足之处。碳纤维的主要缺点是断裂伸长率低，较脆，在破坏前没有前兆。碳纤维与基体树脂的结合力较差，复合材料的层间剪切强度低。因此，必须对碳纤维进行表面处理。

### 2. 有机纤维

高性能的有机纤维包括 Kevlar 纤维、聚酯纤维、超高相对分子质量聚乙烯（UHMWPE）纤维等，有机纤维具有如下的特点：

(1) 低密度、高强度、高模量

有机纤维密度低，但却有很高的强度和模量，因而比强度和比模量高。这可从表 10-5 中看出。

从表 10-5 中可以看到，Kevlar 纤维和超高相对分子质量聚乙烯纤维的比强度和比模量与其他纤维相比较，有其显著的优点。特别是超高相对分子质量聚乙烯纤维更是首屈一指。

**表 10-5 各种纤维性能的比较**

| 纤维种类 | 直径 $d/\mu m$ | 密度 $\rho/(g/cm^3)$ | 拉伸强度 $\sigma/GPa$ | 比拉伸强度 /GPa | 拉伸模量 $E/GPa$ | 比拉伸模量 /GPa | 伸长率 /% | 热膨胀系数 $/(\times 10^{-5}\ K^{-1})$ 纵向 | 热膨胀系数 横向 | 热传导系数 $/(mW\cdot cm^{-1}\cdot K^{-1})$ 纵向 | 热传导系数 横向 |
|---|---|---|---|---|---|---|---|---|---|---|---|
| UHMWPE | | | | | | | | | | | |
| S1000 | 27 | 0.97 | 3 | 3.09 | 172 | 177 | 2.7 | −1.25 | 11.7 | 380 | 3.3 |
| S900 | 38 | 0.97 | 2.59 | 2.67 | 117 | 121 | 3.5 | — | — | — | — |
| SK66 | 20 | 0.97 | 3.2 | 3.3 | 99 | 102 | 3.7 | — | — | — | — |
| HS 碳纤维 | 7 | 1.81 | 3.1 | 3.2 | 228 | 126 | 1.2 | −0.03 | 1.0 | 240 | |
| HM 碳纤维 | 7 | 1.81 | 2.4 | 1.33 | 379 | 209 | 0.6 | −0.07 | 1.0 | 1 050 | |
| 低模 Kevlar | 7 | 1.44 | 2.8 | 1.94 | 62 | 43 | 3.6 | — | | | |
| 高模 Kevlar | 12 | 1.44 | 2.8 | 1.94 | 124 | 86 | 2.8 | −0.6 | 5.9 | 32 | |
| S 玻璃纤维 | 7 | 2.5 | 4.6 | 1.84 | 90 | 36 | 4 | | — | | |
| E 玻璃纤维 | 10 | 2.54 | 3.1 | 1.2 | 70 | 27 | 2.5~3 | 0.49 | 0.49 | 11 | |
| 硼纤维 | 102 | 2.63 | 3.4 | 1.3 | 420 | 157 | 0.7 | — | — | — | |

(2) 刚性链,高度取向,分子链堆砌密度大

一些有机纤维的分子结构如下:

Kevlar 聚对苯二甲酰对苯二胺 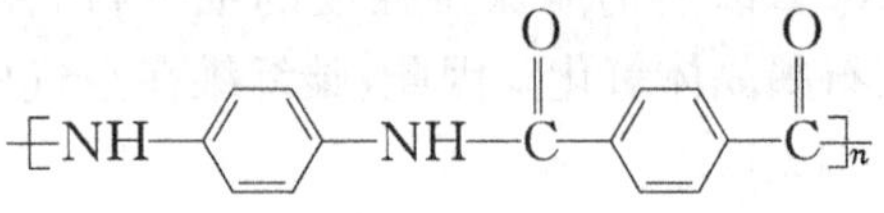

PBO 聚苯并噁唑 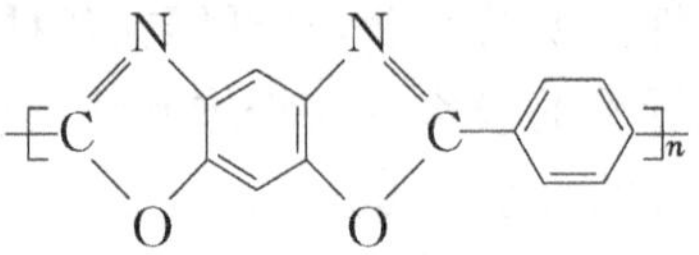

PBT 聚苯并噻唑 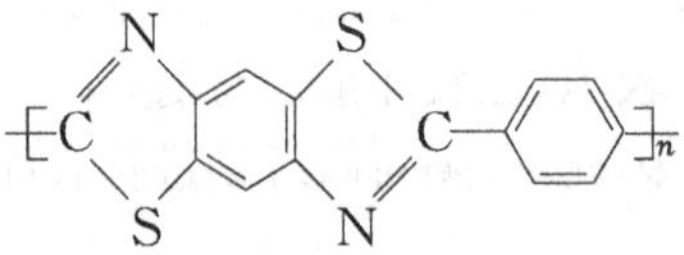

Xydar 聚苯酯 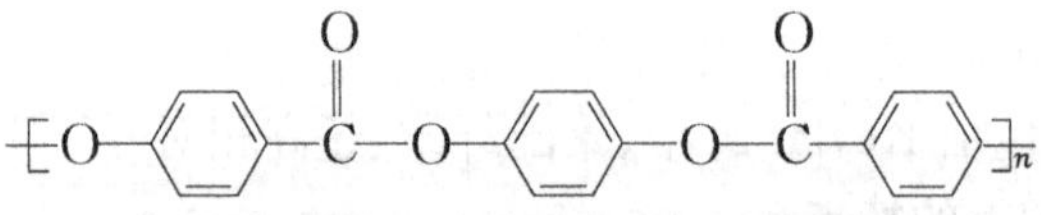

Spectra 超高相对分子质量 PE 纤维 $\text{-}[CH_2-CH_2]_n\text{-}$

从上面的结构可见,用作增强材料的有机纤维,除 UHMWPE 外,都是刚性链,分子中存在大量的芳环或杂环,甚至成为半梯形的结构。这样的分子链是刚直的,分子之间可紧密堆砌,因而具有很高的强度和模量。而 UHMWPE 虽是柔性链,由于在成纤过程中高度取向,分子链之间几近平行排列,因而大大提高了其强度和模量。

UHMWPE 的分子形态特点为相对分子质量大,达 $1\times10^6\sim5\times10^6$,比一般的聚乙烯相

对分子质量 $5\times10^4\sim5\times10^5$ 要高得多。分子链高度结晶取向，取向度接近100%。从分子结构看，UHMWPE是由伸直的高度取向的分子束组成，具有很高的轴向强度和模量。而一般的聚乙烯有许多弯折的链，它们对强度和模量的贡献较小。图10－9展示了UHMWPE的伸直链结构和一般聚乙烯的弯折链结构。

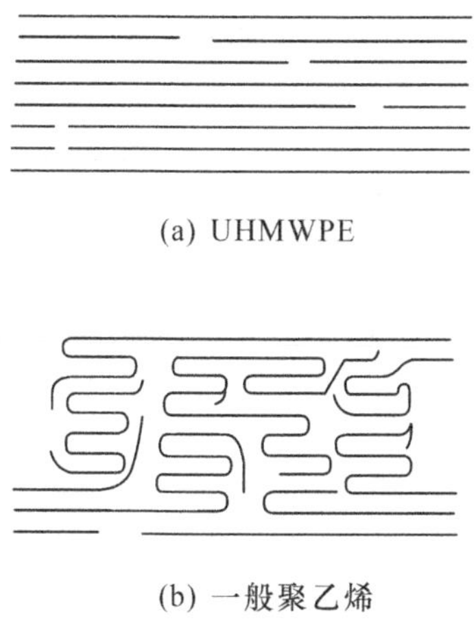


**图10－9　UHMWPE和一般聚乙烯的分子形态**

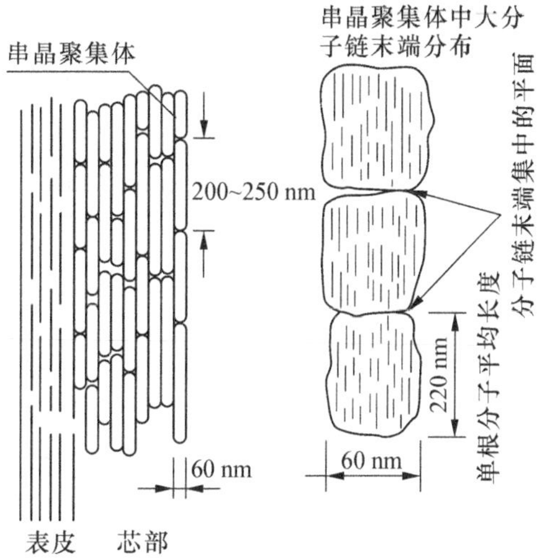


**图10－10　Kevlar纤维的皮芯结构模型**

(3) 分子链排列呈表芯结构(也称皮芯结构)

以Kevlar纤维为例，具有如图10－10所示的皮芯结构。皮层是刚性的大分子链，伸直呈棒状，并紧密地排列，沿轴向取向而成为较完善的纤维状结构。芯层是由许多沿轴向较松散排列的串晶聚集体组成，串晶之间有氢键连接，在剪切力作用下很容易发生相对滑移而导致纤维内部轴向裂纹的引发和扩展。因此，芳纶纤维的纵向强度高，横向强度低，导致皮芯分离以及纤维容易发生轴向劈裂的特点，因而其复合材料的层间剪切强度和抗压缩强度不高。

### 10.3.2　高性能纤维的表面处理

#### 1. 表面清洁处理

碳纤维吸附性强，表面易吸附水分及有机污染物。有报道说，仅在惰性气氛中将碳纤维加热到1 000℃以上，作表面清洁处理，就可提高纤维对基体的黏结力。例如，Scola在 $N_2$ 流中将碳纤维加热到1 200℃，在 $N_2$ 中冷却，复合材料的短梁剪切强度从未处理的28 MPa提高到73.5 MPa。但也有文献报道说表面清洁处理无效。

#### 2. 表面氧化处理

(1) 气相氧化法

气相氧化法在加热下用空气、氧气、$CO_2$、臭氧等处理纤维表面，使表面产生羧基、羟基、羰基等含氧的极性基团，以利于纤维与基体树脂的界面结合。气相氧化法的优点是设备简单,反应时间短,易连续化;缺点是反应难控制,重复性差,而且会使纤维严重损伤。因此必须严格控制氧化时间、氧化温度和氧化介质浓度等工艺条件,使纤维的表面氧化进行到合适的程度。一般不单独用氧或臭氧来处理纤维,因为对纤维的损伤较大,更多的情况是在空气中加入一定量的氧或臭氧进行处理。在空气或氧中适当加入二氧化硫、卤素或卤代烃,能防止纤维的过度氧化。

气相氧化多用来处理碳纤维。碳纤维的空气氧化一般在管式炉中进行,反应温度控制在350～600℃,反应时间根据碳纤维的种类和所需的氧化程度而定。如果反应条件温和,处理后碳纤维的抗拉强度可基本保持不变。空气氧化处理后,碳纤维的比表面积增大,活性官能团增多,制成的复合材料剪切强度提高。例如,Thornel－25碳纤维于400℃的空气中氧化,其复合材料的剪切强度可从28.5 MPa增至41.5 MPa,提高68%。

(2) 液相氧化法

液相氧化法是用浓$HNO_3$、$H_3PO_4$、HClO、$KMnO_4$等溶液或混合溶液为氧化剂,对纤维表面进行氧化处理。处理流程如下:织物→浸渍氧化液→水洗至中性→干燥→收卷备用,液相氧化法常用来处理碳纤维和UHMWPE纤维。

用硝酸对碳纤维进行氧化处理,硝酸浓度十分重要,图10－11表明,硝酸浓度越大,表面生成的羧基浓度越高,硝酸浓度应在60%以上。纤维表面氧化产生的羧基浓度在处理初期快速增加,随后渐趋平缓。硝酸浓度低,效果不佳,浓度在20%以下,效果很不明显。

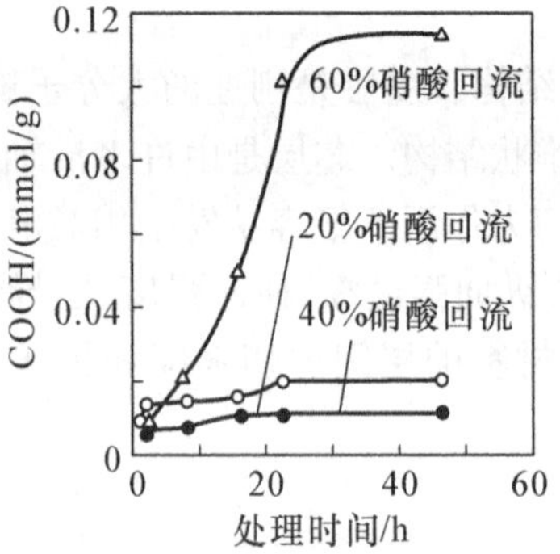


**图10－11　硝酸处理碳纤维(WYB85/12)表面羧基浓度的变化**

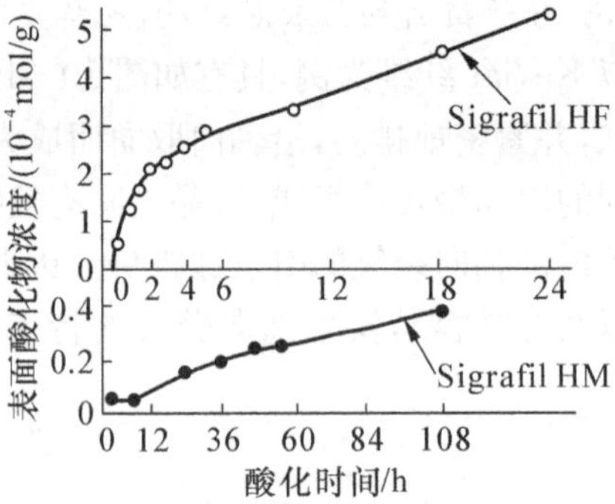


**图10－12　硝酸处理时间与表面氧化物浓度的关系**

氧化的难易与碳纤维的结构有关。一般来说,制造时热处理温度较低的高强纤维和低模纤维较易氧化,高温处理的高模纤维氧化较难。图10－12是碳纤维硝酸氧化时表面氧化物浓度随氧化时间的变化,氧化物包括羧基、羰基、羟基的总量,高强纤维氧化1～2 h氧化物就急剧增加,高模纤维则相反,长时间处理氧化物增加也不多。

用铬酸盐和浓硫酸的混合液对UHMWPE纤维进行氧化处理有很好的效果,处理装置如图10－13所示。

表面处理的目的是提高复合材料的界面黏结强度。层间剪切强度(ILSS)是反映复合材料界面剪切性能的重要指标。各种氧化液处理UHMWPE纤维后其环氧基复合材料的层间剪切强度如表10－6所示。

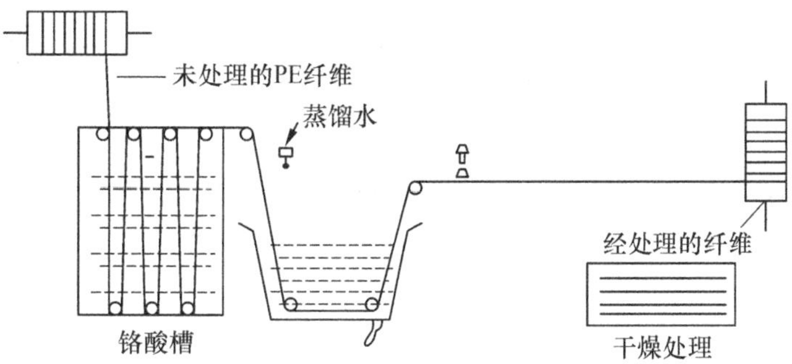


**图 10-13 铬酸处理 UHMWPE 纤维表面的工艺流程示意图**

**表 10-6 处理介质对氧化处理效果的影响**

| 介　质 | 高锰酸钾 | 浓硝酸 | 过硫酸铵 | 铬酸 | 未处理 |
|---|---|---|---|---|---|
| ILSS/MPa | 10.38 | 10.98 | 14.10 | >15 | 5～6 |

由表 10-6 可见，处理的效果以铬酸为最好，其次是过硫酸铵溶液。但铬酸处理后的废液处理困难。而过硫酸铵的废液处理相对较为容易。

液态氧化法虽然简便易行，但纤维吸附的酸洗净工序艰难，还有三废治理难题，因此难以工业化。

(3) 阳极氧化法

对碳纤维这样具有导电性的纤维，可用阳极氧化法进行表面处理。

阳极氧化法是以碳纤维为阳极，石墨或其他电极为阴极，用电解产生的初生态氧对碳纤维进行表面处理。阳极氧化方法的优点是操作简便，易控制，处理时间短，处理均匀，是目前工业上对碳纤维进行处理普遍采用的方法。

阳极氧化的酸类电介质有硝酸、硫酸、磷酸和硼酸等，其中前三种电介质的处理效果较好，但用酸处理后纤维的洗净困难。碱类电介质中最常用的是氢氧化钠，效果最好。盐类电介质有 NaClO、NaCl、$K_2SO_4$、$NH_4HCO_3$、$NH_4HSO_4$、$NH_4H_2PO_4$、$NaHCO_3$ 等，用铵盐作电介质还可在碳纤维表面引入含氮官能团，从而促进界面的黏结。用盐作电介质可在较低浓度下进行，有利于纤维处理后清洗。

用电解产生的初生态氧对碳纤维进行处理，也对碳纤维表面进行了刻蚀，使纤维表面变得粗糙，表面沟槽加深。阳极氧化在碳纤维表面形成含氧的官能团，有利于纤维表面与树脂基体的化学反应。因而阳极氧化在物理和化学两方面增强了纤维表面与基体树脂的黏结作用，提高了复合材料的层间剪切强度。

Donnet 用 1%浓度的 $HNO_3$ 或 1 mol/L 的 NaOH 溶液为电解液，加 2 V 直流电压，电流密度为 1 mA/$cm^2$。对碳纤维进行阳极氧化，结果见表 10-7。

由表 10-7 可见，阳极氧化处理有较好效果。阳极氧化后纤维表面的活性会因放置时间而衰退，工业上处理后一般马上涂覆一层环氧树脂，以解决活性退化问题。

**表 10-7　阳极氧化对复合材料层间剪切强度的影响**

| 电解液 | 处理时间/min | 层间剪切强度/MPa |
|---|---|---|
| | 0 | 53.3 |
| $HNO_3$ | 1 | 85.1 |
| NaOH | 2.5 | 92.1 |

### 3. 表面涂层

表面涂层法是将某种聚合物涂覆在纤维表面,以改变复合材料界面层的结构与性能。表面涂层有以下几方面的作用:涂层可保护纤维免受损伤,提高纤维的集束性,有利于发挥纤维的强度;涂层可改变纤维表面性能,提高纤维对基体树脂的浸润性;涂层中若有反应性官能团则有助于纤维表面与基体树脂的化学结合;涂层可保护表面处理后纤维表面活性的消失,如上述阳极氧化后碳纤维表面涂覆保护树脂。

用多种聚合物溶液对碳纤维进行涂层,其处理效果见表 10-8。

**表 10-8　碳纤维表面涂层的处理效果**

| 涂层物 | $\sigma_C$ | $\sigma_S$ | $\sigma_S^d$ | $\sigma_S^d$ | ILSS | 黏附功 |
|---|---|---|---|---|---|---|
| | /(mJ/m²) | | | | /MPa | /(mJ/m²) |
| 未涂层 | 30.5 | 39.4 | 28.6 | 10.8 | 9.70 | 91 |
| CF+E51 环氧 | 40 | 57.5 | 32.5 | 25 | 13.04 | 109 |
| 聚乙烯醇缩丁醛 | 35 | 52 | 23.5 | 28.5 | 12.74 | 101 |
| AG80+甲基咪唑 | 45 | 46.6 | 30.3 | 16.3 | 9.42 | 99 |
| 环氧树脂(已固化) | 43.5 | 53.0 | 33.1 | 14.9 | | |

由表 10-8 可见,合适的表面涂层可使纤维的表面能增加,复合材料的层间剪切强度提高 35%左右。

### 4. 表面沉积无机物(CVD)

化学气相沉积是在高温还原性气氛中,使烃类、金属卤化物等还原成碳或碳化物、硅化物等,在纤维表面形成沉积膜或成长出晶须,以改善纤维的表面形态结构。该方法常用于金属基和陶瓷基复合材料的纤维,主要是碳纤维的表面改性。

CVD 过程的化学反应十分复杂,其中代表性的反应有以下四种:

热分解反应:

$$CH_4 \xrightarrow{\triangle} \underset{\text{表面沉积碳}}{C\downarrow} + 2H_2$$

氢还原反应:

$$SiCl_4 + 2H_2 \longrightarrow \underset{\text{生长硅晶体}}{Si\downarrow} + 4HCl$$

复合反应：

$$3SiCl_4 + 4NH_3 \longrightarrow Si_3N_4\downarrow + 12HCl$$

与纤维表面反应：

$$SiCl_4 + 2H_2 + C(\text{基材}) \longrightarrow \underset{\text{生长晶须}}{SiC\downarrow} + 4HCl$$

CVD 处理对碳纤维性能的影响见表 10－9，可见 CVD 处理对纤维有所损伤，但复合材料的层间剪切强度有明显增加。

**表 10－9　CVD 对碳纤维复合材料性能的影响**

| 沉 积 物 | 抗拉强度 | 层间剪切强度 |
|---|---|---|
| SiC | －5％ | ＋60％ |
| FeC | －10％ | ＋80％ |
| C | －5％ | ＋100％ |

CVD 法的主要缺点是沉积在纤维表面的无机物可能不均匀，因而影响处理的效果。

### 5. 电聚合处理

电聚合适用于对导电性的碳纤维进行表面处理。以碳纤维为阳极或阴极，在电解质溶液中使乙烯基单体在碳纤维的表面聚合，从而改进复合材料的界面性能。

以 10％丙烯酸水溶液加 0.1 mol/L 的 $H_2SO_4$ 为电聚合溶液，以碳纤维为阳极或阴极，对碳纤维进行表面电聚合处理，实验流程见图 10－14。

**图 10－14　电聚合流程示意图**

在以 $H_2SO_4$ 为电介质的电聚合过程中，可发生如下反应：

阴极：$H^+ + e^- \longrightarrow H\cdot$，$2H\cdot \longrightarrow H_2\uparrow$

阳极：$H_2O \longrightarrow H^+ + HO\cdot + e^-$，$2HO\cdot \longrightarrow 2H_2O + O\cdot$，$2O\cdot \longrightarrow O_2$

电解产生的自由基可引发乙烯基单体聚合，沉积在碳纤维上。

电聚合后的碳纤维经清洗后增重 1.3％左右，而未经电聚合的碳纤维同样处理后减重 0.3％。碳纤维电聚合前后的红外光谱见图 10－15。

由图 10－15 可见，碳纤维无论是作阴极还是阳极，表面都出现 1 710 $cm^{-1}$的 C═O 伸缩振动峰，1 450 $cm^{-1}$的—$CH_2$—变角振动峰及 1 200 $cm^{-1}$的 C—O 伸缩振动峰，表明纤维表面上接枝有丙烯酸的聚合物。

经电聚合后，碳纤维表面的含氧量增加，碳纤维/环氧复合材料的层间剪切强度提高了 40％左右。

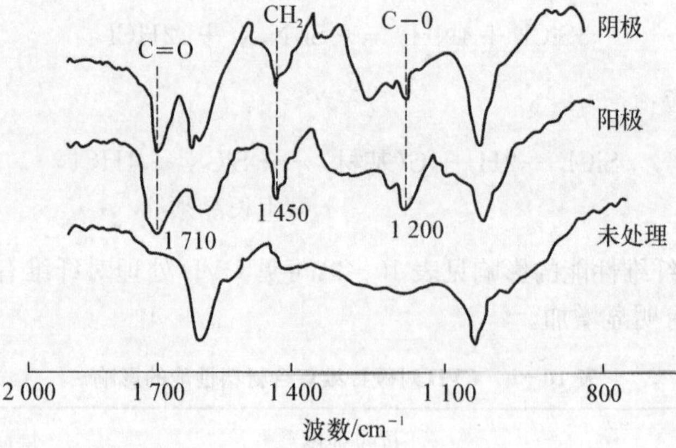


**图 10－15　电聚合前后碳纤维 FTIR 谱**

### 6. 低温等离子处理

低温冷等离子处理具有对纤维损伤小、处理效果好、无三废问题等优点,是很有前途的增强纤维表面处理方法。

郑安呐、吴叙勤等对碳纤维的低温等离子处理进行了系统研究,并用电子天平对等离子处理碳纤维的表面浸润性进行了测试,结果见图 10－16。

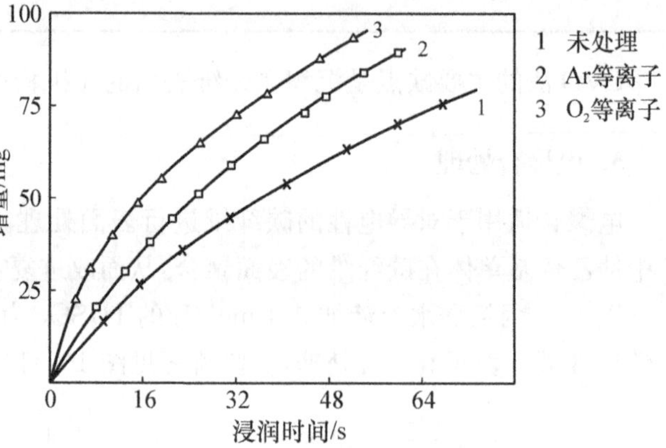


**图 10－16　碳纤维的浸润曲线**

由图 10－16 可见,经等离子处理后,碳纤维对水的浸润性改善。由浸润曲线求得碳纤维对水的接触角为:未处理的为 69.8°,Ar 等离子处理的为 46.1°,$O_2$ 等离子处理的为 42.7°。

孙慕瑾等对碳纤维进行了动态连续化低温等离子处理,复合材料的层间剪切强度有显著提高(见表 10－10),ESCA 测试发现处理后的碳纤维表面含氧基团增加(见表 10－11)。

**表 10－10　碳纤维复合材料的层间剪切强度**

| 项　目 | 未处理碳纤维 | 冷等离子处理碳纤维 |
|---|---|---|
| 层间剪切强度/MPa | 52.8 | 100.5 |
| 标准差/MPa | 4.7 | 5.47 |
| 离散系数/% | 8.90 | 5.44 |

表 10 - 11 ESCA 测定碳纤维表面基团量与处理时间的关系

| 处理方法 | 处理时间/min | —COOH/% | >C=O/% | —C—OH/% | —O—C=O/% |
|---|---|---|---|---|---|
| 氧等离子 | 0 | 3.4 | 6.4 | 16.5 | |
| | 3 | 10.4 | 18.8 | 25.1 | |
| | 6 | 14.7 | 20.1 | 27.3 | |
| | 9 | 10.5 | 17.9 | 21.8 | 8.0 |
| | 12 | 11.3 | 16.6 | 22.4 | 8.3 |
| | 15 | 11.9 | 17.2 | 22.1 | 8.5 |

Kevlar 纤维等离子处理效果的一例见表 10 - 12。由表 10 - 12 可见，经处理后纤维对水和乙二醇的接触角减小，表面能增大，表面元素的含氧量增高，复合材料的层间剪切强度增大。

表 10 - 12 Kevlar 纤维等离子处理效果

| 处理气氛 | 接触角/度 | | 表面能/(erg/$cm^2$) | | | 表面元素组成/% | | | ILSS/MPa |
|---|---|---|---|---|---|---|---|---|---|
| | 水 | 乙二醇 | $\sigma_s$ | $\sigma^d$ | $\sigma^P$ | C | N | O | |
| 未处理 | 70.0 | 47.2 | 34.05 | 20.44 | 13.61 | 87.69 | 10.52 | 1.78 | 46.0 |
| 空气，60 s | 64.6 | 40.8 | 36.07 | 15.57 | 20.50 | 80.86 | 17.24 | 1.90 | 53.9 |
| 空气，600 s | 56.8 | 32.0 | 43.76 | 16.04 | 27.72 | 72.29 | 23.58 | 4.13 | 57.7 |
| 空气+丙烯腈 | 57.7 | 33.5 | 43.01 | 15.92 | 27.09 | 71.18 | 21.13 | 7.69 | |
| 空气+丙烯酰胺 | 58.5 | 33.8 | 42.48 | 16.54 | 25.94 | 80.51 | 9.33 | 10.16 | 81.2 |

低温等离子处理具有处理时间短、效果好、对纤维损伤小的特点。以 UHMWPE 的低温等离子处理为例，从表 10 - 13 可以看到，氧等离子处理对纤维表面的侵蚀微乎其微，质量损失极小，而液态氧化对纤维表面的刻蚀作用明显，80℃下仅 10 min，失重已达 2.12%。

表 10 - 13 表面处理后 UHMWPE 纤维的失重

| 处理方法 | 氧等离子 | | | 铬酸氧化 | | |
|---|---|---|---|---|---|---|
| 处理条件 | 1 min | 3 min | 5 min | 50℃/10 min | 60℃/10 min | 80℃/10 min |
| 失重率/% | 0.009 | 0.03 | 0.09 | 0.85 | 1.41 | 2.12 |

表 10 - 14 列出了等离子处理时间对 UHMWPE/环氧复合材料 ILSS 的影响。由表 10 - 14 可见，等离子处理 1 min，复合材料的 ILSS 从未处理的 5.98 MPa 迅速提高到 16.0 MPa。随处理时间的延长，ILSS 值增大，处理 5 min 时达到最大，为 18.1 MPa。以后处理时间的继续延长反而使 ILSS 减小。因此，等离子处理的时间不宜过长，5 min 左右即可。

表 10－14　等离子处理时间对 UHMWPE/环氧复合材料 ILSS 的影响

| 处理时间/min | 1 | 3 | 4 | 5 | 8 |
|---|---|---|---|---|---|
| ILSS/MPa | 16.0 | 16.3 | 17.4 | 18.1 | 15.3 |

表 10－15 比较了等离子处理前后 Spectra 900/环氧复合材料的力学性能，由表 10－15 可见，低温等离子处理后，复合材料的弯曲性能明显提高，特别是单丝拔出强度，从 0.54 MPa 提高到 2.66 MPa，增大约 5 倍。

表 10－15　等离子处理前后 Spectra 900/环氧复合材料的性能

| | 纤维含量/% | 弯曲强度/MPa | 弯曲模量/MPa | 单丝拔出强度/MPa |
|---|---|---|---|---|
| 未处理 | 56 | 146 | 20 | 0.54 |
| 等离子处理 | 51 | 234 | 28 | 2.56 |

增强纤维经冷等离子处理后，表面活性因放置而逐渐下降。图 10－17 的浸润曲线表明，氧等离子处理后的碳纤维，在放置过程中其表面对水的浸润性在逐渐变差。

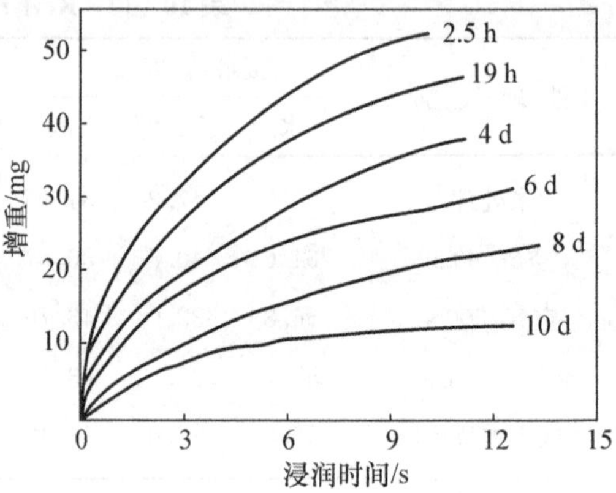


图 10－17　碳纤维表面浸润性的退化

**7. 表面接枝**

表面接枝可在纤维表面上接上具有反应性官能团的化合物，或者使纤维表面长出一层活性的聚合物，使复合材料界面形成过渡层，从而提高基体树脂与增强纤维的界面结合。表面接枝的方法有化学接枝、辐照接枝、等离子接枝等方法。

(1) 化学接枝

化学接枝是用化学的方法在纤维表面引入可进行接枝反应的活性点，常用于有机纤维的表面改性。以 Kevlar 纤维为例，在二甲基亚砜溶剂中，使 Kevlar 纤维与 NaH 反应形成离子化合物，再与卤代烃 RX 反应，可在 Kevlar 分子链上接枝上活性官能团。反应原理如下：

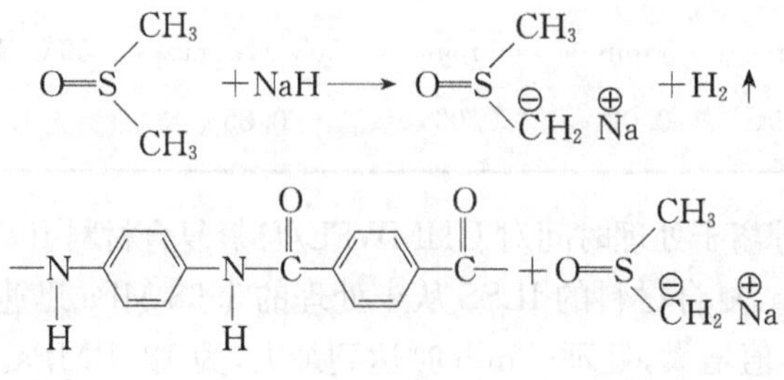

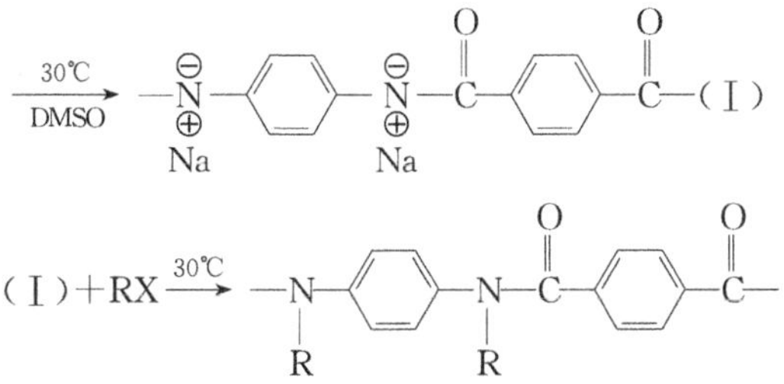


其中：$RX = BrC_8H_{17}$，$Br—CH_2—CH(OH)—CH_2(OH)$，$Br—CH_2—CH—CH_2$（CH 与 $CH_2$ 之间以 O 桥连成环氧）等。对 R 基团的结构进行选择，就可在 Kevlar 纤维的分子链上接枝各种反应性官能团。各种接枝物对芳纶纤维表面性能的影响见表 10－16。

**表 10－16 表面接枝对 Kevlar 纤维表面性能的影响**

| 接枝基团 (Kevlar 49) | 表面张力/(mN/m) | | | 表面元素组成/% | | | |
|---|---|---|---|---|---|---|---|
| | $\sigma^d$ | $\sigma^p$ | $\sigma$ | $C_{1S}$ | $O_{1S}$ | $N_{1S}$ | Si |
| 未处理 | 39.6 | 9.5 | 49.1 | 73 | 22 | 5 | |
| $C_8H_{17}$ | 28.5 | 1.8 | 30.2 | 81.6 (88.2) | 12.5 (5.9) | 5.7 (5.9) | |
| 三甲基硅烷 | 36.2 | 5.0 | 41.2 | 70.3 (77.0) | 19.4 (7.7) | 6.4 (7.7) | 3.8 (7.7) |
| 二元醇 | 39.2 | 14.4 | 53.6 | 70.4 (71.4) | 24.0 (21.4) | 5.6 (7.1) | |
| 环氧 | 32.4 | 18.5 | 50.9 | 67.6 (82.3) | 24.3 (14.7) | 5.7 (3.0) | |

注：括号中为理论值。

由表 10－16 可见，接枝烃链使 Kevlar 表面张力下降。接枝羟基、环氧基则可改进纤维表面的浸润性。表面元素测试值中碳含量低于理论值，氧含量高于理论值。这可能是因为 XPS 能量过高，穿过了接枝层，到达了 Kevlar 基材的表面之故。

在 Kevlar 纤维表面涂覆用含有异腈酸基的弹性体，可与 Kevlar 纤维表面发生如下反应：

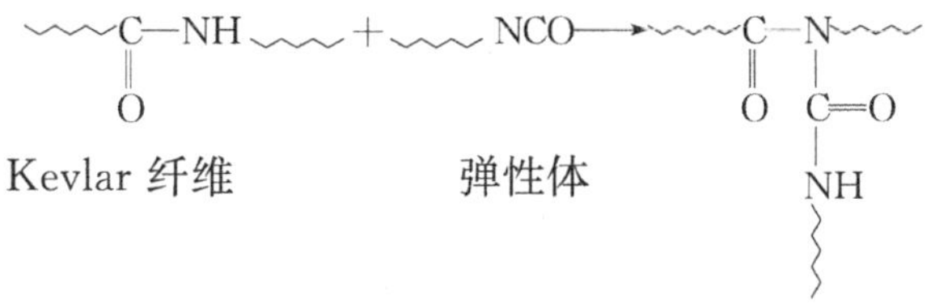


接枝的弹性体层是有利于应力松弛的柔性界面层，可改进纤维与基体树脂的界面化学和物理作用，从而改善其复合材料的性能。

利用 Kevlar 纤维苯环上邻、对位氢的取代反应也可在纤维表面引入具有反应性的极性基团。例如，利用硝化反应可在苯环上引入硝基，硝基还原成氨基，从而提供了与环氧树脂的反应基团，也使 Kevlar 纤维表面极性提高，促进了树脂对纤维的浸润，增强了复合材料的界面黏结性能。

(2) 辐照接枝

辐照接枝是用X射线、γ射线、电子束、紫外光、微波等辐照纤维表面,使纤维表面产生活性中心,引发乙烯基单体在纤维表面接枝聚合,从而使纤维表面产生活性基团而活化,与基体树脂形成强的化学键结合,提高界面结合强度,或者形成界面过渡层,松弛界面应力。辐照接枝适用于UHMWPE纤维、碳纤维、芳纶纤维、PBO纤维等的表面改性。

以UHMWPE纤维为例,将清洗后的纤维浸渍在含有光敏剂的乙烯基单体溶液中,然后取出进行紫外辐照,紫外接枝处理实验流程如下:UHMWPE织物→清洗→预浸单体溶液→紫外辐照→后处理。

影响紫外接枝的因素很多,如接枝单体的种类、接枝单体的浓度、光敏剂的种类、光敏剂的浓度、溶剂的种类、预浸的时间、外辐照的时间、紫外光的强度及波长范围、紫外辐照的气氛、均聚抑制剂的添加等,必须通过实验优选工艺条件。

分别用丙烯酸(AA)、丙烯酰胺(AM)、甲基丙烯酸缩水甘油酯(GMA)、丙烯酸羟乙酯(HET)对UHMWPE纤维进行紫外辐照接枝处理,不同单体对纤维的紫外接枝效果见表10－17。

**表10－17　不同接枝单体对UHMWPE/环氧复合材料ILSS的影响**

| 单体种类 | AA | AM | GMA | HEA | 未处理 |
|---|---|---|---|---|---|
| 纤维体积含量/% | 49.5 | 50.0 | 50.5 | 50.0 | 50.1 |
| ILSS/MPa | 16.4 | 17.9 | 14.6 | 16.3 | 5.98 |

由表10－17可见,紫外接枝有较好的处理效果,能使UHMWPE复合材料的层间剪切强度提高2～3倍。

紫外接枝虽有较好的表面处理效果,但因接枝反应和均聚反应的竞争,织物表面会有均聚物存在,必须洗去,这就使工艺变得复杂,尚需作进一步的改进。

用$^{60}$Co辐照UHMWPE纤维,使其表面产生活性,引发乙烯基单体接枝聚合。辐照方式有三种:有氧预辐照,在有氧气氛中先用$^{60}$Co辐照纤维,然后将纤维浸入单体溶液进行表面接枝聚合;无氧预辐照,在无氧气氛中先用$^{60}$Co辐照纤维,然后将纤维浸入单体溶液进行表面接枝聚合;单体共辐照,先用单体浸渍纤维,然后对纤维进行辐照。

以丙烯酸为接枝单体,用以上三种工艺对UHMWPE纤维进行辐照处理的一组实验结果见表10－18。

**表10－18　辐照工艺对处理效果的影响**

| 辐照工艺 | 有氧预辐照 | 无氧预辐照 | 单体共辐照 |
|---|---|---|---|
| ILSS/MPa | 12.98 | 12.66 | 13.75 |

注:未处理试样的ILSS为5.98 MPa。

由上表可见,共辐照的效果最好。但共辐照过程中均聚比较严重,除去均聚物是比较麻烦的事,因此应根据需要选用合适的辐照工艺。

均聚物的存在会影响界面性能，必须抑制均聚物的生成。加入铜或亚铁盐（莫尔盐）可抑制均聚反应。如以丙烯酸为单体，加入适量的 $Cu^{2+}$ 后，对 UHMWPE 纤维进行有氧预辐照处理，UHMWPE/环氧复合材料的 ILSS 从未加莫尔盐的 12.98 MPa 提高到 14.52 MPa。

（3）等离子接枝

低温等离子处理可使纤维表面产生自由基，因而可引发乙烯基单体进行表面接枝聚合。若等离子处理后纤维直接与气相的乙烯基单体进行气-固相接枝聚合，称为气相法；若等离子处理后纤维不与空气接触而直接浸入单体溶液中，进行液-固接枝聚合，称为液相法；若等离子处理后纤维先与空气接触形成过氧化物，再浸入单体溶液进行接枝反应，则称为常压液相法。等离子接枝适用于碳纤维、Kevlar 纤维和 UHMWPE 纤维等各种增强纤维。

采用等离子处理 Kevlar 纤维后，与丙烯酸单体进行液-固相接枝聚合反应，Kevlar 纤维表面接枝的丙烯酸-丙烯酸酯高聚物不但提高了界面黏结强度，而且还起到保护纤维、防止断裂的作用。对碳纤维表面进行等离子接枝酸酐的处理，可使碳纤维/聚酰亚胺复合材料的层间剪切强度从 65 MPa 提高到 100 MPa。有趣的是，在碳纤维表面等离子接枝聚丙烯酰胺的实验中，将接枝纤维浸泡在水中，尽管碳纤维的密度大于水，纤维却可悬浮在水中，既不沉下也不浮出水面，如图 10-18 所示。

**图 10-18 接枝聚丙烯酰胺的碳纤维在水中悬浮**

## 10.4 复合材料界面力学性能的表征

界面力学性能表征是研究增强材料与基体之间界面黏结强度的重要手段。界面力学性能表征方法可归纳为两个大类：一类是常规材料力学实验方法，如短梁弯曲、层间剪切等；另一类是单丝模型法，即用单根纤维埋在基体中制样，考察外力作用下界面的破坏过程。单丝模型的优点是排除了其他非主要因素的干扰，直接研究纤维与基体的界面，但单纤维复合材料与实际复合材料毕竟有很大的差异。常规材料力学方法简便易行，实验材料与实际材料接近，但材料在常规实验中的破坏不完全是界面破坏过程，而是多种破坏因素的综合结果，因此不利于研究界面的微观破坏过程。

### 10.4.1 单丝压剪、压拉模型

单丝压剪、压拉的试样如图 10-19 所示。

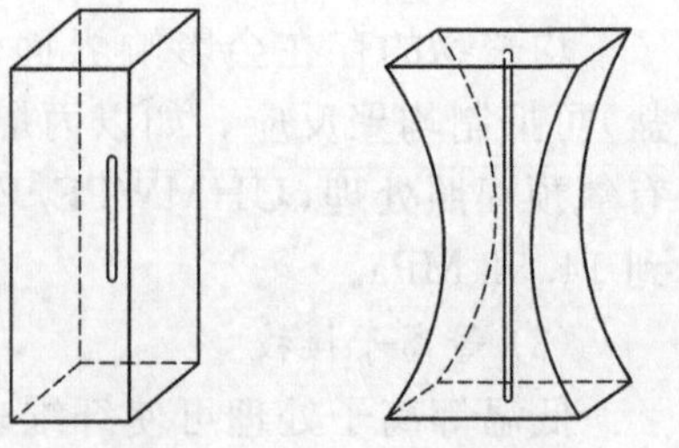

**图 10－19　单丝模型试样**

其中图 10－19(a)是压剪试样,短纤维单丝埋在矩形基体树脂之中,沿纤维轴方向对试样施加压缩应力,由于纤维与基体弹性特性的差异,在纤维端产生剪切应力。施加的压缩应力 $\sigma_c$ 与界面剪切应力 $\tau$ 有如下关系:

$$\tau \approx 2.5\sigma_c \qquad (10-1)$$

测得纤维开始剥离时的压缩应力 $\sigma_c$,就可求出界面剪切强度 $\tau$。

图 10－19(b)是单丝压拉试样,纤维单丝沿轴向埋在树脂基体中间,试样呈中间收缩的曲线状。对该试样沿纤维轴向施加压缩应力,由于纤维与树脂泊松比的差异,在颈缩的中心垂直纤维与基体的界面方向,会产生拉伸应力,界面拉伸应力 $\sigma_\perp$ 的大小可按下式计算:

$$\sigma_\perp = \frac{\sigma_c(\nu_m - \nu_f)E_f}{(1+\nu_m)E_f + (1-\nu_f-2\nu_f^2)E_m} \qquad (10-2)$$

式中:$\nu_m$ 和 $\nu_f$ 分别为基体和纤维的泊松比,$\sigma_c$ 为作用在最小截面积上的压缩应力,$E$ 为 Young 氏模量。测出纤维开始剥离时的压缩模量 $\sigma_c$,可以求出界面拉伸强度 $\sigma_\perp$。

### 10.4.2　单丝拔脱试验法

单丝拔脱试验是将单根纤维单丝的一部分垂直埋入基体之中,然后将单丝从基体中拔出,测定纤维拔脱的应力,从而求出纤维与基体间的界面剪切强度。

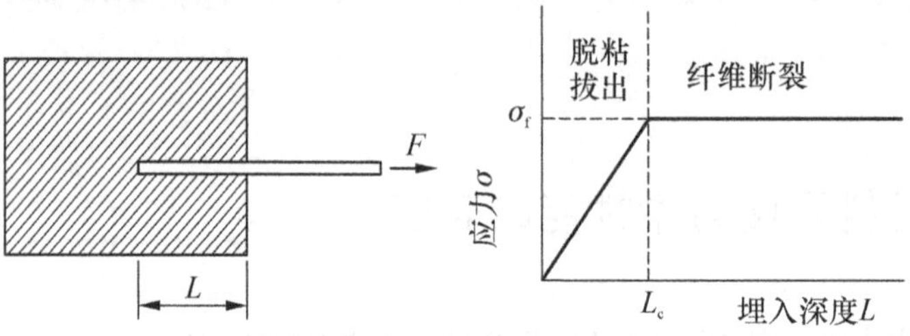

**图 10－20　单丝拔脱试验示意图**

如图 10－20 所示,设纤维的埋入深度为 $L$,拔出纤维的力为 $F = \sigma\pi r^2$,阻碍纤维拔出的力 $F_{阻} = 2\pi rL\tau$。平衡时有 $F = F_{阻}$,即

$$\sigma\pi r^2 = 2\pi rL\tau$$

$$\tau = \frac{F}{2\pi r^2} = \frac{\sigma r}{2L} \qquad (10-3)$$

式中,$\tau$ 为界面的平均剪切应力;$\sigma$ 为对单丝施加的应力;$r$ 为单丝的半径。

显然,拔出力 $F$ 随埋入深度 $L$ 而增大。当 $L$ 达到临界长度 $L_c$ 时,拔出纤维所需的应力等于纤维的拉伸强度,纤维断裂,即纤维的埋入深度大于等于临界长度 $L_c$,理论上测得的力总是等于纤维的拉伸强度,纤维不能被拔出。通过单丝拔出试验测出纤维的临界长度 $L_c$,则

由纤维的拉伸强度 $\sigma_{max}$ 可求出界面剪切强度 $\tau$：

$$\tau = \frac{\sigma_{max}}{2L_c} \tag{10-4}$$

实际的载荷-位移曲线会出现峰值(见图 10-21)，对应于界面黏结强度。在纤维拔出过程中，还存在阻碍纤维运动的摩擦力。界面黏结力和摩擦力各占多少比例迄今尚难确定。

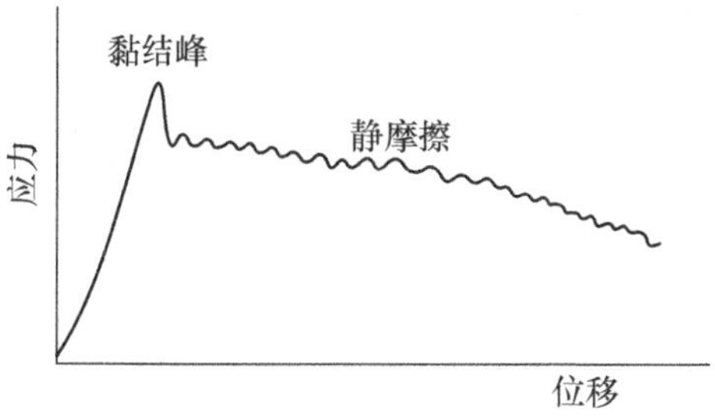


图 10-21　拔脱试验的载荷-位移曲线

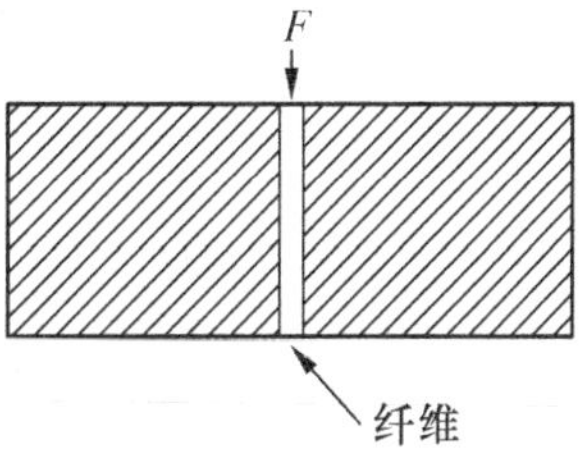


图 10-22　顶出试验示意图

单丝拔脱试验的离散度大，要做大量的试验。基体对纤维浸润时会沿纤维上爬，影响精度。作为改进，又发展了顶出法，如图 10-22 所示。

### 10.4.3　断片试验

将纤维单丝埋入基体中，制成哑铃状试样。沿纤维向施加拉伸载荷，当纤维承受的应力超过局部断裂应力时，纤维在薄弱部位断裂，载荷继续增加，纤维的断片也随之增加，直到界面传递的剪应力不再使纤维继续断裂为止。纤维在基体中的残片如图10-23所示。

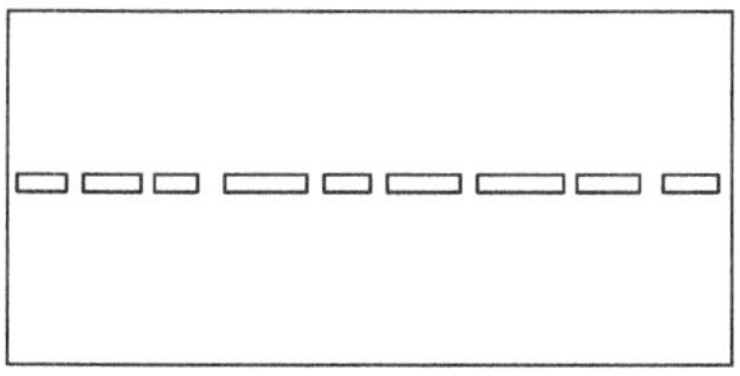

图 10-23　纤维残片示意图

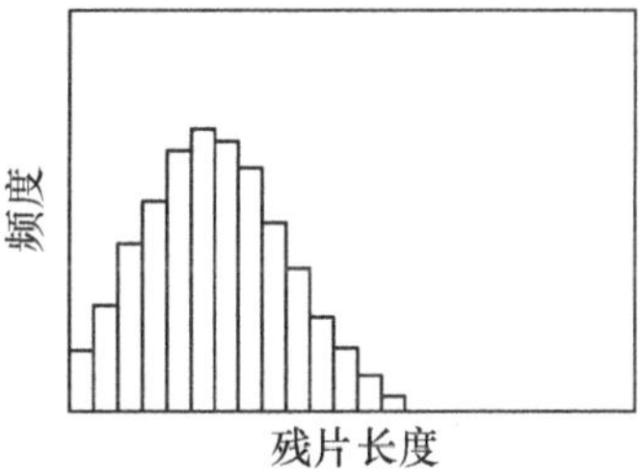


图 10-24　残片长度分布

一段段地测量残片长度，可得到残片的长度分布见图 10-24。

统计出残片平均长度 $\bar{L}$，临界纤维长度 $L_c$ 与平均长度 $\bar{L}$ 的关系为：

$$L_c = \frac{4}{3}\bar{L} \tag{10-5}$$

从而可求得临界剪切强度 $\tau$ 为：

$$\tau = \frac{\sigma_f d}{2L_c} = \frac{3}{8}\frac{\sigma_f d}{\bar{L}} \tag{10-6}$$

式中，$\sigma_f$ 为纤维的抗拉强度；$d$ 为纤维直径。

### 10.4.4 界面黏结能测试

在如图 10－25 的试样中埋入纤维单丝，试样尺寸 30 mm×10 mm×10 mm，试样中间开一直径为 1.5 mm 小孔，使小孔恰穿过纤维。对试样施加压应力。由于纤维与基体压缩模量不同，界面产生剪应力。载荷足够大时，纤维在小孔端点脱粘，此时黏结能 $G$ 为：

$$G=\frac{\sigma^2}{E_r^2}\cdot\frac{E_f d_f}{8} \tag{10-7}$$

式中，$\sigma$ 为脱粘时试样所受的正应力；$E_f$、$E_r$ 为纤维和基体的模量；$d_f$ 为纤维的直径。

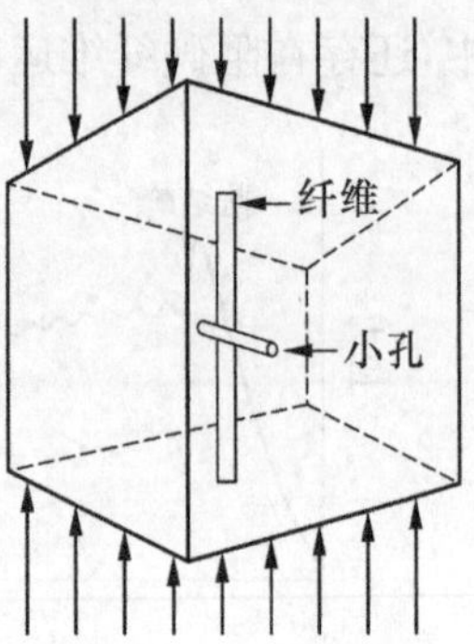


图 10－25 界面黏结能测试试样

黏结能的大小是复合材料界面结合力的标志。如未处理玻璃纤维/环氧树脂的界面黏结能为 $1.557\times10^{-2}$ J/cm²，而玻璃纤维用 KH550 处理后，界面黏结能增为 $5.846\times10^{-2}$ J/cm²。

### 10.4.5 层间剪切强度

层间剪切强度有几种测试方法，现择要介绍两种。

一种是压剪法，可参见 GB 1450.1—1983，试样如图 10－26 所示。

对试样施加均匀、连续的剪应力，直至破坏。层间剪切强度可按下式计算：

$$\tau_S=\frac{P_b}{bh} \tag{10-8}$$

式中，$\tau_S$ 为层间剪切强度，MPa；$P_b$ 为破坏载荷，N；$b$、$h$ 分别为受剪面的宽度和高度，cm。

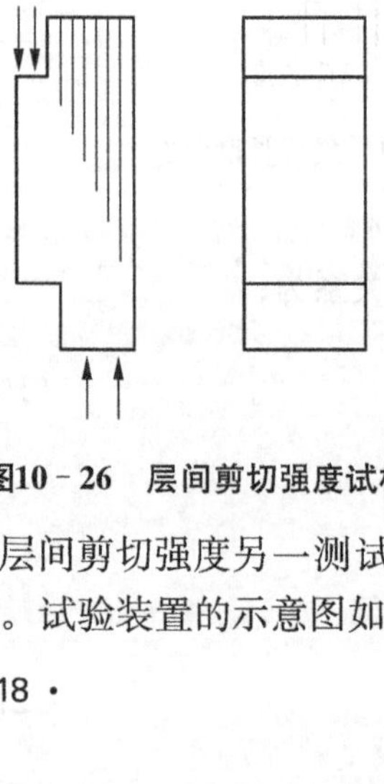

图10－26 层间剪切强度试样

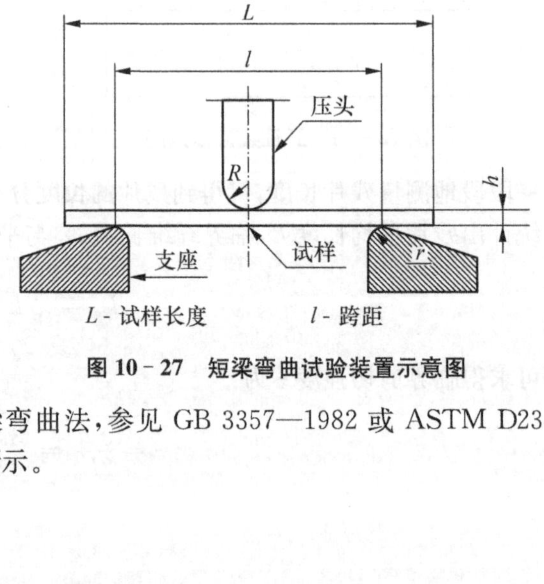


图 10－27 短梁弯曲试验装置示意图

层间剪切强度另一测试方法是短梁弯曲法，参见 GB 3357—1982 或 ASTM D2344—1984。试验装置的示意图如图 10－27 所示。

连续加载至试样破坏，记录最大载荷值及试样破坏形式。层间剪切强度按下式计算：

$$\tau_S = \frac{3P_b}{4bh} \tag{10-9}$$

式中，$\tau_S$ 为层间剪切强度，MPa；$P_b$ 为试样破坏时最大载荷，N；$b$、$h$ 为试样宽度和厚度，cm。

### 10.4.6　横向(或45°角拉伸)

横向拉伸对于界面黏结强度特别敏感，通常要求界面结合强度小于基体拉伸强度，否则破坏发生在基体而不是界面上。尽管横向拉伸受许多因素影响，实验很难得到较稳定的数据，但目前仍是用来表征复合材料界面黏结强度的一种有效的宏观力学方法。实际工程中也可采用与纤维排列方向呈45°角进行拉伸的试验，所得的数据比较稳定。

## 10.5　复合材料界面理论

在组成复合材料的两相中，一般总有一相以溶液或熔融的流动状态与另一相接触，然后经固化反应使两相结合在一起，形成复合材料。在这个过程中，两相间是以怎样的机理互相作用的呢？这一直是人们所关心的问题。对复合材料的深入研究已提出了多种复合材料界面理论，每种理论都有一定的实验依据，能解释部分实验现象。但是，由于复合材料界面的复杂性，至今人们对界面的认识还很肤浅，还没有一种理论能完善地解释各种界面现象。随着科学的发展和界面表征技术的进步，人们必将更全面、更深入地认识界面现象，界面理论也将进一步发展和完善。

### 10.5.1　浸润性理论

浸润性理论是1963年由Zisman提出的。该理论认为，浸润是形成界面的基本条件之一，两组分如能实现完全浸润，则树脂在高能表面的物理吸附所提供的黏结强度可超过基体的内聚能。

浸润理论认为，两相间的结合模式属于机械黏结与润湿吸附。表面无论多么光滑平整，从微观上看都是凹凸不平的。在形成复合材料的两相相互接触过程中，若树脂液对增强材料的浸润性差，两相接触的只是一些点，接触面有限，如图10-28(a)所示。若浸润性好，液相可扩展到另一相表面的坑凹之中，因而两相接触面积大，结合紧密，产生了机械锚合作用，如图10-28(b)所示。

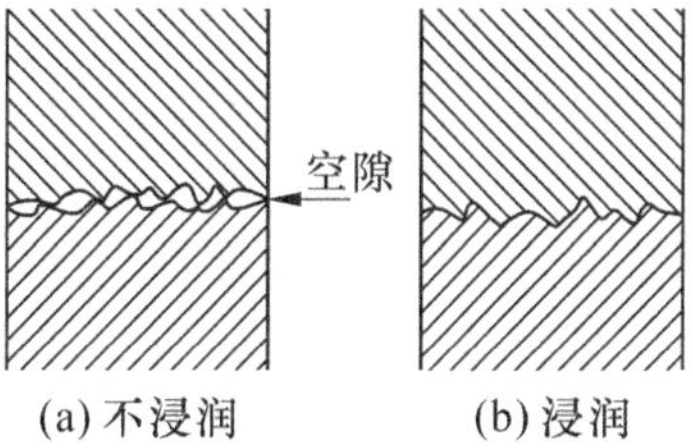


图10-28　浸润和不浸润的界面

毫无疑问,浸润性好有利于两相的界面接触,但浸润性不是界面黏结的唯一条件。例如,氯丙基硅烷的表面张力为 48.8 mN/m,溴苯基硅烷的表面张力为 49.4 mN/m,它们的表面张力大,但却对不饱和聚酯无效;而乙烯基硅烷的表面张力只有 33.4 mN/m,却是对不饱和聚酯有效的偶联剂;乙基硅烷的表面张力与乙烯基硅烷相似,对不饱和聚酯却是无效的。环氧树脂对新鲜的 E 玻璃纤维表面浸润性好,但黏结性却不好,界面耐水老化性也差,但若用胺丙基硅烷处理 E 玻璃纤维,对环氧的浸润性下降,但界面的黏结性却提高。因此,浸润性理论虽然对复合材料界面有一定的指导意义,但是许多界面现象单凭浸润理论是难以解释的,因此人们提出了其他理论。

### 10.5.2 化学键理论

化学键理论认为要使两相之间实现有效的黏结,两相的表面应含有能相互发生化学反应的活性基团,通过官能团的反应以化学键结合形成界面。若两相之间不能直接进行化学反应,也可通过偶联剂的媒介作用以化学键互相结合,见图 10-29。

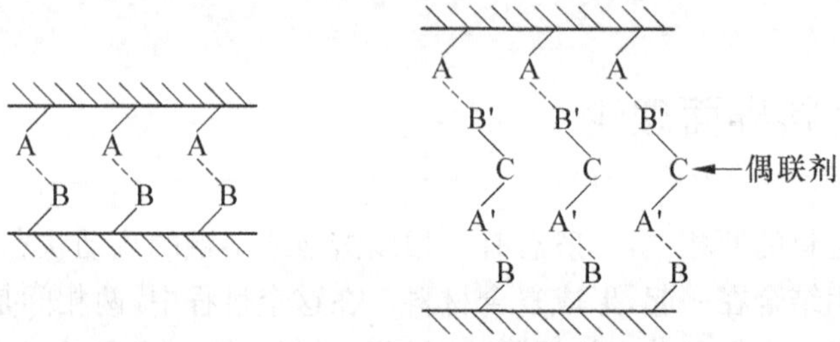


(a) 两相界面间发生化学反应　　(b) 两相界面通过偶联剂以化学键结合

**图 10-29 界面的化学反应**

化学键理论是应用最广、也是应用最成功的理论。硅烷偶联剂就是在化学键理论基础上发展起来的用来提高基体与玻璃纤维间界面结合的有效试剂。硅烷偶联剂一头可与玻璃纤维表面以硅氧键结合,另一端可参与基体树脂的固化反应。通过硅烷偶联剂的媒介作用,基体与增强纤维实现了界面的化学键结合,有效地提高了复合材料的性能。

碳纤维、有机纤维的表面处理也是化学键理论的应用实例,在表面氧化或等离子、辐照等处理过程中,纤维的表面产生了—COOH、—OH 等含氧活性基团,提高了与环氧等基体树脂的反应能力,使界面形成化学键,大大提高了黏结强度。

但是,化学键理论也不是十全十美的,有些现象难以用化学键理论作出令人满意的解释。例如,有些偶联剂不含有与基体树脂起反应的活性基团,却有较好的处理效果。按化学键理论,基体与增强剂之间的偶联剂只要单分子层就行,但实际上偶联剂在增强纤维表面不是单分子层结构,而有多层结构。研究表明,基体树脂从固化放热冷却到 50℃,可产生 11.5 MPa 的径向压力、5.8 MPa 的横向压力,这种热应力足以使材料破坏。这种热应力是如何松弛的呢? 化学键理论也难以作出合理的解释。

### 10.5.3 过渡层理论

考虑到在复合材料成型时基体和增强剂的热膨胀系数相差较大，因此在固化过程中，纤维与基体界面上就会产生附加应力，导致复合材料性能下降。此外，成型时产生的内应力也可能产生不利因素。为了消除这种内应力，基体和增强剂的界面区应存在着一个过渡层，过渡层起到了应力松弛的作用。

对于过渡层的形态，有不同的看法。一种理论认为，过渡层应是塑性层，塑性层的形变能起到松弛应力的作用。这种理论称为变形层理论。

但是难以解释的是，用传统的处理方法界面上的偶联剂数量不足以满足应力松弛的要求，因此在此理论基础上又提出了"优先吸附"理论和"柔性层"理论。即认为塑性层不只是由偶联剂而是由偶联剂和优先吸附形成的柔性层组成，柔性层厚度与偶联剂本身在界面区的数量无关。根据变形层理论，有人在增强纤维表面接枝上柔性的橡胶分子，以在形成复合材料中，通过橡胶分子的形变松弛内应力，抑制裂纹的发展，提高界面黏结。

另一种理论认为在基体和增强剂之间存在的松弛应力的过渡层的结构不是柔性的变形层，而是模量介于基体和增强剂之间的界面层，这种中间模量的界面层起到了均匀传递应力的作用。这一理论被称为抑制层理论。

抑制层是通过优先吸附形成的，增强剂的模量一般比基体树脂高得多。在复合材料成型过程中，因优先吸附作用，增强剂表面附近的基体堆砌得比本体更加紧密，有较高的模量。随着离增强剂表面距离的增大，基体的堆砌渐渐疏松，模量也逐渐减小。这样在增强剂和基体本体之间，形成了一个模量从高到低的梯度减小的过渡区。如图 10－30 所示，抑制层理论因缺乏必要的实验根据，接受这一理论者并不多。

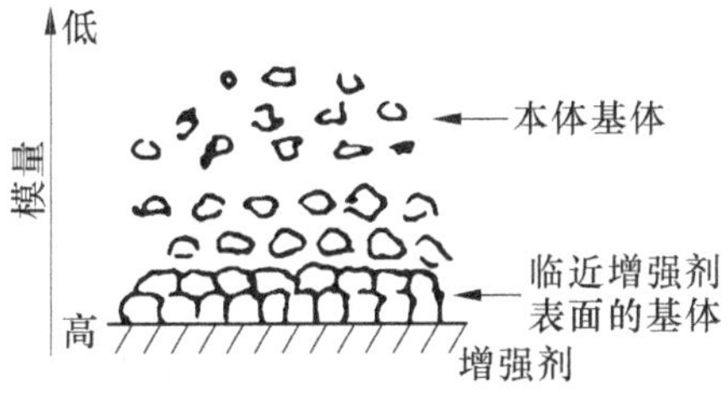


图 10－30 界面区的优先吸附

### 10.5.4 可逆水解理论

1970 年 Plueddmann 提出了可逆水解理论，用来解释硅烷偶联剂的偶联作用机理，同时说明松弛应力的效应以及抗水和保护界面的作用。

硅烷偶联剂的 R 基团与基体作用后，会生成稳定的膜，这种膜可以是刚性膜或柔性膜，构成了基体的一部分。偶联剂在与玻璃表面作用时，与吸附在增强材料表面的水争夺增强材料的表面，与增强材料表面之间形成了氢键。如图10－31 所示，当刚性聚合物膜与增强材料黏结时，在水的存在下，处理剂与增强材料表面形成的键被水解，生成的游离硅醇保留在界面上。当刚性聚合物膜与增强材料表面做相对运动时，氢键水解产生的硅醇又马上与邻近的羟基重新形成氢键。所以处理剂与增强材料表面的氢键破坏和形成，处于可逆的动态平衡状态，动态平衡的总效果使基体与增强材料之间保持一定量的化学结合，使界面黏结保持完好，同时在键的破坏和形成的过程中，松弛了界面应力。

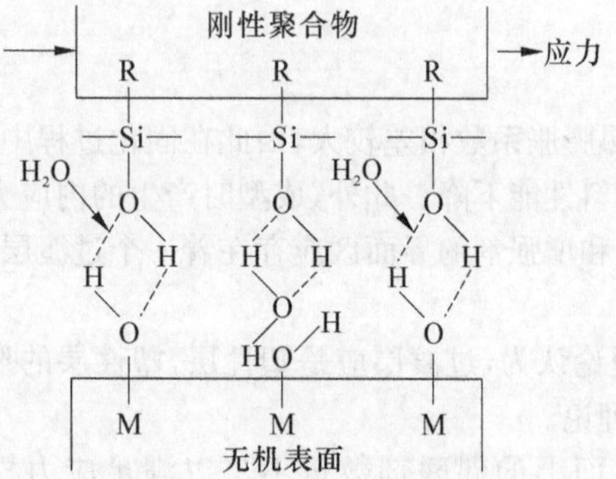


图 10-31　硅烷在无机表面上的可逆平衡吸附层

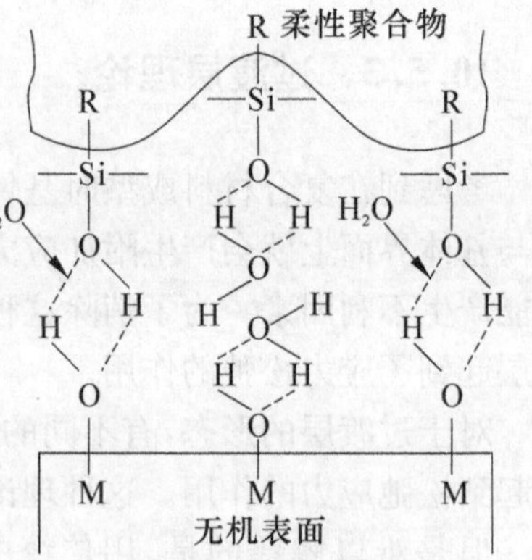


图 10-32　硅烷在无机表面上的非可逆平衡吸附层

当生成柔性聚合膜时,上述的可逆平衡不能成立。处理剂与增强材料间的键水解后产生的硅醇会随着柔性高聚物表面收缩回去,不能与邻近的羟基重新成键。因此不能形成动态可逆的平衡吸附层。另外,柔性聚合物缩回去后,界面上就留下了空隙,水就可能趁机攻击树脂和界面,导致界面脱粘(见图 10-32)。

### 10.5.5　摩擦理论

摩擦理论认为,基体与增强材料界面的形成完全是由于摩擦作用,基体与增强材料间的摩擦系数决定了复合材料的强度。处理剂的作用在于增加了基体与增强材料间的摩擦系数,从而使复合材料的强度提高。该理论可较好地解释复合材料界面受水等低分子物质浸入后强度下降,干燥后强度又能部分恢复的现象。水等小分子浸入界面使基体与增强材料间的摩擦系数减小,界面传递应力的能力减弱,故强度降低。干燥后界面水分减少,基体与增强材料间的摩擦系数增大,传递应力的能力增加,故强度部分恢复。

### 10.5.6　扩散理论

该理论认为高聚物的相互间黏结是由表面上的大分子相互扩散所致。如图 10-33 所示,两相的分子链互相扩散、渗透、缠结,形成了界面层。扩散过程与分子链的相对分子质量、柔性、温度、溶剂、增塑剂等因素有关。相互扩散实质上是界面中发生互溶,黏结两相之间的界面消失,变成了一个过渡区域,因此对黏结强度提高有利。当两种高聚物的溶解度参数接近时,便容易发生互溶和扩散,得到比较高的黏结强度。

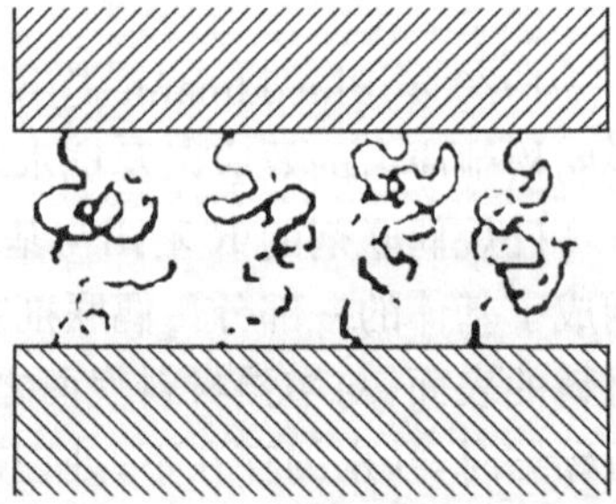

图 10-33　分子链的相互扩散

必须指出,扩散理论有很大的局限性,高聚物黏结剂与无机物之间显然不会发生界面扩散问题,扩散理论不能用来解释此类黏结现象。

### 10.5.7　静电理论

该理论认为，两相表面若带有不同的电荷，则相互接触时会发生电子转移而互相黏结，这种静电力是黏结强度的主要贡献者。

图 10－34 是界面静电作用示意图。电子理论虽有一定道理，但是没有严格证明。有人认为，只有当电荷密度达到 $10^{21}$ 个电子/$cm^3$ 时静电引力才有显著作用。但是实验测得的电荷密度只有 $10^{19}$ 个电子/$cm^3$。因此，即使有界面静电作用存在，它对强度的贡献也是有限的。此外，静电理论也不能解释温度、湿度及其他各种因素对黏结强度的影响。

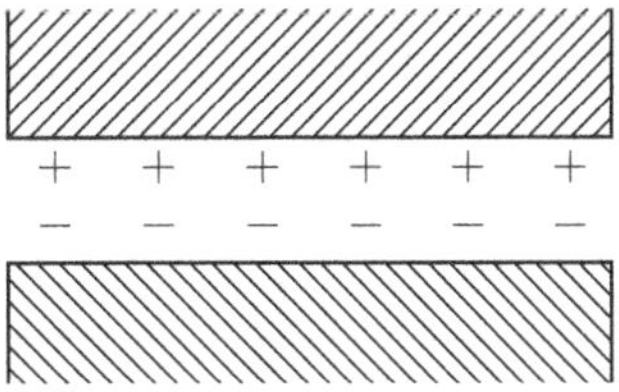

图 10－34　界面的静电相互作用

### 10.5.8　酸碱作用理论

该理论认为，酸性表面可与碱性表面通过酸碱相互作用结合。这里所说的酸碱是指广义的酸碱。物质的酸碱性可用酸性参数 $E$ 和碱性参数 $C$ 来表示。一些溶剂 $C$、$E$ 参数如表 10－19 所示。氯仿和特丁醇碱性参数 $C$ 值较小，酸性参数 $E$ 值较大，因而是偏酸性的。四氢呋喃和二氧六环的 $C$ 值大，$E$ 值小，因而是偏碱性的。

表 10－19　一些溶剂的 $C$、$E$ 参数

| 溶　剂 | 氯　仿 | 特丁醇 | 四氢呋喃 | 二氧六环 |
|---|---|---|---|---|
| $C$ | 0.308 | 0.615 | 8.75 | 4.88 |
| $E$ | 6.79 | 4.18 | 2.00 | 2.33 |

当两相发生酸碱相互作用时，酸碱相互作用焓 $\Delta H$ 为：

$$\Delta H = E_A E_B + C_A C_B \tag{10-10}$$

式中，下标表示 A、B 两相。

对于固体材料表面的酸碱性，可用反相色谱法进行测定，即将欲测材料作固定相，装在色谱柱中，用已知 $C$、$E$ 参数值的溶剂作探针分子，为流动相，测出探针分子与固定相之间的相互作用焓：

$$\frac{\partial(\ln V_g^\circ)}{\partial\left(\frac{1}{T}\right)} = \frac{-(\Delta H - \Delta H_v)}{R} \tag{10-11}$$

式中，$\Delta H_V$ 为探针分子的汽化热；$R$ 为气体常数；$T$ 为测试温度；$V_g^\circ$ 为比保留体积。

用反相色谱法测出在不同温度下的比保留体积 $V_g^\circ$，即可由式(10－11)求出酸碱相互作用焓 $\Delta H$。若用两种已知 $C$、$E$ 值的探针分子实验，测出其对固定相的 $\Delta H$ 值，则由式(10－10)解联立方程组，即可求出固定相表面的酸碱参数 $C$、$E$ 值，从而判定该材料表面的酸碱性。

表面偏酸性的无机填料宜与偏碱性的基体结合，表面偏碱性的填料则宜与偏酸性的基

体结合。若偏酸性的填料欲与偏酸性的基体结合,则应对填料进行表面处理,改变其表面的酸碱性,使其从偏酸性的表面变成偏碱性的表面,从而有利于与偏酸性的基体结合。反之,欲使偏碱性的填料与偏碱性的基体结合,则应对填料进行表面处理,使其从偏碱性的表面变成偏酸性,从而有利于与偏碱性的基体结合。

有关复合材料界面作用的理论,除了上面几种外,还有一些其他理论。复合材料基体与增强材料间界面的形成和破坏是一个极其复杂的物理和化学过程,尚有许多问题还在研究之中。复合材料界面理论还很不完善,但随着复合材料科学的发展和界面表征技术的进步,人们必将更全面、更深入地认识界面现象,界面理论也将进一步发展和完善。

## 习 题

1. 为什么说界面对复合材料的性能起着重要的作用?

2. 复合材料中使用的3种主要热固性树脂是什么?阐述它们的合成原理和固化机理。

3. 何谓偶联剂?说明硅烷偶联剂对玻璃纤维增强塑料的作用机理。

4. 若玻璃纤维增强塑料的基体是不饱和聚酯树脂,宜选用什么结构的硅烷偶联剂?为什么?若基体是环氧树脂呢?

5. 举例说明钛酸酯偶联剂的作用机理。

6. 用偶联剂进行表面处理有哪些方法?

7. 举例说明高性能纤维的表面处理方法。怎样表征纤维处理后表面结构与性能的变化?

8. 复合材料界面力学性能表征有哪些方法?用单丝模型和宏观力学性能测试复合材料的界面力学性能各有什么优缺点?

9. 什么是化学键理论?化学键理论有什么缺陷?举例说明化学键理论在碳纤维表面处理中的应用。

# 参考文献


[1] 闻立时.固体材料界面研究的物理基础.北京:科学出版社,1991.

[2] Deshibqueres M C, Spanjaard D. Concept in Surface Physics. Spiringer-Verlag, 1996.

[3] 朱履冰.表面与界面物理.天津:天津大学出版社,1990.

[4] 崔国文.表面与界面.北京:清华大学出版社,1990.

[5] 李鹏兴,林行方.表面工程.上海:上海交通大学出版社,1989.

[6] 吴树森,章燕豪.界面化学——原理和应用.上海:华东化工学院出版社,1989.

[7] 谈慕华,黄蕴元.表面物理化学.北京:中国建筑工业出版社,1987.

[8] 胡英,陈学让,吴树森.物理化学(中册).北京:人民教育出版社,1979.

[9] 陈宗淇,王光信,徐桂英.胶体与界面化学.北京:高等教育出版社,2001.

[10] Adamson A W.表面物理化学.北京:科学出版社,1989.

[11] 陈荣圻.表面活性剂化学与应用.北京:纺织工业出版社,1990.

[12] 赵国玺.表面活性剂物理化学.北京:科学出版社,1989.

[13] 郑忠,胡纪华.表面活性剂的物理化学原理.广州:华南理工大学出版社,1995.

[14] 赵国玺,朱埗瑶.表面活性剂作用原理.北京:中国轻工业出版社,2003.

[15] 肖进新,赵振国.表面活性剂应用原理.北京:化学工业出版社,2003.

[16] 张天胜.表面活性剂应用技术,北京:化学工业出版社,2001.

[17] 吴人洁.高聚物的表面与界面.北京:科学出版社,1998.

[18] 吴 S.高聚物的界面与粘合.潘强余,吴敦汉,译.北京:纺织工业出版社,1987.

[19] Clark D T, Feast W J.聚合物表面.张开,等译.北京:化学工业出版社,1985.

[20] 张开.高分子界面科学.北京:中国石化出版社,1997.

[21] 胡福增,陈国荣,杜永娟.材料表界面.上海:华东理工大学出版社,2001.

[22] 宋焕成,赵时熙.聚合物基复合材料.北京:国防工业出版社,1986.

[23] 李恒德,肖纪美.材料表面与界面.北京:清华大学出版社,1990.

[24] 陶婉蓉,吴叙勤,张元民.高性能聚合物基复合材料.上海:上海科学技术出版社,1989.

[25] J.德尔蒙特.碳纤维和石墨纤维复合材料技术.李仍元,过梅丽,吕锡慈,译.北京:科学出版社,1987.

[26] 植村益次,牧广.高性能复合材料最新技术.贾丽霞,白淳岳,译.北京:中国建筑工业出版社,1986.

[27] 周祖福.复合材料学.武汉:武汉工业大学出版社,1995.

[28] 蔡忠龙,冼杏娟.超高模量聚乙烯纤维增强复合材料.北京:科学出版社,1997.

[29] 孔德谆.化学热处理原理.北京:航空工业出版社,1992.

[30] 间宫,富士雄(日).金属的化学处理.北京:科学出版社,1987.

[31] 李正仁.金属表面涂塑.北京:冶金工业出版社,1994.

[32] 卢燕平.金属表面防蚀处理.北京:北京科技大学出版社,1995.

[33] 杨南如.无机非金属材料测试方法.武汉:武汉工业大学出版社,1990.

[34] 叶瑞伦,方永汉,陆佩之.无机材料物理化学.北京:中国建筑工业出版社,1986.

[35] David Kingery W, Bowen H K , Uhlmann Donald R.陶瓷导论.清华大学无机非金属材料教研组,译.北京:中国建筑工业出版社,1982.

[36] 李世普.特种陶瓷工艺学.武汉:武汉工业大学出版社,1990.
[37] 王承遇,陶瑛.玻璃表面和表面处理.北京:中国建筑工业出版社,1990.
[38] 巴尔特尔,穆德罗赫(捷).金属表面化学及电化学加工工艺学.北京:国防工业出版社,1965.
[39] 戴达煌,周克崧,袁镇海.现代材料表面技术科学.北京:冶金工业出版社,2004.
[40] 姜晓霞,李诗卓,李曙.金属的腐蚀磨损.北京:化学工业出版社,2003.
[41] 曾晓雁,吴懿平.表面工程学.北京:机械工业出版社,2001.

## 内 容 提 要

本书的主要内容涉及表界面基础知识和材料表界面两大部分，表界面基础知识部分介绍液体、固体和固-液的表界面，讨论表面化学的四大定理及表面活性剂。材料表界面部分则分别讲述了高分子材料、无机材料、金属材料和复合材料的表界面研究进展。

本书可作为材料专业本科生的专业基础教材，也可作为从事材料和表界面科学研究的科研工作者和工程技术人员的参考书。